高等职业教育"十二五"规划教材（计算机类）

动漫设计与图像处理
（Photoshop CS4 与
Flash CS4 案例教程）

主　编　于　斌　胡成伟

副主编　李伟群　刘新海　张三军

参　编　雷家星　高　猛　蔡俊杰　常翠宁

　　　　戚一翡　程　静　曹文文

机械工业出版社

本书是一本针对计算机图像处理和动画制作方面的教材，将 Photoshop 和 Flash 两个软件的学习过程有机地融合在一起，使学生沿着由静到动、由简到难的学习轨迹，逐步认识到图像从静态处理到动态处理的变化过程，从而极大地提高对动画制作的兴趣。

　　本书内容全面，注重理论与实践相结合，并保证知识体系的相对完整性和时效性，力求让学生快速掌握图像处理和动漫制作的基本技能。

　　本书可作为高职院校计算机图像处理、动漫设计专业的教材，也可以作为计算机类培训教材或从事相关工作的计算机爱好者的重要参考资料。

　　为方便教学，本书配备电子课件等教学资源。凡选用本书作为教材的教师均可登录机械工业出版社教材服务网 www.cmpedu.com 免费下载。如有问题请致信 cmpgaozhi@sina.com，或致电 010-88379375 联系营销人员。

图书在版编目（CIP）数据

动漫设计与图像处理：Photoshop CS4 与 Flash CS4 案例教程/于斌，胡成伟主编. —北京：机械工业出版社，2011.7
高等职业教育"十二五"规划教材. 计算机类
ISBN 978-7-111-34476-6

Ⅰ.①动…　Ⅱ.①于…②胡…　Ⅲ.①图像处理软件，Photoshop CS4 – 高等职业教育 – 教材②动画制作软件，Flash CS4 – 高等职业教育 – 教材
Ⅳ.①TP391.41

中国版本图书馆 CIP 数据核字（2011）第 109830 号

机械工业出版社（北京市百万庄大街22号　邮政编码100037）
策划编辑：刘子峰　王玉鑫　责任编辑：刘子峰　版式设计：张世琴
责任校对：张　薇　　　　封面设计：王伟光　责任印制：乔　宇
三河市国英印务有限公司印刷
2011 年 7 月第 1 版第 1 次印刷
184mm×260mm·19 印张·466 千字
0001— 4000 册
标准书号：ISBN 978-7-111-34476-6
定价：36.00 元

前　言

随着数码、图像技术的飞速发展，图像处理和动漫制作已经普及到人们的日常生活中，如各种广告宣传、装饰设计、网页制作中都会包含精美的图片和巧妙的动画。

Photoshop 是一款应用广泛的图像处理软件，而 Flash 是现在最为流行的动画制作软件之一。目前的高职计算机教学中，这两部分内容都会涉及，但经常是分开进行讲授。实际上，这两部分是有联系的，Photoshop 主要用于图像的静态处理，而 Flash 则是对图像进行动态处理。许多情况下，一部精美的动漫作品都是先通过 Photoshop 对用数码相机拍摄的原始图片进行图像处理，再用 Flash 制作而成的。

本书是一本针对计算机图像处理和动画制作方面的教材。编者根据多年的教学经验，将 Photoshop 和 Flash 两个软件的学习过程有机地融合在一起，使学生沿着由静到动、由简到难的学习轨迹，学一点 Photoshop 的图像处理知识，再学一点 Flash 动画制作的相关知识。通过这种对比与承接关系，让学生认识到图像从静态处理到动态处理的变化过程，从而极大地提高对动画制作的兴趣。

本书共 13 章，参考学时为 80 学时，其中实训环节为 32 学时。具体各章内容及建议学时分配见表 1。

表 1　章节内容及建议学时

章　节	课　程　内　容	学时分配	
		讲　授	实　训
第 1 章	Photoshop CS4 的基本操作	4	
第 2 章	Flash CS4 的基本操作	4	
第 3 章	Photoshop CS4 绘制和编辑图形	4	2
第 4 章	Flash CS4 的常用工具	4	2
第 5 章	Photoshop CS4 图形、路径与通道	4	4
第 6 章	简单 Flash 动画制作	4	4
第 7 章	Photoshop CS4 图像的编辑	4	4
第 8 章	Flash 元件实例和脚本动画	4	4
第 9 章	Photoshop CS4 图层的应用	4	2
第 10 章	Flash CS4 动画制作综合案例	2	2
第 11 章	Photoshop CS4 滤镜的效果	4	2
第 12 章	色彩应用与版面设计	4	2
第 13 章	Photoshop CS4 与 Flash CS4 的综合应用	2	4
总　学　时		48	32

为了便于教学，本书各章都配备了详尽的课后思考与习题以及 2 个实训项目，力求使学生在练习中充分体会静态图像处理与动漫制作之间的关系。

为了帮助学生快速掌握图像处理的实用技能以及动画制作最常用、最关键的技术，本书在基础知识和实用技术的安排上以"必需"、"够用"为原则。每个章节中的所有理论知识介绍均以"实际应用中是否需要"为取舍原则，以能够达到应用目标为技术深度控制的标准，尽量避免冗长乏味的计算机知识或深层次的理论介绍。为了达到这个目标，本书采用了"项目引导"和"任务驱动"的编写模式，强调实际技能的培养和实用方法的学习，重点突出动手实践环节。通过本书的学习，学生不仅能够掌握图像处理与动漫制作的基础知识，而且能够融会贯通、举一反三，提高图像处理与动漫设计的综合应用能力。

本书由于斌和胡成伟任主编，李伟群、刘新海和张三军任副主编，参加编写的还有雷家星、高猛、蔡俊杰、常翠宁、戚一翡、程静和曹文文。

由于时间仓促且编者水平有限，本书可能存在一些错误或者不妥之处，敬请广大读者批评指正。

编　者

目　录

第1章

Photoshop CS4的基本操作

学习目标

1) 能够正确搭建 Photoshop CS4 的开发环境。
2) 熟悉 Photoshop CS4 的界面布局。
3) 认识和使用 Photoshop CS4 的基本工具。

1.1 认识 Photoshop CS4 的工作界面

使用 Photoshop CS4，首先要了解该软件的操作界面，熟悉界面的布局及相关工具栏与浮动面板的基本应用，为以后的操作打下基础。

执行【开始】|【程序】|【Adobe Photoshop CS4】命令，即可启动 Photoshop CS4，启动画面如图 1-1 所示。Photoshop CS4 的工作界面由标题栏、菜单栏、选项栏、工具箱、控制面板、状态栏和文档窗口组成，如图 1-2 所示。

图 1-1　Photoshop CS4 启动画面

图 1-2　Photoshop CS4 的工作界面

1.1.1 认识与使用菜单栏

菜单栏位于 Photoshop CS4 工作界面的上端，如图 1-3 所示。菜单栏通过各个命令菜单提供对软件的绝大多数操作以及窗口的定制，包括【文件】、【编辑】、【图像】、【图层】、【选择】、【滤镜】、【分析】、【视图】、【窗口】和【帮助】共 10 个菜单命令。

文件(F)　编辑(E)　图像(I)　图层(L)　选择(S)　滤镜(T)　分析(A)　视图(V)　窗口(W)　帮助(H)

图 1-3　菜单栏

同时，Photoshop CS4 为用户提供了不同的菜单命令显示效果，以方便用户的使用，如图 1-4 所示。不同的显示标记有不同的意义，分别介绍如下。

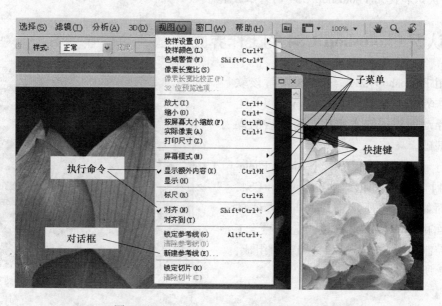

图 1-4　Photoshop CS4 中不同的菜单命令

1）子菜单。在菜单栏中，有些命令的后面有黑色三角形箭头，当鼠标指针在该命令上稍停片刻后，便会弹出一个子菜单。例如，执行菜单栏中的【视图】|【显示】命令，可以看到【显示】命令子菜单。

2）执行命令。在菜单栏中，选择某些命令后，会在该命令前面出现"√"标记，表示此命令为当前执行命令，如【视图】菜单中【对齐】命令前的"√"标记。

3）快捷键。在菜单栏中，还可以使用快捷键的方式选择菜单命令。例如，菜单【视图】|【标尺】命令后面有"Ctrl + R"字母组合，表示如果想执行【标尺】命令，可以直接按键盘上的 < Ctrl + R > 组合键。

4）对话框。在菜单栏中，有些命令后面有省略号标志"…"，表示选择此命令后将打开相应对话框。例如，执行菜单栏中的【视图】|【新建参考线】命令，将打开"新建参考线"对话框。

【操作提示】对于当前不可操作的菜单项，在菜单中将以灰色显示，表示无法进行选取。对于包含子菜单的菜单项，如果不可用，则不会弹出子菜单。

1.1.2　认识与使用工具箱

工具箱在初始状态下一般位于窗口的左侧，当然用户也可以根据自己的习惯将其拖动到其他位置。利用工具箱所提供的工具，可以进行选择、绘画、取样、编辑、移动、注释和查看图像等操作，还可更改前景色和背景色，使用不同的视图模式，如图 1-5 所示。

【操作提示】

1）若想知道各个工具的快捷键，可以将鼠标指针指向工具箱中的某个工具按钮图标，稍等片刻后，即会出现一个工具名称的提示，括号中的字母即为快捷键。

2）在工具箱中并没有显示出全部工具，有些工具被隐藏起来了。细心观察，会发现有些工具图标右下角有一个小三角符号，表明在该工具中还有与之相关的其他工具。要打开这些工具，有以下两种方法。

方法 1：将鼠标指针移至含有多个工具的图标上，按住鼠标左键不放，会弹出被隐藏的工具菜单，如图 1-6 所示。

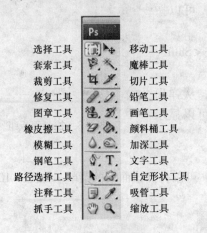

图 1-5　工具箱　　　　　　　　　　　　　图 1-6　显示被隐藏的工具

方法 2：在含有多个工具的图标上单击鼠标右键，打开工具选择菜单，选择想要的工具即可。

1.1.3　认识与使用选项栏

选项栏位于菜单栏之下，如图 1-7 所示。执行菜单栏中的【窗口】|【选项】命令，就可以打开选项栏，其中显示当前工具的各种属性。由于所选取的工具不同，选项栏中显示的属性选项也会不同，如在工具箱中选取"文字工具"，则选项栏中会显示字体、字体大小、字体样式等属性选项；若选取"铅笔工具"，则显示笔画大小、绘画模式等属性。只有设置合适的工具属性后，才能设计绘制出最佳的图像。

图 1-7　选项栏

1.1.4　认识与使用控制面板

控制面板是很多软件中常用的一种操作方法，它能够控制各种工具的参数设定，完成颜色选择、图像编辑、图像操作、信息导航等各种操作。

默认情况下，控制面板是以面板组的形式出现在 Photoshop CS4 界面的右侧，主要用于对当前图像的颜色、图层、样式以及相关的操作进行设置和控制，如图 1-8 所示。对控制面板组可以进行分离、移动或组合操作。

1. 打开或关闭控制面板

在【窗口】菜单中，可以选择不同的命令来打开或关闭不同的控制面板，也可以单击控制面板右上方的"关闭"按钮来关闭该面板。

2. 显示或隐藏控制面板

● 若要隐藏或显示所有面板（包括工具箱），可以按 <Tab> 键。

● 若要隐藏或显示所有面板（除工具箱外），按 <Shift + Tab> 组合键。

● 在面板的选项卡右侧空白处单击鼠标右键，从弹出的快捷菜单中选择【自动显示隐藏面板】命令，可以显示隐藏的面板，如图 1-9 所示。

图 1-8　控制面板组

3. 显示面板菜单

单击位于面板右上角的"面板菜单"图标按钮，可以打开该面板的菜单，如图 1-10 所示。

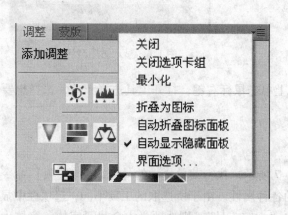

图 1-9　自动显示隐藏面板

图 1-10　面板菜单

4. 管理窗口和面板

（1）管理文档窗口　打开多个文件时，文档窗口将以选项卡方式显示，如图 1-11 所示。

图 1-11　文档窗口

根据需要，可以做如下操作：

● 若要重新排列选项卡式文档窗口，可将某个窗口的选项卡拖动到组中的新位置。

● 若要从窗口组中移除特定的文档窗口，可将该窗口的选项卡从组中拖出。

● 若要将文档窗口移入指定的窗口组中，可将该窗口拖动到该组中。

● 若要创建堆叠或平铺的文档窗口组，可将一个窗口拖动到另一个窗口的顶部、底部或侧边的放置区域，也可以利用应用程序栏上的"版面"按钮为文档组选择版面。

● 若要在拖动某个选项时切换到选项卡式文档窗口组中的其他文档窗口，可将选项拖到该文档窗口的选项卡上并保持一段时间。

（2）处理面板组

● 要将面板移到组中，可将面板标签拖到该组突出显示的放置区域中。

● 要重新排列组中的面板，可将面板标签拖移到组中的一个新位置。

● 要从组中删除面板以使其自由浮动，可将该面板的标签拖移到组外部。

● 要移动组，可拖动其标题栏（选项卡上方的区域）。

（3）堆叠浮动的面板　当将面板拖出面板组但并不将其拖入放置区域时，面板会自由浮动。此时，可以将浮动的面板放在工作区的任何位置，也可以将浮动的面板或面板组堆叠在一起，以便在拖动最上面的标题栏时将它们作为一个整体进行移动。

（4）自由浮动的堆叠面板

● 要堆叠浮动的面板，可将面板的标签拖动到另一个面板底部的放置区域中。

● 要更改堆叠顺序，可向上或向下拖移面板标签。

【操作提示】应确保在面板之间较窄的放置区域上松开标签，而不是在标题栏中较宽的放置区域。

● 要从堆叠中删除面板或面板组以使其自由浮动，可将其标签或标题栏拖走。

（5）调整面板大小

● 要将面板、面板组或面板堆叠最小化或最大化，可双击选项卡，也可以单击选项卡区域（选项卡旁边的空白区）。

● 若要调整面板大小，可以拖动面板的任意一条边。某些面板无法通过拖动来调整大小，如"颜色"面板。

（6）处理折叠为图标的面板　可以将面板折叠为图标以避免工作区出现混乱。在某些情况下，在默认工作区中将面板折叠为图标。

（7）从图标展开面板

● 若要折叠或展开停放中的所有面板图标，可单击停放顶部的双箭头。

● 若要展开单个面板图标，单击它即可。

● 若要调整面板图标大小以便仅能看到图标（看不到标签），可调整停放的宽度直到文本消失。若要再次显示图标文本，可加大停放的宽度。

● 若要将展开的面板重新折叠为图标，可单击其选项卡、图标或面板标题栏中的双箭头。

● 若要将浮动面板或面板组添加到图标停放中，可将其选项卡或标题栏拖动到其中。（添加到图标停放中后，面板将自动折叠为图标。）

● 若要移动面板图标（或面板图标组），拖动即可。可以在停放中向上或向下拖动面板图标，将其拖动到其他位置（它们将采用该停放的面板样式），或者将其拖动到停放外部（它们将显示为浮动的展开面板）。

1.2　文件的基本操作

1.2.1　新建文件

在 Photoshop CS4 中新建文件的方法非常简单，执行菜单栏中的【文件】|【新建】命令，打开"新建"对话框，在其中可以对所要建立的文件进行各种设定，如图 1-12 所示。

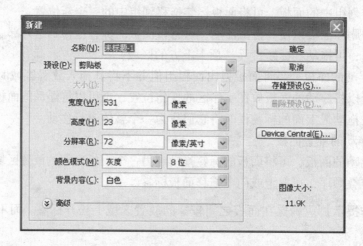

图 1-12　"新建"对话框

【技巧】按 < Ctrl + N > 组合键或按住 < Ctrl > 键在工作区中双击鼠标左键，也可以打开"新建"对话框。

"新建"对话框中各项的含义如下。

1）名称：设置新建文件的名称。在右侧的文件框中可以输入新文件的名称，以便区分文档窗口，其默认的标题为"未标题-1"、"未标题-2"……

2）预设：在该下拉列表框中可以选择新建文件的图像大小。当然，图像的大小也可以直接在"宽度"和"高度"文本框中输入相应的数值，并在输入数值的文本框右侧的下拉列表中选择度量单位，包括像素、英寸、厘米、毫米、点、派卡和列，通常平面设计中都应用厘米为单位。自定义后的参数选项保存为一个预设参数，下一次在创建新文件时如果希望设置同样的参数，只需要在"预设"下拉列表框中选择保存的预设名称即可，保存预设参数可以单击"储存预设"按钮。

3）分辨率：通常采用"像素/英寸"。当分辨率以此为单位时，用于彩色印刷的图像分辨率应达到300；用于报刊、杂志等一般印刷品的图像分辨率应达到150；用于网页、屏幕浏览的图像分辨率可设置为72。

4）颜色模式：设置图像的色彩模式，可选择"位图"、"灰度"、"RGB 颜色"、"CMYK 颜色"、"Lab 颜色"5 种模式以及"1 位"、"8 位"、"16 位"、"32 位"4 个通道模式选项。根据文件输出的需要可以自行设置，一般情况下选择"RGB 颜色"或"CMYK 颜色"模式以及"8 位"通道模式。

5）背景内容：用于设置新文件的背景颜色，包括 3 个选项。选择"白色"，则新建文件背景为白色；选择"背景色"，则新建的图像文件以当前的背景色板中的颜色作为新文件的背景色；选择"透明"，则新创建的图像文件的背景为透明层，背景将显示灰白相间的方格。

6）图像大小：根据参数及选项设置，自动显示图像文件所占用的磁盘空间大小。

当设置完成各项参数后，单击"确定"按钮，即可在工作区中创建一个新文件。

【技巧】在新建文件时，如果用户希望新建的图像文件与工作区中已经打开的一个图像文件的参数设置相同，在执行菜单栏中的【文件】|【新建】命令后，执行菜单栏中的【窗口】命令，在下拉菜单底部选择需要与之匹配的图像文件名即可。

【操作提示】如果将图像复制到剪贴板中，然后执行菜单栏中的【文件】|【新建】命令，则打开的"新建"对话框中的文件尺寸、分辨率和色彩模式与复制到剪贴板中的图像文件的参数相同。

1.2.2 打开图像文件

要编辑或修改已存在的 Photoshop 文件或其他软件生成的图像文件时，可根据需要在下述的几种方法中选择一种最方便的打开方法。

1. 打开

执行菜单栏中的【文件】|【打开】命令，打开"打开"对话框，如图 1-13 所示。选定要打开的文件后，在对话框的下方会显示该图像的缩略图。

"打开"对话框中各选项的含义如下。

1）查找范围：在其右侧的下拉列表中，可以查找要打开图像文件的路径。

2）"转到访问的上一个文件夹"按钮：如果前面访问过其他文件夹，单击该按钮可切换到上一次访问的文件夹；如果前面没有访问过其他文件夹，此按钮显示为灰色的不可操作状态。

3）"向上一级"按钮：可根据储存文件的路径逐级返回到上一层文件夹。当"查找范

图 1-13　"打开"对话框

围"下拉列表框中显示为"桌面"时，此按钮显示为灰色的不可操作状态。

4）"创建新文件夹"按钮：单击该按钮，将在当前目录下创建新文件夹。

5）"查看"按钮：设置"打开"对话框中文件的显示形式，包括"缩略图"、"平铺"、"图标"、"列表"和"详细信息"5 个选项。

6）文件名：在其右侧的文本框中，显示当前选择的图像文件名称。

7）文件类型：可以设置所要打开的文件类型，设置类型后当前文件夹列表中只显示与设置类型相匹配的文件，一般情况下默认为"所有格式"。

8）文件大小：显示所选择文件的大小。

当选取了所要的图像文件后，单击"打开"按钮，即可在当前工作区中打开此图像文件。

【技巧】按 < Ctrl + O > 组合键或在文档窗口的空白处双击鼠标左键，都可以打开"打开"对话框。在选择图像文件时，可以按住 < Shift > 键选择多个连续的图像文件，也可以按住 < Ctrl > 键选择不连续的多个图像文件。

2. 打开为

【打开为】命令与【打开】命令不同之处在于，该命令可以打开一些使用【打开】命令无法辨认的文件。例如，某些图像从网络下载后，在保存时如果以错误的格式保存，使用【打开】命令则有可能无法打开，此时可以尝试使用【打开为】命令。

3. 最近打开文件

通常，菜单栏中的【文件】|【最近打开文件】命令子菜单中显示了最近打开过的 10 个图像文件。如果要打开的图像文件名称显示在该子菜单中，选中该文件名即可打开对应文件，省去了查找该文件时的烦琐操作。

【技巧】如果要清除【最近打开文件】命令子菜单中的文件名，可以执行菜单栏中的【文件】|【最近打开文件】|【清除最近】命令。

1.2.3　置入新图片

置入矢量图像是将 EPS、AI 和 PDF 等格式的矢量式图像文件插入到 Photoshop 中并转换

成点阵式图像。执行菜单栏中的【文件】|【置入】命令，打开"置入"对话框，选择要置入的图片即可，如图 1-14、图 1-15 所示。

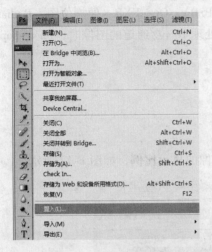

图 1-14 【置入】命令　　　　　　　　　图 1-15 "置入"对话框

1.2.4 保存图像文件

Photoshop CS4 支持多种文件格式以满足各种输出需求。可以用这些格式中的任何一种存储或导出图像，还可以使用特殊的 Photoshop 功能向文件添加信息、设置多个页面布局以及将图像置入到其他应用程序中。

1. 图像文件格式

不同图像文件格式的区别在于表示图像数据的方式（作为像素还是矢量）、压缩方法以及所支持的 Photoshop 功能。要在已编辑图像中保留所有 Photoshop 功能（图层、效果、蒙版、样式等），最好用 Photoshop 格式（PSD）存储图像的副本。与大多数文件格式一样，PSD 格式只能支持最大为 2GB 的文件。在 Photoshop 中，如果要处理超过 2GB 的文件，可以使用大型文档格式（PSB）、PhotoshopRaw（仅限拼合的图像）或 TIFF（仅限最大 4GB）格式存储图像。

注意：DICOM 格式也支持大于 2GB 的文件。

2. 存储文件

（1）【存储】命令　【存储】命令是将新建的文件保存起来，或者按照当前格式保存对文件所做的更改。

（2）【存储为】命令　执行菜单栏中的【文件】|【存储为】命令，打开"存储为"对话框，如图 1-16 所示。

图 1-16 "存储为"对话框

注意：执行【存储为】命令，可以将 16 位/通道的图像存储为下列格式：Photoshop、PhotoshopPDF、PhotoshopRaw、大型文档格式（PSB）、Cineon、PNG 和 TIFF；将 32 位/通道的图像存储为下列格式：Photoshop、大型文档格式（PSB）、OpenEXR、便携位图、Radiance 和 TIFF。执行【存储为 Web 和设备所用格式】命令处理 16 位/通道的图像时，Photoshop 自动将图像从 16 位/通道转换为 8 位/通道。

1.3　图像的显示效果

1. 放大与缩小显示图像

使用工具箱中的"缩放工具"可以放大或缩小图像的显示比例，如图 1-17 所示。

图 1-17　缩放工具

在选取"缩放工具"后，选项栏会显示"放大"和"缩小"两个图标按钮，通过这两个按钮可以设置图像是放大还是缩小，或者按 < Ctrl + Space > 组合键快速调出放大镜，再按 < Alt > 键切换为缩小镜，也能达到同样的效果。

2. 全屏显示图像

按 < F > 键可把 Photoshop 文档窗口的显示模式依次替换为标准显示、带菜单的全屏显示、全屏显示。

1.4　标尺、参考线和网格的设置

辅助工具对图像不做任何修改，这些工具可以用于测量和定位图像，熟练应用可以提高处理图像的效率。

1.4.1　设置标尺

标尺用来显示当前鼠标指针所在位置的坐标。使用标尺可以更准确地对齐对象和精确选取一定范围。

1. 显示标尺

执行菜单栏中的【视图】|【标尺】
命令，或按 < Ctrl + R > 组合键，即可启
动标尺。标尺显示在当前文档中的顶部
和左侧，如图 1-18 所示。

2. 隐藏标尺

当标尺处于显示状态时，再执行菜
单栏中的【视图】|【标尺】命令，或按
< Ctrl + R > 组合键，可将标尺隐藏。

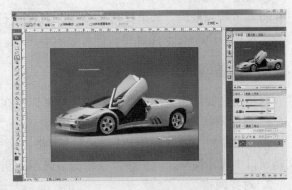

图 1-18　显示标尺

3. 更改标尺原点

标尺的默认原点位于文档标尺左上角（0，0）的位置。将鼠标移动到图像左上角的标
尺交叉点上，按住左键拖动，此时跟随鼠标会出现一组十字线，释放左键后标尺上的新原点
就出现在该位置。

4. 还原标尺

在图像窗口左上角的标尺交叉点处双击鼠标左键，即可将标尺原点还原到默认
位置。

5. 标尺的设置

执行菜单栏中的【编辑】|【首选项】|【单位与标尺】命令，或在图像窗口的标尺上双击
鼠标左键，将打开"首选项"对话框的"单位与标尺"选项组，可以设置标尺的单位等
选项。

1.4.2　设置参考线

参考线是辅助精确绘图时作为参考的线，它只
是显示在文档界面中方便对齐图像，并不真的出现
在图像上，如图 1-19 所示。参考线可以移动或删
除，也可以锁定，以免不小心被移动。

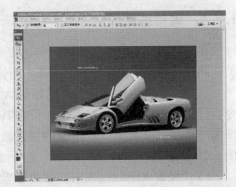

1. 创建参考线

首先参考前面的方法显示标尺，然后将鼠标移
动到水平标尺上向下拖动，即可创建一条水平参考
线；将鼠标移动到垂直标尺上向右拖动，即可创建
一条垂直参考线。

图 1-19　参考线

如果想精确地创建参考线，执行菜单栏中的【视图】|【新建参考线】命令，打开"新建
参考线"对话框。在该对话框中选中"水平"或"垂直"取向，在"位置"文本框中输入
参考线的位置，单击"确定"按钮即可。

2. 隐藏参考线

当创建好参考线后，如果暂时用不到，又不想将其删除，为了不影响操作，可以将参考
线隐藏。执行菜单栏中的【视图】|【显示】|【参考线】命令，或按 < Ctrl + ; > 组合键，即可
将其隐藏。

3. 显示参考线

将参考线隐藏后，如果想再次使用，可以执行菜单栏中的【视图】|【显示】|【参考线】命令，或按 < Ctrl + ; > 组合键，即可显示参考线。

1.4.3　设置网格

网格的主要用途是使图像对齐参考线，以便在操作中准确定位。

1. 显示网格

执行菜单栏中的【视图】|【显示】|【网格】命令，或按 < Ctrl + ' > 组合键，即可在当前文档窗口中显示网格。网格在默认情况下显示为灰色直线效果。

2. 对齐网格

当网格处于显示状态时，执行菜单栏中的【视图】|【对齐到】|【网格】命令后，会在【网格】命令的左侧出现"√"标志，表示启用了网络对齐，在该文档中绘制选区、路径、裁切框、切片或移动图形时，都会与网格对齐。再次执行菜单栏中的【视图】|【对齐到】|【网格】命令，左侧的"√"标志消失，表示关闭了网格对齐。

3. 网格的设置

执行菜单栏中的【编辑】|【首选项】|【参考线、网格和切片】命令，将打开"首选项"对话框的"参考线、网格和切片"选项组，可以设置网格的颜色、样式、网格线间隔及子网格的数目。

1.5　图像与画布尺寸的调整

1.5.1　调整图像尺寸

在制作不同需求的图像时，有时要重新修改图像的尺寸。图像的尺寸和分辨率息息相关，同样尺寸的图像，分辨率越高，图像越清晰。

执行菜单栏中的【图像】|【图像大小】命令，打开"图像大小"对话框，可在其中修改图像的尺寸、分辨率以及图像的像素数目，如图 1-20 所示。

1）"像素大小"选项组：修改像素大小其实就是修改图像的大小，可修改图像的宽度和高度像素值。

2）"文档大小"选项组：设定文档的高度、宽度和分辨率。可以直接在文本框中输入数字，并可从右侧的下拉列表中选择合适的单位，以修改文档的大小。

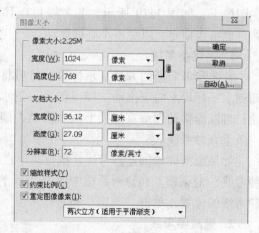

图 1-20　"图像大小"对话框

3）"缩放样式"复选框：勾选该复选框，在缩放时将图像应用的样式进行缩放。

4）"约束比例"复选框：勾选该复选框，将约束图像高宽比，改变图像的高度，则宽度也随之按比例改变。

5）"重定图像像素"复选框：指定重新取样的方法。如果不勾选此复选框，调整图像大小时，像素数目固定不变，当改变尺寸时分辨率将自动改变。

1.5.2　调整画布尺寸

修改画布大小不影响图像尺寸，一般用来增加工作区。在修改画布大小时，画布的背景颜色可以通过"画布扩展颜色"下拉菜单来修改。

执行菜单栏中的【图像】|【画布大小】命令，打开"画布大小"对话框，如图 1-21 所示。

1）"当前大小"选项组：显示出当前画面的实际大小。

2）"新建大小"选项组：可以通过修改"高度"、"宽度"项的值来设置画布大小。如果设置的宽度和高度大于图像的尺寸，Photoshop 就会在原图的基础上增加画布尺寸，反之，将缩小画布尺寸。

3）"相对"复选框：勾选该复选框，将在原来尺寸的基础上修改当前画布大小。正值表示增加画布尺寸，负值表示缩小画布尺寸。

图 1-21　"画布大小"对话框

4）"定位"图标：在该显示区中，通过选择不同的指示位置，可以确定图像在修改后的画布中的相对位置，有 9 个指示位置可以选择，默认为水平竖直都居中。

5）"画布扩展颜色"下拉菜单：用来设置画布扩展后显示的背景颜色。可以从右侧的下拉列表中选择一种颜色，也可以自定义一种颜色，还可以单击右侧的颜色块按钮，打开"选择画布扩展颜色"对话框来设置颜色。

本 章 小 结

本章主要介绍了 Photoshop CS4 的操作界面及基本操作，这是后续使用该软件更多功能的基础。本章学习难度较低，学习时要注意结合实例明确软件的基本概念，即在熟悉基本界面和基本操作的同时，多加操作练习，以达到熟练操作的目的。

思考与练习

1-1　简述标尺、网格、参考线的作用。

1-2　在 Photoshop CS4 中建立一个新页面，练习使用基本的工具。选定"画笔工具"，在画布上绘制一些图形和线条。选定"橡皮擦工具"，擦去所有的线条。在任意图形上使用"涂抹工具"，观察效果，再用"选择工具"将部分图像选中，拖动它们到页面的其他位置。

1-3　单击工具箱上方的 Adobe 图标，到 Adobe Online 中浏览 Photoshop CS4 的新功能。

1-4 在 Photoshop 中允许一个图像显示的最大比例范围是多少？

1-5 下列是 Photoshop 图像最基本的组成单元的是（　　　）。

A. 节点　　　　　B. 色彩空间　　　　　C. 像素　　　　　D. 路径

1-6 下面因素的变化会影响图像所占硬盘空间的大小的是（　　　）。

A. 像素大小　　　B. 文件尺寸　　　　C. 分辨率　　　　D. 存储图像时是否增加后缀

实训任务1

1. 实训目的

建立、调整和保存图像，调整画布尺寸，并进行编辑区的设置。

2. 实训内容及步骤

（1）内容

1）新建并保存一个图像文件。

2）打开素材库中的"海上鲸鱼"图片，再打开"小船"图片。

3）把"小船"图片添加到"海上鲸鱼"图片中。

（2）操作步骤

【步骤1】执行【开始】|【程序】|【Adobe Photoshop CS4】命令，打开 Photoshop CS4 的界面。执行【文件】|【新建】命令，打开"新建"对话框，给图像命名"pic1"，并输入图像的高度、宽度、分辨率等参数，如图 1-22 所示。

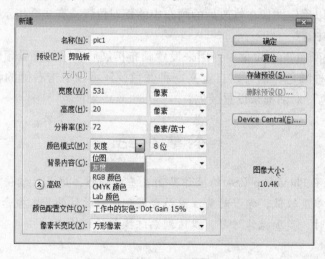

图 1-22 "新建"对话框

【步骤2】将图像保存在"D：\myproject\"文件夹中，注意选择其保存格式，如图 1-23 所示。一般情况下，用 JPG 文件格式。但是，只有 PSD 格式才能把每个图层都保存下来，以便后面修改。

【步骤3】打开图像文件。执行【文件】|【打开】命令，选择素材库中预打开文件的路径，并选择图像文件"海上鲸鱼·jpg"。通过图 1-24 所示方式，放大与缩小显示图像。

图 1-23　选择保存格式

【步骤 4】设置标尺。执行【视图】|【标尺】命令，即可显示标尺，如图 1-25 所示。再执行【编辑】|【首选项】|【单位与标尺】命令，即可对标尺进行设置，如图 1-26 所示。

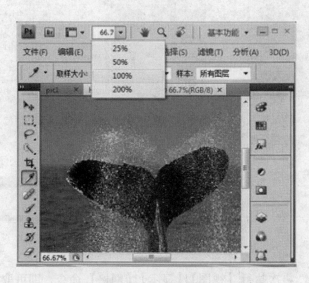

图 1-24　显示比例调整

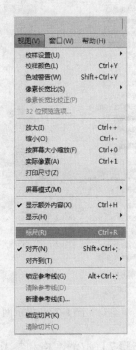

图 1-25　【标尺】命令

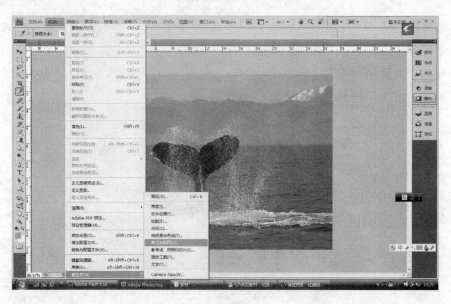

图 1-26　设置标尺

【步骤 5】设置网格。执行【视图】|【显示】|【网格】命令，即可显示网格，如图 1-27 所示。

【步骤 6】设置参考线。执行【视图】|【新建参考线】命令，即可显示参考线，如图 1-28 所示。

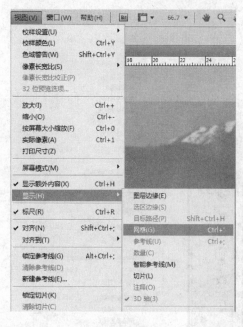

图 1-27　显示网格

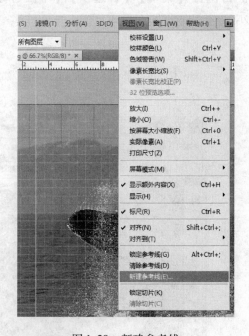

图 1-28　新建参考线

【步骤 7】取消网格和参考线。再次执行【视图】|【显示】|【网格】命令，即可取消图中网格；执行【视图】|【取消参考线】命令，即可取消参考线。

【步骤8】执行【文件】|【打开】命令，选择预打开文件的路径，并选择图像文件"小船.jpg"。从工具箱中选择"魔术棒工具"，在空白处单击鼠标左键，如图 1-29 所示。

图 1-29　打开"小船"图片

【步骤9】执行【选择】|【反向】命令，选中小船，如图 1-30 所示。再利用"移动工具"将小船拖到"海上鲸鱼"图片中比较合适的位置，最后效果如图 1-31 所示。

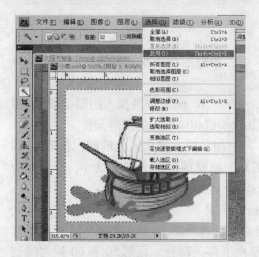

图 1-30　【选择】命令

图 1-31　将"小船"拖入"海上鲸鱼"图片

实训任务 2

1. 实训目的

通过对本实例的操作，进一步熟悉实际动画制作的能力。

⊖ 本实训任务对于有 Flash CS4 操作经验的学生可以直接练习；对于没有相关经验的学生，可以先学习后面章节内容，再回来进行练习。

2. 实训内容及步骤

（1）内容　制作"多张图片转换"动画效果，如图 1-32 所示。

（2）操作步骤

【**步骤 1**】启动 Flash CS4，新建一个 ActionScript 2.0 类型的 Flash 文件，命名为"多张图片转换 . fla"并保存。

【**步骤 2**】将素材库中"第 8 章"文件夹内的"1. jpg"、"2. jpg"、……"6. jpg"等 6 张图片导入到 Flash CS4 中。

【**步骤 3**】根据要求建立 9 个图层并分别命名，如图 1-33 所示。

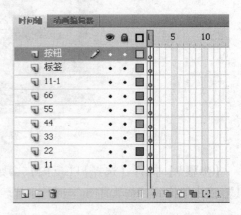

图 1-32　动画效果　　　　　　　　　　　　图 1-33　建立 9 个图层

【**步骤 4**】把图片"1. jpg"拖入到图层"11"中，调整图片大小与舞台一样，居中对齐，并把该图片转换为图形元件"11"。

【**步骤 5**】重复步骤 4，把"2. jpg"、"3. jpg"、……"6. jpg"分别拖入图层"22"、图层"33"、……图层"66"中并调整大小和位置，并转换成相应名称的图形元件。

【**步骤 6**】在图层"11"中的第 20、30 帧处，分别按 < F6 > 键插入关键帧，在第 20 和 30 帧之间创建传统补间动画。选择第 30 帧中的图片，调整图片的 X 坐标为 0，Y 坐标为 400，让图片从舞台中向下移出舞台。在第 31 帧处插入空白关键帧。

【**步骤 7**】选择图层"22"的第 1 帧，并向后拖曳到第 20 帧处。在第 30、50、60 帧处插入关键帧，并在第 20 和 30 帧之间创建传统补间动画。选择第 20 帧中的图片，调整图片的 X 坐标为 0，Y 坐标为 -400，让图片从舞台上部向下移入舞台。在第 50 和 60 帧之间创建传统补间动画，选择第 60 帧中的图片，调整图片的 X 坐标为 550，Y 坐标为 0，让图片从舞台中向右移出舞台。在第 61 帧中插入空白关键帧。

【**步骤 8**】选择图层"33"的第 1 帧，并向后拖曳到第 50 帧处。在第 60、80、90 帧处插入关键帧，在第 50 和 60 帧之间创建传统补间动画。选择第 50 帧中的图片，调整图片的 X 坐标为 -550，Y 坐标为 0，让图片从舞台左侧向右移入舞台。在第 80 和 90 帧之间创建传统补间动画，选择第 90 帧中的图片，调整图片的 X 坐标为 0，Y 坐标为 -400，让图片从舞台中向上移出舞台。在第 91 帧处插入空白关键帧。

【**步骤 9**】选择图层"44"的第 1 帧，并向后拖曳到第 80 帧处。在第 90、110、120 帧处插入关键帧，在第 80 和 90 帧之间创建传统补间动画。选择第 80 帧中的图片，调整图片的 X 坐标为 0，Y 坐标为 400，让图片从舞台下面向上移入舞台。在第 110 和 120 帧之间创建传统补间动画，选择第 120 帧中的图片，调整图片的 X 坐标为 -550，Y 坐标为 0，让图片从舞台中向左移出舞台。在第 121 帧处插入空白关键帧。

【步骤 10】选择图层"55"的第 1 帧，并向后拖曳到第 110 帧处。在第 120、140、150 帧处插入关键帧，在第 110 和 120 帧之间创建传统补间动画。选择第 110 帧中的图片，调整图片的 X 坐标为 550，Y 坐标为 0，让图片从舞台左面向右移入舞台。在第 140 和 150 帧之间创建传统补间动画，选择第 150 帧中的图片，调整图片的 X 坐标为 0，Y 坐标为 -400，让图片从舞台中向上移出舞台。在第 151 帧处插入空白关键帧。

【步骤 11】选择图层"66"的第 1 帧，并向后拖曳到第 140 帧处。在第 150、170、180 帧处插入关键帧，在第 140 和 150 帧之间创建传统补间动画。选择第 140 帧中的图片，调整图片的 X 坐标为 0，Y 坐标为 400，让图片从舞台下面向上移入舞台。在第 170 和 180 帧之间创建传统补间动画，选择第 180 帧中的图片，调整图片的 X 坐标为 -550，Y 坐标为 0，让图片从舞台中向左移出舞台。

【步骤 12】选择图层"11-1"，在第 170 帧处插入关键帧。把图形元件"11"从库中拖曳至舞台上，居中对齐。在第 180 帧处插入关键帧，在第 170 和 180 帧之间创建传统补间动画。选择第 170 帧中的图片，调整图片的 X 坐标为 550，Y 坐标为 0，让图片从舞台右面移入舞台。

【步骤 13】锁定所有图层，解锁"标签"图层，使用"矩形工具" □ 绘制一个没有边框的矩形，宽度为 30，高度为 20，颜色为#333366。按住 < Alt > 键拖曳矩形，复制 5 次。使用"对齐"面板底部对齐并平均分布距离，如图 1-34 所示。

【步骤 14】使用"文本工具"输入文字"123456"，文本类型为"静态文本"，字体为"方正隶二简体"，字体大小为 28，颜色为白色。适当调整字间距，放在 6 个矩形上面，如图 1-35 所示。

图 1-34　平均分布距离

图 1-35　输入文字"123456"

【步骤 15】在"标签"图层的第 20、50、80、110、140、170 帧处插入关键帧，选择第 1 帧数字"1"下面的矩形，把颜色改成红色；选择第 20 帧数字"2"下面的矩形，把颜色改成红色；选择第 50 帧数字"3"下面的矩形，把颜色改成红色；选择第 80 帧数字"4"下面的矩形，把颜色改成红色；选择第 110 帧数字"5"下面的矩形，把颜色改成红色；选择第 140 帧数字"6"下面的矩形，把颜色改成红色；选择第 170 帧数字"1"下面的矩形，把颜色改成红色。

【步骤 16】解锁"按钮"图层，在"标签"图层复制一个矩形，把它粘贴到"按钮"图层，并把矩形转换成按钮元件。双击进入"按钮"图层的编辑层级，把"弹起"状态的关键帧拖到"点击"状态，从而制作成一个透明按钮。

【步骤 17】再复制 5 个透明按钮，把这 6 个按钮与"标签"图层的 6 个矩形对齐。

【步骤 18】为实现单击标签时跳转到相应的图片，为 6 个透明按钮增加动作，数字"1"上面的透明按钮添加代码如下：

```
on (release) {
gotoAndPlay(170);
}
```

数字"2"上面的透明按钮添加代码如下：

```
on (release) {
gotoAndPlay(20);
}
```

数字"3"上面的透明按钮添加代码如下：

```
on (release) {
gotoAndPlay(50);
}
```

数字"4"上面的透明按钮添加代码如下：

```
on (release) {
gotoAndPlay(80);
}
```

数字"5"上面的透明按钮添加代码如下：

```
on (release) {
gotoAndPlay(110);
}
```

数字"6"上面的透明按钮添加代码如下：

```
on (release) {
gotoAndPlay(140);
}
```

【步骤 19】最后保存文件，按 < Ctrl + Enter > 组合键测试动画效果。

第 2 章

Flash CS4的基本操作

学习目标

1）能够正确搭建 Flash CS4 的开发环境。

2）熟悉 Flash CS4 的界面布局。

3）认识和使用 Flash CS4 的基本工具。

2.1　认识 Flash CS4 的工作环境

2.1.1　Flash CS4 的工作界面

Flash CS4 的工作界面如图 2-1 所示。与以往的版本较为不同，该界面更加简洁、清晰，操作也比以前更方便。Flash CS4 不但大大简化了编辑过程，还为用户提供了更大的自由发挥的空间。

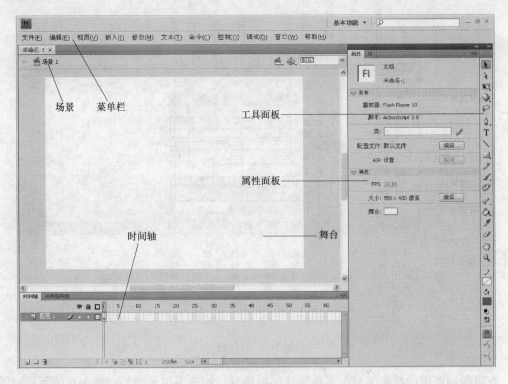

图 2-1　Flash CS4 工作界面

一般情况下，使用 Flash 创建或编辑影片时，将涉及菜单栏、舞台、场景、时间轴、常用面板等几个关键区域。

1. 菜单栏

菜单栏包含了 Flash 中所有可以使用的菜单命令，利用这些菜单命令，可以实现文件管理、动画编辑和测试等操作。

2. 舞台和场景

（1）舞台　舞台就是影片中作品的编辑区域，是对影片中各对象进行编辑、修改的场所。在舞台上可以放置图片、文字、按钮、动画等元件。舞台大小及背景色是由影片属性所决定的。

（2）场景　同样的舞台上可以出现不同场景，场景为舞台上的一幕。场景的大小、色彩等属性是可以设置的。场景的设置实际上就是"文档属性"的设置。场景与时间轴中的关键帧相对应，当选中某层中的一个关键帧后，场景中的对象即是此关键帧所代表的对象。

3. 时间轴

和电影一样，Flash 文件也根据时间的长短分成若干帧，不同帧的连续变化就构成了动画。简而言之，时间轴就是一个以时间为基础的线形进度安排表，让设计者安排动画影片的每一个动作。

时间轴按功能分为左右两个区域，左侧为图层控制区，右侧为帧控制区，各区域部分的具体组件如图 2-2 所示。

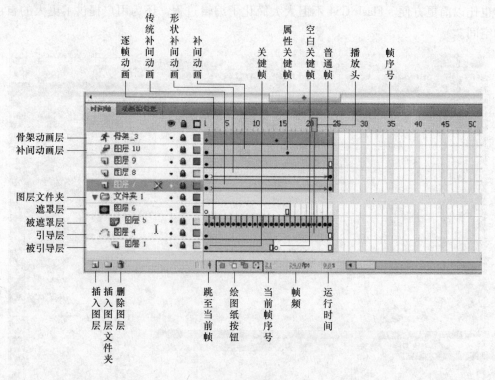

图 2-2　时间轴

在时间轴底部的状态区显示当前所选的帧序号、帧速率以及到当前帧为止的运行时间。

【操作提示】Flash CS4 中的时间轴取消了以前版本的"添加运动引导层"按钮。要添加引导层，执行菜单栏中的【修改】|【时间轴】|【图层属性】命令，或在图层上单击鼠标右键，在弹出的快捷菜单中选择【图层属性】命令，在打开的"图层属性"对话框中进行修改。

4. 面板

Flash 工作界面的右侧是放置各种面板的默认区域，该区域中的每个面板都是可以浮动的，并带有收放、组合等特性。

2.1.2　自定义 Flash CS4 的工作区

在 Flash CS4 中，提供了多种工作区布局方案，包括"动画"、"传统"、"调试"、"设计人员"、"开发人员"和"基本功能" 6 种。但这些布局并不能满足实际工作中的需要，因此自定义 Flash 工作区还是很有必要的。设置好 Flash CS4 的面板布局后，执行菜单栏中的【窗口】|【工作区】|【新建工作区】命令，为工作区命名后保存即可。在下次打开 Flash 后，只需要在【窗口】菜单中选择【工作区】命令，在子菜单中即可选择该自定义的工作区布局。

2.2　常用面板的操作

2.2.1　常用面板介绍

1. 工具面板

使用工具面板中的工具可以进行绘图、上色、选择和修改插图等操作，如图 2-3 所示。相比于以前版本，Flash CS4 的工具面板中增加了一些工具，使制作功能得到了很大的增强。

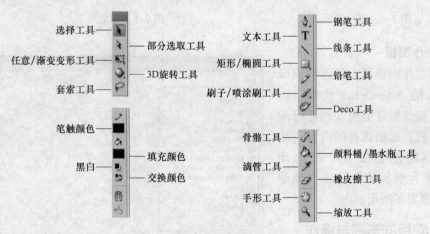

图 2-3　工具面板

工具面板可分为如下 4 个部分：

1）工具区域：包含绘图、上色和选择工具。

2）查看区域：包含在应用程序窗口内进行缩放和平移的工具。

3）颜色区域：包含用于笔触和填充颜色的功具。

4）选项区域：包含用于当前所选工具的功能键，功能键影响工具的上色或编辑操作。

【操作提示】工具面板中取消了以前版本中的"没有颜色"按钮，因此"笔触"图标按钮与"填充"图标按钮默认为不可选择。要改变笔触颜色，可以直接单击相关的颜色块进行设置。

2. 属性面板

在 Flash CS4 中，属性面板默认在工作界面的右边，并且其中一些相关的属性设置被设计得更加人性化，如图 2-4 所示。使用属性面板可以轻松访问舞台或时间轴上当前选中内容的属性，并可以直接更改对象或文档的属性。

3. 库面板

库面板是存放和组织在 Flash 中创建的各种元件的地方，还可以用于存放和组织导入的文件，包括位图、声音文件和视频剪辑。利用库面板，可以在文件夹中组织库项目，查看项目在文档中的使用频率，按照名称、类型、日期、使用次数或 AS 链接标识符项目进行排序，也可以使用搜索字段在库面板中进行搜索。在 Flash CS4 中，库面板得到了比较好的改进，如图 2-5 所示。

图 2-4 属性面板

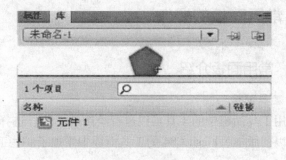

图 2-5 库面板

4. 动作面板

使用动作面板可以创建和编辑对象或帧的 ActionScript 代码。选择帧、按钮或影片剪辑实例可以激活动作面板。根据选择的内容，动作面板标题也会变为"按钮动作"、"影片剪辑动作"或"帧动作"，如图 2-6 所示。

2.2.2 面板的布局与操作

Flash CS4 中对面板的操作主要有以下几种：

1）打开面板。可以通过执行

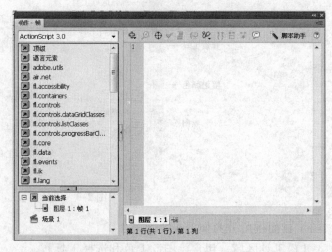

图 2-6 动作面板

【窗口】菜单中的相应命令打开指定面板。

　　2）关闭面板。在已经打开的面板标题上单击鼠标右键，然后在快捷键菜单中执行【关闭】或【关闭组】命令即可。

　　3）组合面板。将鼠标移到面板的标题栏处，按住鼠标左键并拖动到要组合的面板即可。

　　4）折叠或展开面板。单击标题栏或者标题栏上的折叠按钮，可以将面板折叠，再次单击该处即可展开。

　　5）拖动面板。拖动标题栏，可以移动面板位置或者将固定面板变为浮动面板。

2.3　文件的基本操作

2.3.1　文件的打开与关闭

1. 打开文件

执行菜单栏中的【文件】|【新建】命令，打开"新建文档"对话框，即可新建一个 Flash 文档。

新建文档之后，一般需要调整文档的大小、背景色和播放速率等参数。可以执行【修改】|【文档】命令，在打开的"文档属性"对话框中进行设置。默认的文档大小为 550 × 400 像素，背景色为白色。在"帧频"文本框中可以输入每秒要显示的动画帧数，默认的帧数为 12fps。

2. 关闭文件

在【文件】菜单中可以执行【保存】、【保存并压缩】、【另存为】或【另存为模板】等命令保存并关闭文件。其中，若执行【保存并压缩】命令将会对原 Flash 文件进行压缩存储。

2.3.2　文件的运行与测试

执行菜单栏中的【控制】|【测试影片】命令，可以测试所制作的 Flash 动画。

本 章 小 结

Flash 是一款多媒体矢量动画制作软件，具有交互性强、文件尺寸小、简单易学的特点。与以前的版本相比，Flash CS4 的工作界面更美观，使用更为方便。本章主要介绍 Flash CS4 的基本界面以及文件的基本操作。通过本章学习，应该对 Flash CS4 有一个基本认识，对界面的组成有初步了解。

思考与练习

2-1　在 Flash CS4 中，执行菜单命令，创建一个新文档。将文档命名为"操作练习 1"，更改工作区的尺寸为 200 × 100 像素，更换背景颜色为蓝色。

2-2　在 Flash CS4 中，设置个性化的工具界面。

2-3　Flash CS4 中有哪些面板？

2-4　Flash 影片的频率最大可以设置到多少？

实训任务 1

1. 实训目的

在第 1 章实训任务 1 制作的图片中插入"大雁"图片并制作飞行效果。

2. 实训内容及步骤

（1）内容

1）新建 Flash 文件并打开已制作好的图片。

2）插入新图片。

3）制作动画效果。

（2）操作步骤

【步骤 1】双击桌面上的 Flash CS4 图标，启动软件，如图 2-7 所示。

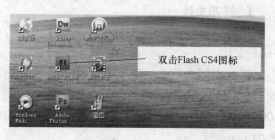

图 2-7　启动 Flash CS4

注意：有时安装 Flash CS4 后会无法运行，这是由于计算机使用了 Ghost 版本的 Windows XP，该版本有可能精简了字体 Ms Mincho. ttc。

如果遇到这种情况，可以找一台能运行 Flash CS4 的计算机，在其"C:\WINDOWS\Fonts"文件夹中找到 Ms Mincho. ttc 字体文件，如图 2-8 所示，复制到原计算机中即可。

【步骤 2】启动 Flash CS4 后，新建一个 ActionScript 2.0 类型的 Flash 文件，如图 2-9 所示。

图 2-8　复制 Ms Mincho. ttc 字体

图 2-9　选择 ActionScript 2.0 类型

【步骤 3】在时间轴中再添加 1 个图层，并将图层 1 改名为"背景"，图层 2 改名为"动画"。在"背景"图层中导入第 1 章中处理过的"鲸鱼"图片，如图 2-10 所示。

【步骤 4】执行菜单栏中的【插入】|【新建元件】命令，打开"创建新元件"对话框，

图 2-10　在"背景"图层中导入"鲸鱼"图片

如图 2-11 所示。在"名称"文本框中输入"大雁","类型"选择"影片剪辑"。

【步骤 5】在元件舞台中，执行【文件】|【导入到舞台】命令，导入一幅"大雁"图片，如图 2-12 所示。

图 2-11　"创建新元件"对话框

图 2-12　导入图片"大雁.gif"

【步骤 6】"大雁"图片是一个 GIF 格式的动画文件，导入后可以看到在时间轴里有 4 个关键帧，每个关键帧显示大雁的一个飞行动作，如图 2-13 所示。

【步骤 7】单击左上方"场景 1"按钮，返回动画场景的编辑栏，如图 2-14 所示。

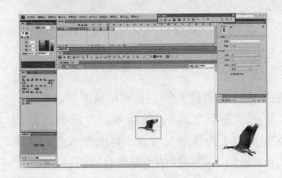

图 2-13　导入 GIF 格式的文件

图 2-14　返回动画场景的编辑栏

【步骤8】在时间轴中"动画"图层的第 1 帧处拖入"大雁"元件。再在第 60 帧处添加关键帧，把"大雁"元件拖到场景的左边。在"背景"图层的第 60 帧处添加普通帧，执行菜单栏中的【控制】|【测试影片】命令，即可播放动画影片，如图 2-15 所示。同时，在文件所在的目录中将生成一个 SWF 格式的动画文件。

图 2-15　动画效果图

实训任务 2

1. 实训目的

通过对本实例的操作，熟悉贺卡制作的基本方法，锻炼制作完整动画的能力。

2. 实训内容及步骤

（1）内容　制作"教师节贺卡"动画效果，如图 2-16 所示。

（2）操作步骤

【步骤 1】启动 Flash CS4，新建一个 ActionScript 2.0 类型的 Flash 文件。设置底色为蓝色，命名为"教师节贺卡 . fla"并保存。

【步骤2】将素材库中"第 10 章"文件夹内的"贺卡 . jpg"、"背景 . jpg"和"童年 . mp3"3 个文件导入到 Flash CS4 中。

图 2-16　动画效果

【步骤3】将图层 1 的名称改成"背景"。把"背景 . jpg"从库中拖入舞台并居中对齐，在第 545 帧处插入帧，再锁定该图层。

【步骤4】新建 1 个名称为"草"的图层，使用"矩形工具" 绘制一个没有边框的矩形。按住 < Alt > 键，使用"选择工具" 在矩形的上边线增加节点，再拖曳节点，并调整叶子的弧度，绘制出 3 个草叶，如图 2-17 所示。最后，把画好的小草组合成组。

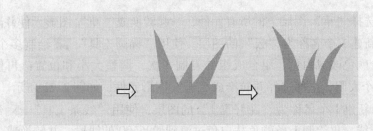

图 2-17　绘制小草

【步骤 5】绘制 1 个宽度为 550、高度为 50 的无边框矩形。复制多个小草，把它们放在大矩形的上面，并单个调整草叶大小。调整好全部小草的叶子后，把小草和大矩形全部选中，按 < Ctrl + B > 组合键分离小草组合，使它们结合在一起。在"颜色"面板中选择"线性渐变"效果，颜色从#99CC00 过渡到白色。最后再重新组合小草，效果如图 2-18 所示。

图 2-18　复制并重新组合小草

【步骤 6】使用"线条工具" ＼ 随便绘制几条交叉的线，并转换成"蒲公英花瓣"图形元件。旋转复制"蒲公英花瓣"得到"蒲公英花朵"，并转换成图形元件。再绘制 1 条线段，线性渐变填充笔触颜色，颜色也是从#99CC00 过渡到白色。把线段和花朵选择转换成"蒲公英"图形元件，如图 2-19 所示。

【步骤 7】使用"多边形工具" ◙ ，在其属性面板中设置选项为"星形"，边数为 6，星形顶点大小为 0.8，绘制 1 个六角星，并转换为"小花"图形元件。复制若干个"小花"元件和 4 个"蒲公英"元件，调整它们的大小和排列顺序，如图 2-20 所示。

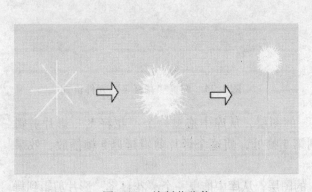

图 2-19　绘制蒲公英

图 2-20　添加小花和蒲公英

【**步骤8**】选择"草"图层上的所有元件，一起转换成"草"图形元件并隐藏该层。

【**步骤9**】新建1个名称为"云"的图层。使用"椭圆工具"  绘制多个相连的椭圆，删除边框颜色，颜色改成白色，组合成组并复制3次，调整大小和位置。再使用"刷子工具" 绘制1个太阳，全部选择并转换成"云"图形元件，如图2-21所示。隐藏该层。

【**步骤10**】新建1个名称为"花籽飞1"的图层，使用"线条工具" 绘制几条相交于一点的白色射线。再绘制1条颜色从白色过渡到#996600的线段，并转换成"花籽"图形元件，如图2-22所示。

图2-21 绘制云和太阳　　　　　　　　　　　　图2-22 绘制花籽

【**步骤11**】把"花籽"图形元件再次转换成"花籽飞"影片剪辑。双击进入"花籽飞"的编辑层级，在图层1的第60帧处插入关键帧并创建传统补间动画。再为图层1添加传统运动引导层，在引导层绘制1条曲线，调整图层1上的第1帧和第60帧中的"花籽"元件，分别吸附到引导线的两个端点，如图2-23所示。

【**步骤12**】返回场景1的编辑层级，复制1个"花籽飞"元件，调整它们的位置，如图2-24所示。

图2-23 设置引导线　　　　　　　　　　　　图2-24 调整"花籽飞"元件位置

【**步骤13**】新建一个名为"花籽飞2"的图层，从库中拖曳一个"花籽飞"影片剪辑到舞台并调整位置。再把第1帧向后拖到第5帧处，使这个影片剪辑延迟5帧播放，效果如图2-25所示。

【**步骤14**】新建一个名为"花籽飞3"的图层，从库中拖曳一个"花籽飞"影片剪辑到舞台并调整位置。再把第1帧向后拖到第12帧处，使这个影片剪辑延迟12帧播放，如图2-26

所示。同时选择"花籽飞 1"、"花籽飞 2"、"花籽飞 3" 3 个图层的第 415 帧，插入空白关键帧，再隐藏这 3 个图层。

图 2-25　"花籽飞 2"图层　　　　　　　　　图 2-26　"花籽飞 3"图层

【步骤 15】新建 1 个名为"文字 1"的图层。使用"文本工具"输入文字"谁是美的耕耘者"，字体为"方正稚艺繁体"，字体大小为 30，颜色为黑色。为文字添加投影滤镜，并把文字转换成"文字 1"图形元件。

【步骤 16】重复步骤 15，新建名称为"文字 2"、"文字 3"、……"文字 8"等 7 个图层，使用"文本工具"分别在各图层中输入文字"谁是美的播种者"、"是谁用美的阳光普照"、"是谁用雨露滋润我们的心田"，"我们才能绿草如茵"、"繁花似锦"、"是您、是您——老师！"、"教师节快乐"，为文字添加投影滤镜，并把文字转换成"文字 2"、"文字 3"、……"文字 8"相应的图形元件。

【步骤 17】选择"文字 8"图层中的文字，双击进入编辑层级，把文字改成白色，并添加投影滤镜。隐藏所有文字图层。

【步骤 18】新建 1 个名为"线"的图层，使用"线条工具" ╲ 绘制 1 条白色线段，笔触宽度为 10，样式选择"点刻线"。把线条转换成"线"图形元件并隐藏该层。

【步骤 19】新建 1 个名称为"倒挂花"的图层，使用"矩形工具" ▢ 绘制 1 个白色无边框的矩形，再使用"任意变形工具" ▦ 把矩形调节成梯形，调整旋转点的位置，旋转复制得到花的形状。再绘制 1 条白色宽度为 5 的线段，移到花的上面。选择花和线段再复制 4 次，调整大小和位置，把所有的图形选择转换成"倒挂花"图形元件，如图 2-27 所示。隐藏该层。

【步骤 20】新建 1 个名为"人物"的图层。从库中把"贺卡.jpg"拖入舞台，并把图片转换成矢量图。删除人物以外的颜色，再把人物转换成"人物"图形元件，如图 2-28 所示。隐藏该层。

【步骤 21】新建 1 个名为"按钮"的图层，选择"人物"元件中手捧的花，复制到"按钮"图层并转换成"再次献花"按钮元件。双击进入该按钮元件的编辑层级，为按钮元件的其他状态都插入关键帧。选择"弹起"状态的花，再次转换为"手捧花"影片剪辑，双击进入编辑层级，在第 5 帧处插入关键帧，把第 5 帧中的花放大。返回按钮元件的编辑层级，新建图层 2，在"指针经过"状态中输入文字"再次献花"，文字颜色为黄色，在"按下"状态中插入关键帧，文字颜色改成红色。返回场景 1 的编辑层级并隐藏该层。

图 2-27　复制"倒挂花"

图 2-28　导入人物

【步骤 22】再新建 3 个图层，名称分别为"动作"、"音乐"、"幕布"。在"幕布"图层中使用"矩形工具" 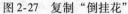 绘制 1 个与舞台一样大小的矩形，在完全对齐舞台后删除填充色，选择边框复制并放大 500 倍。再使用"颜料桶工具" 在两个边框之间填充黑颜色，最后删除两个边框。锁定该图层。

【步骤 23】显示"云"图层，在第 140、144、146 帧处都插入关键帧，在第 145 帧处插入空白关键帧，在第 140 和 144 帧之间创建传统补间动画。选择第 144 帧中的"云"元件，在其属性面板中设置透明度为 0；选择第 146 帧中的"云"元件，向右移动，直到最左边的云朵进入舞台。在第 150 帧处插入关键帧，在第 146 和 150 帧之间创建传统补间动画。选择第 146 帧中的"云"元件，在其属性面板中设置透明度为 0。在第 275、279 帧处插入关键帧，在第 280 帧处插入空白关键帧，在第 275 和 279 帧之间创建传统补间动画。选择第 275 帧中的"云"元件，在其属性面板中设置透明度为 0。选择第 1 帧，单击鼠标右键，在快捷菜单中选择【复制帧】命令，在第 281 帧处粘贴帧。在第 285 帧处插入关键帧，在第 281 和 285 帧之间创建传统补间动画。选择第 281 帧中的"云"元件，在其属性面板中设置透明度为 0。在第 415 和 435 帧处插入关键帧，在第 415 和 435 帧之间创建传统补间动画。

【步骤 24】显示"草"图层，在第 415、435 帧处插入关键帧，再在第 415 和 435 帧之间创建传统补间动画。把"草"和"云"两个图层的第 435 帧中的元件一起选择，使用"任意变形工具"放大，并在其属性面板中设置透明度为 0。在两个图层的第 436 帧处插入空白关键帧。锁定两个图层。

【步骤 25】显示"线"、"文字 1"、"文字 2" 3 个图层，调整 3 个图层的元件位置，如图 2-29 所示。把"线"图层的第 1 帧向后拖曳到第 20 帧处，在第 60、133 和 136 帧处插入关键帧，在第 20 和 60 帧之间创建传统补间动画。选择第 20 帧中的元件，水平向右拖曳到舞台外面。在第 133 和 136 帧之间创建传统补间动画。选择第 136 帧中的元件，并在其属性面板中设置透明度为 0。

【步骤 26】显示"文字 1"图层，把第 1 帧

图 2-29　显示并调整 3 个图层

向后拖曳到第 70 帧。在第 90、133 和 136 帧处插入关键帧，在第 137 帧处插入空白关键帧，在第 70 和 90 帧之间创建传统补间动画。选择第 70 帧中的元件，向上移动一点，并在属性面板中设置透明度为 0。在第 133 和 136 帧之间创建传统补间动画，选择第 136 帧中的元件，并在属性面板中设置透明度为 0。锁定该层。

【步骤 27】显示"文字 2"图层，把第 1 帧向后拖曳到第 90 帧处。在第 110、133 和 136 帧处插入关键帧，在第 137 帧处插入空白关键帧，在第 90 和 110 帧之间创建传统补间动画。选择第 90 帧中的元件，向下移动一点，并在其属性面板中设置透明度为 0。在 133 和 136 帧之间创建传统补间动画，选择第 136 帧中的元件，并在其属性面板中设置透明度为 0。锁定该层。

【步骤 28】在"线"图层的第 155 帧处插入关键帧，并设置元件的透明度为 100。显示"文字 3"和"文字 4"两个图层，把两个图层的第 1 帧拖到第 155 帧处，调整线和文字的位置，如图 2-30 所示。再在"线"图层的第 195、270 和 274 帧处插入关键帧，在 155 和 195 帧之间创建传统补间动画。选择第 155 帧中的元件，水平向左拖曳到舞台外面。在第 270 和 274 帧之间创建传统补间动画，选择第 274 帧中的元件，并在其属性面板中设置透明度为 0。

【步骤 29】把"文字 3"图层的第 155 帧向后拖曳到第 205 帧处。在第 225、270 和 274 帧处插入关键帧，在第 205 和 225 帧之间创建传统补间动画。选择第 205 帧中的元件，向上移动一点，并在其属性面板中设置透明度为 0。在第 270 和 274 帧之间创建传统补间动画，选择第 274 帧中的元件，并在其属性面板中设置透明度为 0。锁定该层。

【步骤 30】把"文字 4"图层的第 155 帧向后拖曳到第 225 帧处。在第 245、270 和 274 帧处插入关键帧，在第 225 和 245 帧之间创建传统补间动画。选择第 225 帧中的元件，向下移动一点，并在其属性面板中设置透明度为 0。在第 270 和 274 帧之间创建传统补间动画，选择第 274 帧中的元件，并在其属性面板中设置透明度为 0。锁定该层。

【步骤 31】在"线"图层的第 295 帧处插入关键帧，并设置元件的透明度为 100。显示"文字 5"和"文字 6"两个图层，把两个图层的第 1 帧拖到第 295 帧处，调整线和文字的位置，如图 2-31 所示。再在"线"图层的第 335、410 和 414 帧处插入关键帧，在第 295 和 335 帧之间创建传统补间动画。选择第 295 帧中的元件，将其水平向右拖曳到舞台外面。在第 410 和 414 帧之间创建传统补间动画，选择第 414 帧中的元件，并在其属性面板中设置透明度为 0。

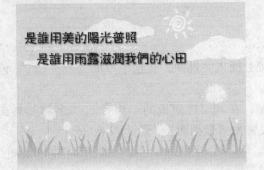

图 2-30 调整"文字 3"和"文字 4"图层

图 2-31 调整"文字 5"和"文字 6"图层

【步骤 32】把"文字 5"图层的第 295 帧向后拖曳到第 345 帧处。在第 365、410 和 414 帧处插入关键帧，在第 345 和 365 帧之间创建传统补间动画。选择第 345 帧中的元件，向上移动一点，并在其属性面板中设置透明度为 0。在第 410 和 414 帧之间创建传统补间动画，选择第 414 帧中的元件，并在其属性面板中设置透明度为 0。锁定该层。

【步骤 33】把"文字 6"图层的第 295 帧向后拖曳到第 365 帧处。在第 385、410 和 414 帧处插入关键帧，在第 365 和 385 帧之间创建传统补间动画。选择第 365 帧中的元件，向下移动一点，并在其属性面板中设置透明度为 0。在第 410 和 414 帧之间创建传统补间动画，选择第 414 帧中的元件，并在其属性面板中设置透明度为 0。锁定该层。

【步骤 34】在"线"图层的第 470 帧处插入关键帧，并设置元件的透明度为 100。显示"文字 7"和"文字 8"两个图层，把两个图层的第 1 帧拖到第 470 帧处，调整线和文字的位置，如图 2-32 所示。再在"线"图层的第 500 帧处插入关键帧，在第 470 和 500 帧之间创建传统补间动画。选择第 470 帧中的元件，将其水平向左拖曳到舞台外面。

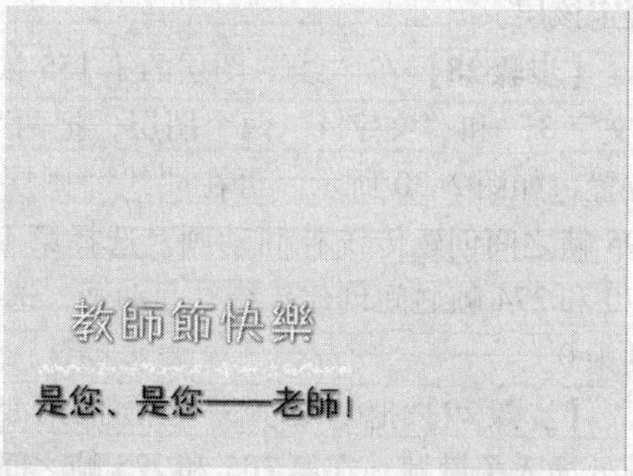

【步骤 35】把"文字 7"图层的第 470 帧向后拖曳到第 500 帧处。在第 510 帧处插入关键帧，在第 500 和 510 帧之间创建传统补间动画。

图 2-32　调整"文字 7"和"文字 8"图层

选择第 500 帧中的元件，向下移动一点，并在其属性面板中设置透明度为 0。锁定该层。

【步骤 36】把"文字 8"图层的第 470 帧向后拖曳到第 520 帧处。在第 530 帧处插入关键帧，在第 520 和 530 帧之间创建传统补间动画。选择第 520 帧中的元件，在其属性面板中设置透明度为 0。锁定该层。

【步骤 37】显示"倒挂花"和"人物"两个图层，在两个图层的第 435 和 450 帧处分别插入关键帧，并删除第 1 帧中的元件。在第 435 和 450 帧之间创建传统补间动画。选择"倒挂花"图层第 435 帧中的元件，垂直向上拖曳到舞台外面。选择"人物"图层第 435 帧中的元件，在其属性面板中设置透明度为 0。锁定两个图层。

【步骤 38】显示"按钮"图层，在第 545 帧处插入关键帧，并删除第 1 帧中的按钮，把按钮与人物的手捧花完全对齐，为按钮添加如下动作语言：

```
on (release) {
gotoAndPlay(1);
}
```

【步骤 39】显示"动作"图层。在第 545 帧处插入关键帧，在帧中添加"stop（）；"停止动作。

【步骤 40】显示"音乐"图层。选择第 1 帧，在其属性面板的"声音"、"名称"后面的下拉列表中选择"童年．mp3"。"同步"项设置为"数据流"，重复 99 次。

【步骤 41】显示并锁定所有图层，保存动画，按 < Ctrl + Enter > 组合键测试动画效果。

第 3 章

Photoshop CS4绘制和编辑图形

学习目标

1) 会正确使用"选择工具"。
2) 掌握选区的操作技巧。
3) 能正确使用"绘图工具"。
4) 能利用"修图工具"对图像进行简单处理。
5) 能使用"填充工具"对图像进行渐变、填充、描边等处理。
6) 能正确、灵活使用"文字工具"。

3.1 选择工具的使用

3.1.1 选框工具

1. "选框工具"介绍

Photoshop CS4 的"选框工具"如图 3-1 所示，包括如下 4 种：

1）矩形选框工具。在需要创建选择区域的地方，按住鼠标左键拖曳到合适大小后松开鼠标，即创建 1 个矩形选择区域。

2）椭圆选框工具。在需要创建选择区域的地方，按住鼠标左键拖曳到合适大小后松开鼠标，即创建 1 个椭圆选择区域。

3）单行选框工具。在需要创建选择区域的地方，单击鼠标左键即可创建 1 个高度为 1 像素的选区。

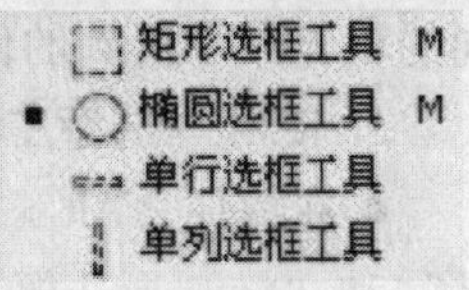

```
[] 矩形选框工具    M
○  椭圆选框工具    M
═  单行选框工具
┊  单列选框工具
```

图 3-1　选框工具

4）单列选框工具。在需要创建选择区域的地方，单击鼠标左键即可创建 1 个宽度为 1 像素的选区。

在"选框工具"选项栏中，紧邻工具图标的右侧有 4 个图标按钮，分别表示"创建新选区"、"添加到选区"、"从选区中减去"以及"和选区相交"，如图 3-2 所示。

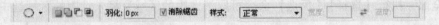

图 3-2　"选框工具"选项栏

- 在"羽化"文本框中可输入数字来定义边缘羽化的程度，这在选区的制作中非常有用。
- 在"样式"下拉菜单中有 3 个选项："正常"可确定任意矩形或椭圆的选择方式；

"固定长宽比"以输入数字的形式设定选择范围的长宽比；"固定大小"精确设定选择范围的长宽数值（要输入整数像素值）。

● "消除锯齿"复选框是非常重要的一个选项，通常都要选中，其作用是使选区的边缘平滑。当使用"矩形选框工具"时，"消除锯齿"复选框不可选。

2. "选框工具"的使用

打开一张图像，确定一块选区并进行颜色的填充。如图 3-3 ~ 图 3-6 所示。

图 3-3　选择矩形框后　　图3-4　"填充"对话框　　图 3-5　羽化后　　图 3-6　边缘柔化的矩形

【步骤 1】首先确定前景色，单击工具箱中的"前景色"图标按钮，打开"拾色器"对话框。可用鼠标直接选择喜欢的颜色，也可通过输入数据来改变颜色，最后单击"确定"按钮确认选择的颜色。

【步骤 2】选择"矩形选框工具"，在打开的图像中从左上角开始拖曳鼠标至一定区域，松开鼠标后就会出现浮动的矩形选择线，表明已经选中了此块区域。执行【编辑】|【填充】命令，在打开的"填充"对话框中将不透明度设为 60%，单击"确定"按钮后选择区域就被填充上了前景色，因为设置了透明度，所以还能看到原来的图案。

【步骤 3】设置选项栏中的"羽化"项可使边缘柔软。例如，可先设定羽化值为 20 像素，然后选择"矩形选框工具"，在图像上拖曳得到的选区呈圆角矩形显示，采用和刚才相同的填充命令得到的便是边缘柔化的矩形。

3. 使用"选框工具"的技巧

● 在按住 <Alt> 键的同时单击工具箱中的"选框工具"按钮，即可在"矩形选框工具"和"椭圆形选框工具"之间切换。在使用工具箱中的其他工具时，按键盘上的 <M>键（在英文状态下），即可切换到"选框工具"。

● 按住 <Shift> 键的同时拖曳鼠标来创建选区，可得到正方形或正圆的选择范围。

● 按住 <Alt + Shift> 组合键，可形成以鼠标的落点为中心的正方形或正圆的选区。

● 在形成椭圆或矩形选区时，用鼠标由左上角开始拖曳，若想使选择区域以鼠标的落点为中心向四周扩散，按住 <Alt> 键的同时拖曳鼠标即可。

另外，执行【选择】|【取消选择】命令可取消选区，执行【选择】|【全选】命令可选择图像的全部，执行【选择】|【反选】命令可取消选中的区域，将未选中的区域选中。

3.1.2　套索工具

利用套索工具组中的工具可以选取任意形状的选区。在 Photoshop CS4 中提供了 3 种套索工具，在工具箱中右击"套索工具"按钮，即可弹出套索工具组，如图 3-7 所示。

1. 套索工具

使用"套索工具"可以通过任意拖动鼠标来绘制所需的选区，因此，一般不用来精确制定选区。使用"套索工具"绘制选区的操作方法及步骤如下：

　　【步骤1】执行【文件】|【打开】命令，打开素材库中"第 3 章"文件夹中的"荷花.jpg"文件，如图 3-8 所示。

　　【步骤2】选择"套索工具"，其选项栏如图 3-9 所示。

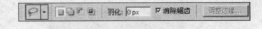

　图 3-7　套索工具组　　　　图 3-8　"荷花"图片　　　　图 3-9　"套索工具"选项栏

　　【步骤3】在视图中按住鼠标左键并拖动，当从起点处向终点处拖动鼠标且起点与终点不重合时，松开鼠标左键后系统会自动在起点与终点之间用直线连接，从而得到一个封闭的选区，如图 3-10 所示。

　　【步骤4】再次在视图中绘制选区，按住鼠标左键从起点处向所需的方向拖动，直至返回到起点处松开左键，即可得到一个封闭的曲线选框，如图 3-11 所示。

　　【步骤5】如果在绘制选区时，按下＜Alt＞键后松开鼠标左键，接着移动鼠标到所需的位置单击，即可得到直线选框，如图 3-12 所示。

　图 3-10　绘制不重合的选区　　　图 3-11　绘制重合的选区　　　图 3-12　曲线转换为直线

　　【技巧】如果要返回到绘制曲线状态，只需按住鼠标左键并松开＜Alt＞键，即可绘制曲线。如果没有按下鼠标左键就松开＜Alt＞键，那么选区将自动封闭。

2. 多边形套索工具

　　"多边形套索工具"是指定直线形的多边形选区时使用的工具。使用"多边形套索工具"不能轻易地指定出由曲线组成的选区，但是可以轻松制作出多边形形态的图像选区。操作步骤如下：

　　【步骤1】打开"便条纸.jpg"文件，如图 3-13 所示。

　　【步骤2】选择"多边形套索工具"，其选项栏和"套索工具"选项栏相同，如图 3-14 所示。

　图 3-13　"便条纸"图片

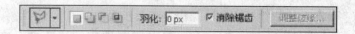

图 3-14 "多边形套索工具"选项栏

【步骤 3】在需要选择的图像边缘单击鼠标左键作为起点，移动鼠标到直线的另一点，再次单击左键确定该点，再重复选择其他的直线点，最后返回到起点，单击鼠标左键即可闭合选区，如图 3-15 所示。

【技巧】使用"多边形套索工具"同样可以在直线段选框内绘制曲线段，只需在按住 < Alt > 键的同时拖动鼠标即可。例如，使用"多边形套索工具"选取图钉的效果如图 3-16 所示。

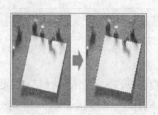

图 3-15 绘制多边形选区

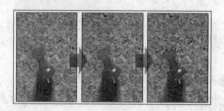

图 3-16 选取图钉

3.1.3 魔棒工具

1. "魔棒工具"的使用

使用"魔棒工具"可以选择颜色一致的区域，不必跟踪其轮廓，特别适用于选择颜色相近的区域，因此，多用于选取颜色对比较强的图像区域。操作步骤如下：

【步骤 1】打开"便条纸.jpg"文件，选择"魔棒工具"，其选项栏如图 3-17 所示。

【步骤 2】在视图上白色区域单击鼠标左键，即可将白色区域的图像选取，如图 3-18 所示。

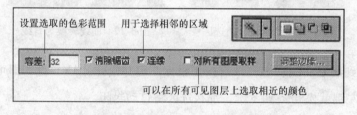

图 3-17 "魔棒工具"选项栏

图 3-18 选取白色区域

【操作提示】不可以在位图模式的图像中使用"魔棒工具"。

2. "魔棒工具"选项栏的设置

（1）"容差"文本框　在"容差"文本框中输入较小值，可以选择与所选取的像素非常相似的颜色，如果输入较大值，可以选择更宽的色彩范围，效果如图 3-19 所示。

（2）"连续"复选框　勾选"连续"复选框，只能选择色彩相近的连续区域；取消该选项，则可以选择图像上所有色彩相近的区域。可进行如下操作：

【**步骤1**】设置"容差"为50，并勾选"连续"复选框，然后在"图钉"图像上单击鼠标左键，即可选择一个红色图钉，如图3-20所示。

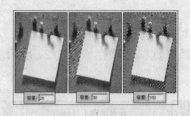

图3-19　"容差"效果

图3-20　选取图钉

【**步骤2**】取消选区，取消"连续"选项，然后再次在红色图钉上单击鼠标左键，即可将图像中的所有红色区域选取，如图3-21所示。

（3）"对所有图层取样"复选框　勾选"对所有图层取样"复选框，可以在所有可见图层上选取相近的颜色；如果取消该选项，则只能在当前可见图层上选取颜色。可进行如下操作：

【**步骤1**】取消选区，选择"矩形选框工具"，在视图中绘制矩形选区，如图3-22所示。

图3-21　取消"连续"选项

图3-22　绘制矩形选区

【**步骤2**】按<Shift + Ctrl + J>组合键将选区中的图像剪切并复制到新的图层，得到"图层1"，如图3-23所示。

【**步骤3**】勾选"连续"复选框，并确认"对所有图层取样"项为取消状态，接着在视图相应的位置单击鼠标左键，效果如图3-24所示。

【**步骤4**】取消选区，勾选"对所有图层取样"复选框，并在相同的位置单击鼠标左键，效果如图3-25所示。

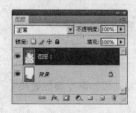

图3-23　复制图层

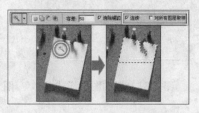

图3-24　选取图像

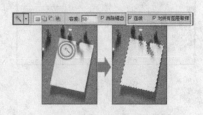

图3-25　对所有图层取样

3. 快速选择工具

"快速选择工具"是 Photoshop CS4 中新增的一个工具。它根据拖动鼠标范围内的相似颜色来创建选区。操作步骤如下：

【步骤1】打开"人偶.jpg"图片文件，在工具箱中选择"快速选择工具"，在视图中拖动鼠标即可创建选区，如图 3-26 所示。"快速选择工具"选项栏如图 3-27 所示。

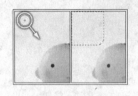
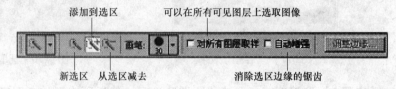

图 3-26　创建选区　　　　　　　　　　图 3-27　"快速选择工具"选项栏

【步骤2】勾选"自动增强"复选框消除选区边缘的锯齿现象。保持选区的浮动状态，然后新建"图层 1"，为选区填充黑色并取消选区，如图 3-28 所示。

【步骤3】再次勾选"自动增强"复选框，接着使用"快速选择工具"在视图中创建选区，然后为选区填充黑色，并取消选区，效果如图 3-29 所示。

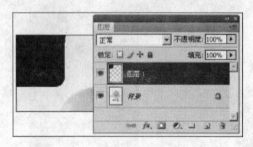

图 3-28　填充黑色　　　　　　　　　　图 3-29　取消选区

3.1.4　课堂任务1：制作圣诞树装饰

【步骤1】按 < Ctrl + N > 组合键新建一个文档，设置参数如图 3-30 所示。用"矩形工具"绘制一个矩形。

【步骤2】添加图层样式：渐变叠加，参数及效果如图 3-31、图 3-32 所示。

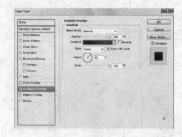

图 3-30　新建一个文档　　　图 3-31　添加图层样式　　　图 3-32　添加渐变叠加效果

【步骤3】创建新图层，选择柔角画笔，如图 3-33 所示。

【步骤4】改变前景色为黑色，设置透明度为 10%，再选择硬笔刷，如图 3-34 所示。

【步骤5】 再创建一个新图层，使用硬笔刷绘制圣诞树形状，如图 3-35 所示。

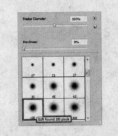
图 3-33　选择柔角画笔

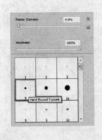
图 3-34　选择硬笔刷

图 3-35　绘制圣诞树

【步骤6】 打开如图 3-36 所示的"星光"图片。执行菜单栏中的【编辑】|【定义画笔】命令，创建新图层，然后选择星光笔刷，如图 3-37 所示。

图 3-36　星光笔刷

图 3-37　星光笔刷位置

【步骤7】 打开"画笔"面板，设置笔刷属性，如图 3-38 ~ 图 3-40 所示。

图 3-38　"画笔"面板设置1

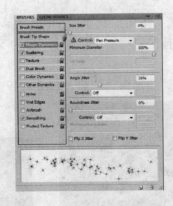
图 3-39　"画笔"面板设置2

图 3-40　"画笔"面板设置3

【步骤8】 绘制如图 3-41 所示的圣诞树上的星形环带。

【步骤9】 再创建一个图层，选择星光笔刷，如图 3-42 所示。

【步骤10】 绘制树顶星光，如图 3-43 所示。

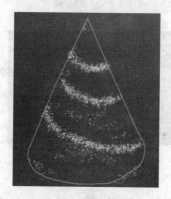

图 3-41　星形环带

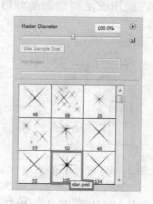

图 3-42　选择星光笔刷

图 3-43　绘制树顶星光

【步骤 11】 创建新图层，绘制其他星光，按 < Ctrl + T > 组合键调整大小，如图 3-44 所示。

【步骤 12】 再创建图层，选择星光笔刷，如图 3-45 所示。

【步骤 13】 设置笔刷属性，如图 3-46 所示。

图 3-44　调整大小

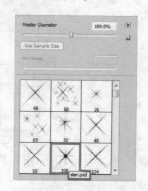

图 3-45　选择星光笔刷

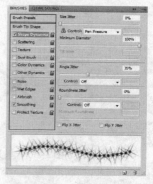

图 3-46　设置笔刷

【步骤 14】 按图 3-47 所示箭头指向描绘圣诞树中其他星光。

【步骤 15】 创建新图层，选择星光笔刷，设置透明度为 50%，绘制更多星光，如图 3-48 所示。

【步骤 16】 新建立一个图层，添加白色的圆，如图 3-49 所示。

图 3-47　描绘圣诞树

图 3-48　绘制其他星光

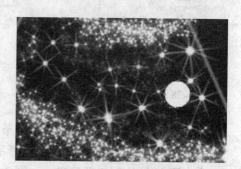

图 3-49　添加白色的圆

【**步骤 17**】设置图层样式：按图 3-50 ~ 图 3-54 所示的顺序设置渐变叠加效果，如图 3-55 所示。

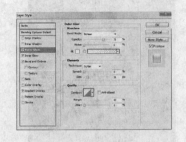

图 3-50　外发光

图 3-51　内发光

图 3-52　斜面与浮雕

图 3-53　渐变叠加

图 3-54　调整渐变叠加效果

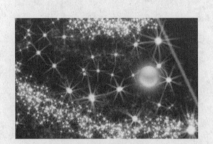

图 3-55　发光效果

【**步骤 18**】重复步骤 17，制作更多发光效果，按 < Ctrl + T > 组合键调整其大小和不透明度，如图 3-56 所示。

【**步骤 19**】创建新图层，选择星光笔刷，如图 3-57 所示。

【**步骤 20**】设置前景色为#FCFD00，如图 3-58 所示。

图 3-56　更多发光效果

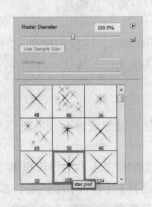

图 3-57　选择星光笔刷

图 3-58　设置前景色

【**步骤 21**】删除一些没用的光点。如图 3-59 所示。

【**步骤 22**】创建一个图层，绘制一些星光笔刷，然后执行"高斯模糊"处理，如图 3-60 所示。最终效果如图 3-61 所示。

 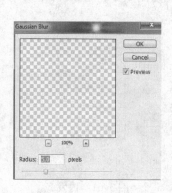 

图 3-59 去除无用光点　　　　图 3-60 高斯模糊　　　　图 3-61 最终效果

3.2 选区的操作技巧

3.2.1 移动选区

【步骤1】使用任何选区工具，在其选项栏中单击"新选区"按钮 ，然后将鼠标移到选区边框内，当指针变为 时，表示可以移动选区。

【步骤2】拖移边框到图像的不同区域，如图 3-62 所示。可以将选区边框局部移动到画布边界之外，还可以将选区边框拖移到另一个图像窗口。

【操作提示】

1）若要将方向限制为 45 度的倍数，在拖移时按住 < Shift > 键。

图 3-62 拖移选区

2）若要以 1 个像素的增量移动选区，应使用键盘上的方向键。

3）若要以 10 个像素的增量移动选区，按住 < Shift > 键并使用键盘上的方向键。

3.2.2 调整选区

可以使用【选择】菜单中的命令增加或减少现有选区中的像素，并清除基于颜色的选区内外留下的零散像素。

（1）按特定数量的像素扩展或收缩选区　操作步骤如下：

【步骤1】执行菜单栏中的【选择】|【修改】|【扩展】或【收缩】命令。

【步骤2】在打开的对话框的"扩展量"或"收缩量"文本框中输入一个 1～100 之间的像素值，然后单击"确定"按钮，边框将按指定数量的像素扩大或缩小。选区边框中沿画布边缘分布的任何部分不受影响。

（2）用新选区框住现有的选区　操作步骤如下：

【步骤1】使用选区工具建立选区。

【步骤 2】 执行菜单栏中的【选择】|【修改】|【边界】命令。

【步骤 3】 在打开的对话框的 "宽度" 文本框中输入一个 1～200 之间的像素值，然后单击 "确定" 按钮，新选区将出现在原来选中的区域，如图 3-63 所示。

（3）扩展选区以包含具有相似颜色的区域　执行下列操作之一：

1）执行菜单栏中的【选择】|【扩大选取】命令，包含所有位于 "魔棒" 选项中指定的容差范围内的相邻像素。

图 3-63　"蝴蝶" 图片中的新选区

2）执行菜单栏中的【选择】|【选取相似】命令，包含整个图像中位于容差范围内的像素，而不只是相邻的像素。

3）若要以增量扩大选区，多次重复上述任一操作。

【操作提示】 不能在位图模式的图像上使用【扩大选取】或【选取相似】命令。

（4）清除基于颜色的选区内外留下的零散像素　操作步骤如下：

【步骤 1】 执行菜单栏中的【选择】|【修改】|【平滑】命令。

【步骤 2】 在打开的对话框的 "取样半径" 文本框中输入 1～100 之间的像素值，然后单击 "确定" 按钮。

Photoshop 对每个选中的像素都进行检查，查找指定范围内未选中的像素。例如，如果输入样本半径的值为 16（水平和垂直方向都是 16 像素），则程序使用每个像素作为 33×33 像素区域的中心。如果范围内的大多数像素已被选中，则将任何未选中的像素添加到选区。如果大多数像素未被选中，则将任何选中的像素从选区中移除。

注意：物理距离和像素距离之间的关系取决于图像的分辨率。例如，72ppi 图像中的 5 像素距离比 300ppi 图像中的长。

3.2.3　羽化选区

羽化操作即是通过建立选区和选区周围像素之间的转换边界来模糊边缘，该模糊边缘将丢失选区边缘的一些细节。在使用 "选框工具"、"套索工具"、"多边形套索工具" 或 "磁性套索工具" 时，可以为该工具定义羽化值，也可以向现有的选区中添加羽化。在移动、剪切、复制或填充选区时，羽化效果很明显，如图 3-64 所示。

（1）使用羽化消除锯齿　操作步骤如下：

【步骤 1】 选择 "套索工具"、"多边形套索工具"、"磁性套索工具"、"圆角矩形选框工具"、"椭圆选框工具" 或 "魔棒工具"。

【步骤 2】 在工具选项栏中勾选 "消除锯齿" 复选框。

（2）为选区工具定义羽化边缘　操作步骤如下：

【步骤 1】 选择任一 "套索工具" 或 "选框工具"。

【步骤 2】 在工具选项栏的 "羽化" 文本框中输入羽化边缘

图 3-64　羽化

的宽度，范围为 0 ~ 250 像素。

（3）为现有选区定义羽化边缘　操作步骤如下：

【步骤 1】执行菜单栏中的【选择】|【羽化】命令。

【步骤 2】在打开的对话框的"羽化半径"文本框中输入相应值，然后单击"确定"按钮。

注意：如果选区小而羽化半径大，则小选区可能变得非常模糊，以至于不可见并因此不可选。如果出现"任何像素都不大于 50% 选择"提示框，应减小羽化半径或增大选区大小。

3.2.4　课堂任务 2：使用光晕效果

【步骤 1】新建一个 500 像素宽度的画布。填充为黑色。再新建一个图层，填充为白色。执行菜单栏中的【执行滤镜】|【渲染】|【光照效果】命令，设置如图 3-65 所示，颜色自定。

【步骤 2】开始制作亮点。新建一个图层，命名为"亮点"，选择"圆形选区工具"，调节羽化值为 20 像素，在中间画一个圆形选区。选择"渐变工具"，使用如图 3-66 所示颜色填充渐变（使用径向渐变），将"亮点"图层混合模式调整为滤色。

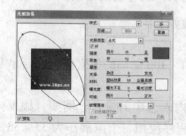

图 3-65　光照效果设置

图 3-66　制作亮点

【步骤 3】复制"亮点"图层，并将原"亮点"图层隐藏。按 < Ctrl + T > 组合键将亮点压缩一点，如图 3-67 所示。

【步骤 4】执行如下两个滤镜效果。

1）执行【滤镜】|【扭曲】|【波浪】命令，设置如图 3-68 所示。

图 3-67　复制亮点图层

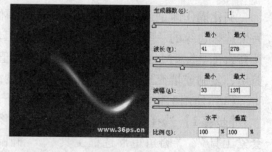

图 3-68　波浪

提示 1：如果发现波浪的方向、造型不好看，尝试移动"亮点"图层，或将亮点再压缩一点。

提示 2：多执行几次波浪滤镜，查看效果。

2）执行【滤镜】|【扭曲】|【旋转扭曲】命令，设置如图 3-69 所示。

【**步骤 5**】重复步骤 3、步骤 4（需要再次复制隐藏起来的原"亮点"图层），多制作几个线条。制作好之后，打开隐藏的原"亮点"图层，调整好位置，得到最终效果，如图 3-70 所示。

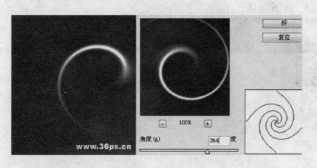

图 3-69　旋转扭曲

图 3-70　最终效果

3.2.5　课堂任务 3：更换天空背景

可以使用 Photoshop 对所拍摄的照片进行修改与美化。例如，用图 3-72 所示"白云"图片中的天空替换图 3-71 所示"蓝天"图片中的天空。

【**步骤 1**】把"白云"图片移动到"蓝天"图片上，生成新图层 1。对两个图层进行自由变换，将天空部分的位置对好，如图 3-73 所示。

图 3-71　蓝天　　　　　　　　图 3-72　白云　　　　　　　　图 3-73　天空更换

【**步骤 2**】确认图层 1 为当前工作图层，为这个图层加上图层蒙版，如图 3-74 所示。

【**步骤 3**】设置前景色为黑色，背景色为白色。应用"渐变工具"，设置为"前景到背景"，采用线性渐变，如图 3-75、图 3-76 所示。

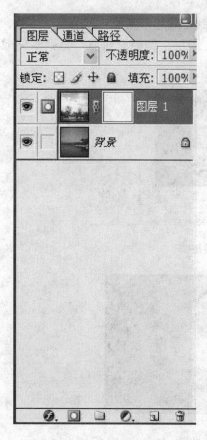

图 3-74　加上图层蒙版

图 3-75　设置前景色

图 3-76　"渐变工具"选项栏

【步骤 4】单击图层 1 中的图层蒙板，按住 < Shift > 键由下向上画一条直线，如图 3-77 所示。

【步骤 5】这样，原来图片中天空初步变化，如图 3-78 所示。接下来可以用黑色的画笔，把不需要的地方涂掉。例如，图层 1 中有两株树过于明显，可以进行自由变换，将其隐藏。经过修改的天空如图 3-79 所示。

图 3-77　画一条直线

图 3-78　相关图片

图 3-79　修改后的天空

3.3　绘图工具的使用

3.3.1　喷枪

　　单击"画笔工具"选项栏中的"喷枪"按钮 ，即可启动喷枪。注意，喷枪是一种方式而不是一个独立的工具（在 Photoshop 早期版本中曾作为独立工具），它是一种随着停留时间加长，逐渐增加色彩浓度的画笔使用方式。

　　选择一个 30 像素的画笔，硬度为 0%，不透明度和流量都为 100%。喷枪方式开启后，在图像左侧单击鼠标左键，然后在图像右侧按住鼠标左键约 2 秒再松开，会形成如图 3-80 所示的效果。

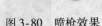

图 3-80　喷枪效果

　　也可以将流量下调一些，这样在图像上拖曳喷枪就好像在墙壁上喷漆一样，在一个地方停留得越久，那个地方的油漆就越浓，范围也越大。很明显，上图右侧的点已超出 30 像素了。

　　注意：当喷枪方式开启后，调节流量不再需要按 < Shift > 键，直接输入数字即可，而调节不透明度反而需要按 < Shift > 键。关闭喷枪方式则恢复如前。可以尝试在开启喷枪的时候下调流量，比如 15%，这样喷涂的效果会更柔和些。

3.3.2　背景橡皮擦工具

　　"背景橡皮擦工具"允许在拖曳鼠标时将图层上的像素抹成透明，使得在保留前景对象的边缘的同时抹除背景。通过指定不同的取样和容差，可以控制透明度的范围以及边界的锐化程度。背景橡皮擦采集画笔中心（也称为热点）的色样，并删除该颜色（不论该颜色在画笔内何处出现）。此外，它还在任何前景对象的边缘提取颜色。因此，如果此前景对象以后被粘贴到其他图像中，将无法看到色晕。

　　注意：使用"背景橡皮擦工具"会覆盖图层的锁定透明设置。

　　使用"背景橡皮擦工具"的操作步骤如下：

　　【步骤1】在"图层"面板中选择包含要抹除区域的图层。

　　【步骤2】从工具箱中选择"背景色橡皮擦工具" 。

　　【步骤3】从其选项栏的弹出式面板中选择画笔大小。如果画笔太大，面板无法放下，则将显示一个带数字的小画笔，该数字用像素表示实际的直径值。

　　【步骤4】选取抹除的限制模式。

　　● "不连续"模式抹除出现在画笔下的色样。

　　● "连续"模式抹除包含色样且相互连接的区域。

　　● "查找边缘"模式抹除连接的、包含色样的区域，同时很好地保留形状边缘的锐化程度。

　　● 对于"容差"项，输入一个值或拖移滑块。低容差限制抹除与色样非常相似的区域，高容差抹除范围更广的颜色。

　　● 勾选"保护前景色"复选框防止抹除与工具框中的前景色匹配的区域。

3.3.3 课堂任务4：漂亮的画笔

【**步骤1**】新建一个图层，载入画笔后选择其中一种笔刷在画布上单击，如图 3-81 所示。

【**步骤2**】复制这一图层，使用"高斯模糊"处理后设置图层透明度到40%，如图 3-82 所示。

图 3-81　载入画笔

图 3-82　设置图层透明度

【**步骤3**】新建一个图层，选择大一点的笔刷（300px），并且使用两种颜色给该图层上色，如图 3-83 所示。

【**步骤4**】把这个上色的图层模式改为"颜色模式"，按 <D> 键，执行菜单栏中的【滤镜】|【渲染】|【云彩效果】命令，然后进行"高斯模糊"处理（10px），再把图层模式改为"亮光模式"，效果如图 3-84 的效果。

图 3-83　上色

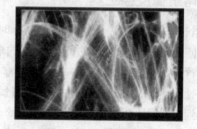

图 3-84　亮光模式

【**步骤5**】如果发光效果不够强烈，可以用 100 像素的笔刷，设置前景色为白色，笔刷透明度为20%，然后单击画布来增加高光。

3.4 修图工具的使用

3.4.1 图章工具

使用"图章工具"可以将选择的图案复制到原图片上，如图 3-85 所示。

3.4.2 修补工具

利用"修补工具"，可以用选区或者图像对某个区域进行

图 3-85　"图案"图片

修补。

● 表示选择的区域是被修补的部分，先选择"源"图片，再拖至取样处，如图 3-86 所示。

● 目标：表示用于修补的材料。

● 图案：可以使用图案修补。

3.4.3 红眼工具

在拍照过程中，闪光灯的反光有时候会造成照片中人眼变红。"红眼工具"主要就是针对这种情况的修复，实际上它是将照片中的红色部分自动识别，然后将红色变淡。选择"红眼工具"，在照片的红眼部分拉出一个矩形选框，红眼就被自动去除了，如图 3-87 所示。这里可以设置的参数有"瞳孔大小"和"变暗量"，可根据实际情况进行设置。

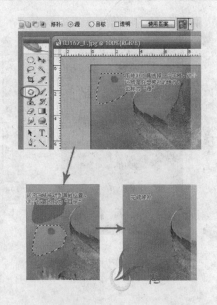

图 3-86 选择"源"图片

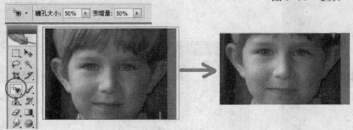

图 3-87 去除红眼

3.4.4 模糊工具

使用"模糊工具"可以让画面从清晰变为模糊，如图 3-88 所示。

3.4.5 其他工具

1. 减淡工具

利用"减淡工具"可以将画面的某个部分减淡，让这个部分变亮，效果如图 3-89 所示。

2. 加深工具

"加深工具"和"减淡工具"的作用相反，使画面的某个部分变暗，效果如图 3-90 所示。

3. 锐化工具

使用"锐化工具"可以使柔边变硬，和"模糊工具"的作用相反，如图 3-91 所示。该工具不能过度使用，否则画面过于锐化，就会出现杂色。

4. 污点修复画笔工具

污点修复，就是把画面上的污点涂抹去。从工具箱中选择"污点修复画笔工具"，如图 3-92 所示，在图 3-93 所示的一个灰色点（红色标记部分）上涂抹几下，这个点就消失了。

图 3-88　清晰变为模糊

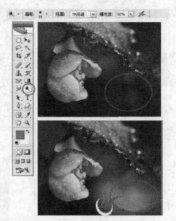

图 3-89　变亮

图 3-90　变暗

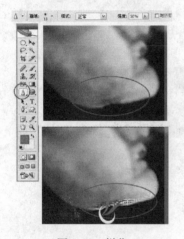

图 3-91　锐化

图 3-92　修复画笔工具

图 3-93　污点修复

5. 修复画笔工具

修复画笔可以有两种取样方式，一种是选择图案，利用该图案对画面进行修复，如图 3-94 所示。另一种是在图片上取样，按住 < Alt > 键，在图片的某一个地方单击取样，然后再在污点上单击一下，就把刚才取样区域的内容修复到当前这个污点，如图 3-95 所示。

图 3-94　污点修复画笔

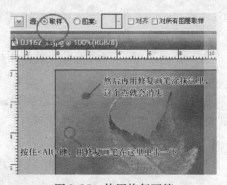

图 3-95　使用修复画笔

3.4.6　课堂任务 5：清除照片中的杂物

拍摄彩色照片可能会因为有一些杂物而影响了整个照片的美观。如果杂物不是很多，可以用简单的方法来消除它们。如将图 3-96 所示照片中椅子上、草坪上的杂物去除，效果如图 3-97 所示。

图 3-96　原照片

图 3-97　改后效果

【步骤 1】打开原图素材，先用"套索工具"选择人物部分，复制到新的图层，如图 3-98 所示。

【步骤 2】用"套索工具"勾选一块木板素材并复制一层，如图 3-99 所示。水平移动使两块木板对齐，边缘部分可以加上图层蒙版，用黑色画笔添加过渡效果。再用同样的方法把木板延长一点，然后把这些木板图层合并为一个图层。

【步骤 3】把做好的木板贴到椅子上，先贴人像右边的，如图 3-100 所示。

图 3-98　框选人物

图 3-99　复制木板

图 3-100　去掉右边杂物

【步骤 4】使用同样方法制作左边部分的木板，边角部分的钉子可以复制上面的，如图 3-101 所示。

【步骤 5】回到背景图层，用"套索工具"勾如图 3-102 所示的区域，按 < Ctrl + Alt + D > 组合键，设置羽化半径为 5 像素。再按 < Ctrl + C > 组合键复制该部分到一个新图层。

【步骤 6】把复制的草地移到原图中草地上杂物所在位置，多余部分用"橡皮擦工具"擦掉，效果如图 3-103 所示。

【步骤 7】细节部分的处理。把凳子放大，边缘的接口处需要用"图章工具"修复一下，木板有不均匀的部分需要修正好。

图 3-101　边角部分复制　　　　　图 3-102　羽化　　　　　图 3-103　处理草地上的杂物

3.4.7　课堂任务 6：去除眼袋

【步骤 1】 打开需要修复的照片（按 < Z > 键选择 "缩放工具"，放大眼睛）。从工具箱中选择 "仿制图章工具"，在其选项栏中单击 "画笔" 后面的缩览图，从弹出的画笔选取器中选择柔角画笔，画笔的宽度应该等于要修复区域的一半。

【步骤 2】 将 "仿制图章工具" 的不透明度降低到 50%。之后，在 "模式" 下拉列表中选择 "变亮"（使所做的操作只影响比取样点更暗的区域）。

【步骤 3】 按住 < Alt > 键，在眼睛附近不受黑眼袋影响的区域中单击一次，一般是在眼袋下面的区域单击（取样）。

【步骤 4】 选择 "仿制图章工具"，并在眼袋上绘图，以减轻或清除眼袋。要使黑眼袋完全消失则可能要描边两次或多次，因此，如果第一笔没有消除黑眼袋，可以在同一个地方来回多描几笔。处理前后的比较如图 3-104 所示。

图 3-104　处理前后的比较

3.4.8　课堂任务 7：去除照片中的红眼

【步骤 1】 打开要修改图片。在工具箱中选择 "放大工具"，放大图像，添加一个 "快速蒙版" 进行编辑，如图 3-105 所示。

【步骤 2】 选出区域。使用 "画笔工具" 沿眼珠描出区域，如图 3-106 所示。

　　　　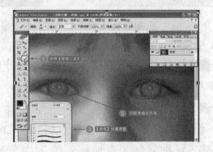

图 3-105　放大图像　　　　　　　　图 3-106　选出区域

【步骤 3】 取得区域。转换到标准编辑模式，使快速蒙版变为选区，如图 3-107 所示。

【步骤 4】 去除红眼。执行【图像】|【调整】|【去色】命令，去除红眼，如图 3-108 所示。

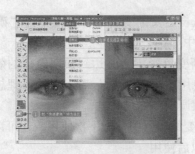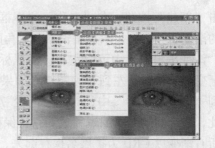

图 3-107　取得区域　　　　　　　　　　图 3-108　去除红眼

【步骤5】调整眼睛。执行【图像】|【调整】|【曲线】命令，把眼睛调整为淡蓝色，如图 3-109 所示。

【步骤6】完成操作。整个实例操作完毕，最后完成效果如图 3-110 所示。

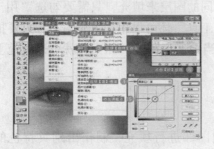

图 3-109　调整眼睛　　　　　　　　　　图 3-110　最终效果

3.5　填充工具的使用

3.5.1　渐变工具

Photoshop CS4 虽然提供了多种"渐变工具"，可以直接产生多种渐变式样，但有时也需要利用"渐变编辑器"自定义一些新的"渐变"效果。

在工具箱中选择"渐变工具"，其选项栏如图 3-111 所示。单击左上角的"渐变颜色"选项卡，将会打开"渐变编辑器"对话框，如图 3-112 所示。

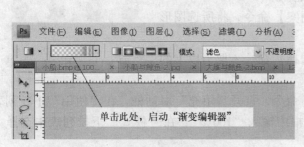

图 3-111　"渐变工具"选项栏　　　　　　图 3-112　渐变编辑器

单击"新建"按钮，在"名称"文本框中键入自定义渐变得名称，再单击"确定"按钮，新的渐变工具名将显示在编辑器左上角的窗口中。

在"渐变编辑器"中可以左右移动鼠标调整渐变色彩，从而达到预期希望的效果。定义后的渐变色彩将以从左到右为顺序。如果实际使用"渐变工具"后，效果不理想，可以再次回到"渐变编辑器"中，对此"渐变"进行微调。

至此，一个新的渐变编辑完成。它将保存在渐变编辑器中留做下次使用。还可以将当前存在的所有渐变以 GRD 为扩展名保存起来，方便以后使用。

3.5.2 油漆桶工具

"油漆桶工具"是专门给图片某个区域填充颜色的工具。首先把前景色改为需要的颜色，然后再选择该工具，在图片上单击鼠标左键，即可填充周围颜色相近的区域。使用"油漆桶工具"可以选择一个图层，也可以选择不同的图层来填充，只需要勾选"用于所有图层"复选框即可。除了填充颜色以外，"油漆桶工具"还可以用来填充图案，只要把"填充"项中的前景色改为图案，然后在"图案"项当中选择需要的图案，就可以填充上图案效果。

3.5.3 【填充】命令

使用【填充】命令可按用户所选颜色或定制图像进行填充，制作出别具特色的图像效果。

1. 定制图案

定制图案本身在屏幕上不产生任何效果，它的作用是将定制的图案放在系统内存中，供填充操作。先在工具箱中选择"矩形选框工具"，并确认其选项栏中的"羽化"设置为 0；然后在图像中选择将要作为图案的图像区域；再执行【编辑】|【定义图案】命令，即可完成定制图案操作。

2. 使用【填充】命令

执行【编辑】|【填充】命令，打开"填充"对话框。在"填充内容"下拉列表中选择一种填充方式，再单击"确定"按钮即可。

使用定制图案填充方法，制作如图 3-113 所示的图像效果。操作步骤如下：

【步骤 1】 打开图像文件，从工具箱中选择"矩形选框工具"，并在当前图像中选择一个鸭子图形。

【步骤 2】 执行【编辑】|【定义图案】命令，将所选图形定制为图案。

【步骤 3】 执行【选择】|【取消选择】命令，取消以上的选择区域。

图 3-113 图案填充效果

【步骤 4】 执行【编辑】|【填充】命令，打开"填充"对话框，在"使用"下拉列表中选择"图案"，在"不透明度"文本框中输入"100%"，在"模式"下拉列表中选择"正常"，最后单击"确定"按钮即可。

3.5.4　描边工具

【**步骤 1**】使用 "钢笔工具" 新建路径（注意在生成状态的时候就生成为路径，而不是外形图层），之后创建图层 1，如图 3-114 所示。

【**步骤 2**】选择 "画笔工具"，调整前景色为深绿色，如图 3-115 所示。调整画笔的粗细，之后在工作路径面板里单击执行描边。

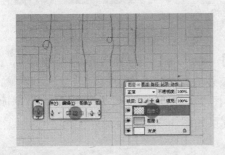
图 3-114　创建图层 1

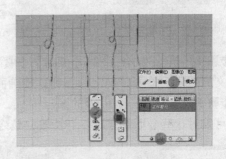
图 3-115　调整前景色

【**步骤 3**】按照步骤 2 重描边路径的手法，再分别创建图层 2 与图层 3，并对其执行描边，如图 3-116 所示。

【**步骤 4**】选择 "橡皮擦工具"，擦去图层 1、图层 2 中的多余颜色，使其线条看来是由大到小、由粗到细的状态。3 个图层的显示状态如图 3-117 所示。

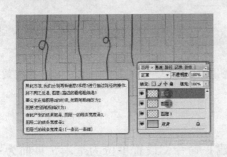
图 3-116　执行描边

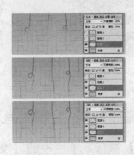
图 3-117　去除多余颜色

3.5.5　课堂任务 8：制作心形背景图像

【**步骤 1**】先将背景层填满桃红色，再选择工具箱中的 "自定形状工具"，选择心形，绘制出 3 颗心，如图 3-118 所示。

【**步骤 2**】将背景先关闭，让画面呈现出透明背景。如图 3-119 所示。分别拖出 4 条格线，左右两条放置在心形的尖角处，上下两条用于设定心形的距离。选择工具箱中的 "矩形选框工具"，并沿着格线周围框选取，再执行菜单栏中的【编辑】|【定义图样】命令。

【**步骤 3**】完成图样定义后，将所绘制的心形图层的 "眼睛" 图标关闭，将背景图层的 "眼睛" 图标开启。再新建一个新图层，如图 3-120 所示。

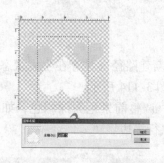

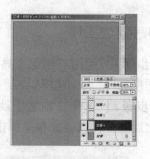

图3-118　绘制3颗心　　　　图3-119　透明背景　　　　图3-120　创建新图层

【步骤4】 执行菜单栏中的【编辑】|【填满】命令，将"内容"选为"图样"，并选择刚所定义的图样，单击"确定"按钮，使画面被爱心充满，如图3-121所示。

【步骤5】 再建立一个阴影的图层样式，如图3-122所示。因为所定义的是透明图样，接下来可以对这些心形制作出一点特效，最终效果如图3-123所示。

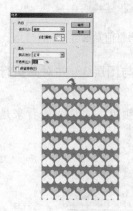

图3-121　填满图层　　　　图3-122　建立阴影图层样式　　　　图3-123　最终效果

3.5.6　课堂任务9：绘制时尚装饰画

【步骤1】 执行菜单栏中的【文件】|【新建】命令，设置单位为毫米，页面为横向，大小为280mm×150mm，其他参数保持默认。

【步骤2】 选择工具箱中的"绘制矩形工具"，创建一个与页面大小相同的矩形。

【步骤3】 移动鼠标到工作区域，按住鼠标左键确定矩形左上角的顶点，在不松开左键的同时拖动鼠标，确定矩形的右下角，松开鼠标，这样就以对角线的形式绘制了一个矩形，效果如图3-124所示。

【步骤4】 以相同的方式绘制另外几个矩形，效果如图3-125所示。

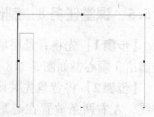

图3-124　绘制矩形

【步骤5】 选中所有的矩形，单击"属性"面板中的"排列"按钮，在弹出来的"对齐与分布"对话框中勾选"底部"复选框。在"对齐对象到"下拉列表中选择"激活对象"项，如图3-126所示。对齐后的效果如图3-127所示。

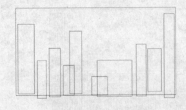

图 3-125　绘制多个矩形

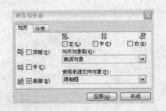

图 3-126　对齐与分布

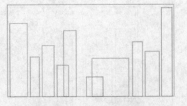

图 3-127　对齐后效果

【步骤 6】 再选择工具箱中的"绘制矩形工具"，绘制如图 3-128 所示的一个小矩形。

【步骤 7】 选择该矩形，按住 < Ctrl > 键的同时拖动鼠标水平移动一段距离后，在不松开左键的同时单击鼠标右键，复制一个小矩形，如图 3-129 所示。

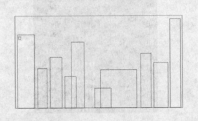

图 3-128　绘制矩形

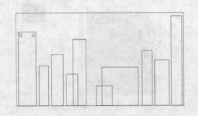

图 3-129　复制后效果

【步骤 8】 选择工具箱中的"调和工具"，将鼠标放置在靠左的小矩形上，按住左键并拖动鼠标到复制后的小矩形上，松开鼠标左键，使两个小矩形产生交互式调和效果，如图 3-130 所示。

【步骤 9】 在调和矩形保持选取状态下，修改选项栏中的"调和步数"为 3，效果如图 3-131 所示。

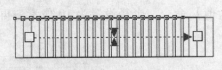

图 3-130　交互式调和

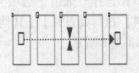

图 3-131　矩形的调和

【步骤 10】 选择工具箱中的"选择工具"，在第二个矩形上单击鼠标右键，在弹出的快捷菜单中选择【拆分调和群组】命令，将调和形状拆分。选择拆分后的 5 个矩形，执行菜单栏中的【排列】|【群组】命令，将这 6 个矩形群组。

【步骤 11】 参照上几步的方法，将群组的对象复制到底部，再在两者之间产生交互式调和效果，调和的步数视效果而定，效果如图 3-132 所示。

【步骤 12】 采用同样的方法，绘制其他的矩形阵列，最终的交互式调和效果如图 3-133 所示。

【步骤 13】 选择与页面相同的矩形，选择工具箱中的"油漆桶工具"，在弹出的隐藏工具中单击 ▨ 按钮，打开"均匀填充"对话框，参数设置如图 3-134 所示。单击"确定"按钮，为矩形填充颜色。

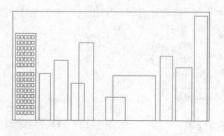

图 3-132　交互式调和效果

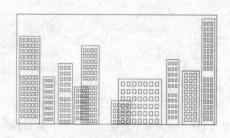

图 3-133　交互式调和效果

【步骤 14】采用同样的方法，填充其他的对象，最终效果如图 3-135 所示。

图 3-134　"均匀填充"对话框

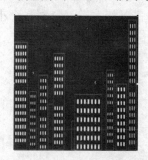

图 3-135　最终效果

3.5.7　课堂任务 10：描边效果

操作步骤：

【步骤 1】新建一个大小为 500×300 像素的图形文件，输入"华夏"二字。

【步骤 2】按住＜Ctrl＞键并单击文字图层，出现蚂蚁线，如图 3-136 所示。

【步骤 3】选择"通道"选项卡，新建 Alpha 1 通道并填充白色，如图 3-137 所示。

【步骤 4】执行【滤镜】|【其他】|【最大值】命令，半径设置为 10 像素，再单击"好"按钮，如图 3-138 所示。

图 3-136　蚂蚁线

图 3-137　填充白色

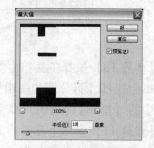

图 3-138　使用滤镜

【步骤 5】复制 Alpha 1 通道，如图 3-139 所示。

【步骤 6】选择 Alpha 1 通道副本，执行【滤镜】|【其他】|【最大值】命令，半径设置为 5 像素，再单击"好"按钮，如图 3-140 所示。

【步骤 7】按住＜Ctrl＞键并单击 Alpha 1 通道副本，再新建图层 1 并填充橙色，如

图 3-141 所示。

图 3-139　复制 Alpha 1 通道

图 3-140　使用滤镜

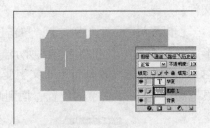
图 3-141　填充橙色

【步骤 8】按住 < Ctrl > 键并单击 Alpha 通道，新建图层 2 并填充白色，如图 3-142 所示。

【步骤 9】选择图层 2，选择中间的橙色，填充为白色，如图 3-143 所示。

【步骤 10】单击"确定"按钮，最终效果如图 3-144 所示。

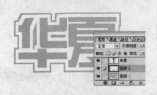
图 3-142　填充白色

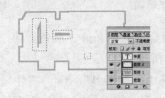
图 3-143　将橙色填充为白色

图 3-144　最终效果

3.6　文字工具的使用

3.6.1　"文字工具"简介

在工具箱中选择"文字工具"，即可打开"文字工具"选项栏，如图 3-145 所示。在画布上单击鼠标左键，在弹出的对话框中输入对应文字，再设置文字字体、大小、颜色，即可生成一个文字图层。注意：此时不能使用效果及滤镜。（双击该文字图层，可以对输入的文字进行修改）。

3.6.2　文字变形效果

1. 文字变形效果：扇形

【步骤 1】在工具箱中选择"文本工具"，单击画布，输入"美丽的校园"5 个字，此时文字下面有一条下划线，单击选项栏右侧的"对勾"按钮 ✔。

【步骤 2】设置文字的格式。首先拖动鼠标，选中文字，在选项栏中设置字体为"楷体_GB2312"，大小为 36，颜色为红色，然后单击右边的"对勾"按钮，效果如图 3-146 所示。

图 3-145　文字工具

【步骤3】 执行菜单栏中的【文件】|【存储】命令，以"美丽的校园"为文件名保存文件。

【步骤4】 重新选中文字，单击选项栏中"颜色"旁边的"变形"按钮 ，打开"变形文字"对话框，如图 3-147 所示。单击"样式"下拉按钮，选择"扇形"效果，再单击"好"按钮，这时候画布上的文字变成扇形。单击选项栏中的"对勾"按钮，再用"移到工具" 调整一下文字的位置，摆到画布正上方。

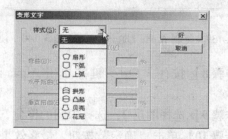

图 3-146　设置文字格式　　　　　图 3-147　"文字变形"面板

【步骤5】 按 < Ctrl + S > 组合键保存文件，准备做第二个效果。

2. 文字变形效果：旗帜、挤压

【步骤1】 在工具箱里选择"移动工具" ，按住 < Alt > 键，然后拖动上面的红色文字，将复制的文字放在画布的中间。拖动的时候注意观察鼠标指针的形态，当变成重叠的时候开始拖动。

【步骤2】 再选择"文字工具" ，选中刚复制的文字，在选项栏中将字体设置为"宋体"，字号为 36，颜色为蓝色，再单击"变形"按钮，将"样式"设置为"旗帜"，效果如图 3-148 所示。

【步骤3】 按 < Ctrl + S > 组合键保存文件。再复制一次该段文字，字体设置为"幼圆"，字号为 36，颜色为绿色，变形样式为"挤压"，效果如图 3-149 所示。

【步骤4】 按 < Ctrl + S > 组合键保存文件，然后另存为"Web 所用格式"，保存一份 GIF 图像，此时"图层"面板中应该有 3 个文字图层和 1 个背景层，如图 3-150 所示。

图 3-148　旗帜效果　　　　图 3-149　挤压效果　　　　图 3-150　"图层"面板

3.6.3　沿路径排列文字

【步骤1】 首先新建一个 400×400 像素的文件，然后按 < Ctrl + Alt + Shift + N > 组合键，新建一个图层。

【步骤 2】 在工具箱中选择"椭圆选框工具"，画出一个选区。

【步骤 3】 执行菜单栏中的【编辑】|【描边】命令，在打开的"描边"对话框中设置"宽度"为 10，"颜色"为淡淡的灰色，单击"确定"按钮后，再按 < Ctrl + D > 组合键取消选区。

【步骤 4】 执行菜单栏中的【层】|【图层样式】|【内发光】命令，在弹出的对话框中设置"混合模式"为正常，"透明度"为 60%，"颜色"为黑色，"扩展"为 2%，"大小"为 10 像素，效果如图 3-151 所示。

【步骤 5】 用"钢笔工具"绘出如图 3-152 所示的路径。

【步骤 6】 选择"文字工具"，设置字体为"黑体"，字号为 4，颜色为黑色，然后将鼠标到路径上，指针变化如图 3-153 所示。

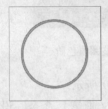

图 3-151　效果　　　　　　图 3-152　路径　　　　　　图 3-153　指针变化

【步骤 7】 在路径上需要开始输入文字的地方单击即可输入文字，输入的文字将按照路径的走向排列。完成后，Photoshop 会用一个与路径相交的"×"代表文字的起点，以一个小圆圈代表文字的结束点，中间就是文字的显示范围。因为这条路径是闭合路径，所以文字的起点和终点是叠在一起的，如图 3-154 所示。

用"路径选择工具"可以修改起始点和结束点的位置。把鼠标移到起始点或结束点的旁边，指针会变成一个带右或左箭头的"I"形，拖动鼠标即可进行调整，如图 3-155 所示。

注意：如果终点的小圆圈中显示一个"＋"号，就意味着所定义的显示范围小于文字所需的最小长度，此时一部分的文字将被隐藏。

【步骤 8】 输入文字后，如果觉得形状不够好，可以对路径进行修改。选中文字层，再选择"直接选择工具"，在路径上单击，将会看到与普通路径一样的锚点和方向线，这时再使用"转换点工具"等进行路径形态调整，则文字也会自动跟着路径的变化而变化，如图 3-156 所示。

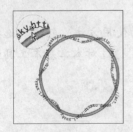
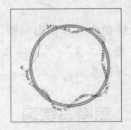

图 3-154　起始与结束点　　　图 3-155　调整路径　　　　图 3-156　自动跟踪路径

注意：因为路径文字的原理是将目标路径复制一条出来，再将文字排列在其上，所以此时文字与原先绘制的路径已经完全没有关系了，即使删除最初绘制的路径，也不会改变文字的形态。同样，即使现在修改最初绘制的路径，也不会改变路径文字的排列。

3.6.4 课堂任务11：制作肖像印章

【步骤1】打开相片，裁切为合适的大小，如图3-157所示。

【步骤2】复制背景层。执行菜单栏中的【图像】|【调整】|【阈值】命令，调整阈值色阶，如图3-158所示。

图3-157　打开相片　　　　　　　图3-158　调整阈值色阶

【步骤3】用"魔棒工具"点选黑色后填充红色，如图3-159所示。

【步骤4】反选删除背景层，执行菜单栏中的【编辑】|【定义画笔】命令，设置画笔类型并覆盖图层，效果如图3-160所示。

图3-159　填充红色　　　　　　　图3-160　覆盖

本 章 小 结

本章主要介绍 Photoshop CS4 中绘制和编辑图形的基本工具的使用方法，包括"选择工具"、"绘图工具"、"修改工具"、"填充工具"、"文字工具"等。通过对本章基本工具的学习，为后面深入学习 Photoshop CS4 打好基础。

思考与练习

3-1　下面使用"仿制图章工具"在图像中取样的操作中，正确的是（　　　）。

A. 在取样的位置单击鼠标并拖拉

B. 按住＜Shift＞键的同时单击取样位置来选择多个取样像素

C. 按住 < Alt > 键的同时单击取样位置

D. 按住 < Ctrl > 键的同时单击取样位置

3-2　下面工具中可以将图案填充到选区内的是（　　）。

A. 画笔工具　　　　　　B. 图案图章工具　　　　C. 橡皮图章工具　　　　D. 喷枪工具

3-3　下面属于规则选择工具的是（　　）。

A. 矩形工具　　　　　　B. 椭圆形工具　　　　　C. 魔术棒工具　　　　D. 套索工具

3-4　下列工具中可以使用选区运算的是（　　）。

A. 矩形选择工具　　　B. 单行选择工具　　　C. 自由套索工具　　　D. 画笔工具

3-5　使用_____工具可以减少图像的饱和度。

3-6　Photoshop 中文字的属性可以分为_____和_____两个部分。

实训任务 1

1. 实训目的

通过制作圣诞贺卡，掌握填充色和图层的使用方法。

2. 实训内容及步骤

（1）内容　制作圣诞贺卡，效果图及使用素材分别如图 3-161、图 3-162 所示。

图 3-161　圣诞贺卡效果图　　　　　　　　　　图 3-162　素材

（2）操作步骤

【步骤 1】新建一个图层，然后填充黑色。再建一个图层，用矩形选框工具在顶部选择，然后填充绿色，如图 3-163 所示。

【步骤 2】再新建一层，用"多边形工具"在适合的地方截取，填充红色。然后按 < Ctrl + J > 组合键复制相同的图层，并把它移到合适的地方。

【步骤 3】新建一个图层，选择"多边形工具"，在合适的地方画出雪地。选取后羽化一下使其看起来更自然，然后再执行【滤镜】|【模糊】|【高斯模糊 5】命令，效果如图 3-164 所示。

【步骤 4】为了让这块雪地看起来更立体，设置"图层样式"为"斜面和浮雕"，参数自定，然后再执行【滤镜】|【扭曲】|【波纹】命令，效果如图 3-165。

【步骤 5】绘制圣诞树。选择"多边形工具"，画个圣诞树的样子，如图 3-166 所示。

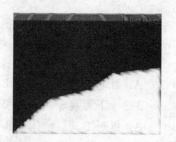

图 3-163　填充颜色　　　　　　图 3-164　高斯模糊　　　　　　图 3-165　波纹

【步骤 6】为圣诞树填充绿色。再新建一个图层，在树外面绘制被雪覆盖的效果，如图 3-167 所示。

【步骤 7】为了让圣诞树看起来更立体，同样可以设置"图层样式"为"斜面和浮雕"。再复制一棵相同的圣诞树，如图 3-168 所示。

图 3-166　绘制圣诞树　　　　图 3-167　添加被雪覆盖效果　　　图 3-168　复制圣诞树

【步骤 8】把素材图片中的小狗和帽子拖到图里面，如图 3-169 所示。

【步骤 9】再把素材图片中的糖果添加到合适的位置，如图 3-170 所示。

【步骤 10】接下来制作写贺语的信纸。选择"圆角矩形工具"，在右边绘制信纸，如图 3-171。

图 3-169　放置小狗和帽子　　　图 3-170　放置糖果　　　　图 3-171　制作信纸

【步骤 11】单击鼠标右键，选择【建立选区】命令，然后删除当前图层，注意此时选区仍在。然后执行【编辑】|【描边】命令，描 5 个像素宽的白边，如图 3-172 所示。

【步骤 12】用同样的方法在圆角矩形里面绘制一个小一点的圆角矩形并填充白色。再在两个圆角矩形中间的位置填充红色，效果如图 3-173 所示。

【步骤 13】为了让信纸看起来更立体，设置"图层样式"为"斜面和浮雕"、"投影"，再把它移一下位置，如图 3-174 所示。

图 3-172　绘制白边

图 3-173　绘制红边

图 3-174　修改信纸样式

【步骤 14】信纸红边看起来有点单调，新建图层并用"多边形工具"在适合的地方选择并填充绿色。

【步骤 15】再把素材图片中的铃铛拖入并放在信纸正上方，如图 3-175 所示。

【步骤 16】把前景色调成白色，选择"画笔工具"并设置适当的不透明度和画笔大小，绘制雪花效果。然后在细节的部分做适当的补充和调整，如图 3-176 所示。

【步骤 17】最后在信纸上写上祝福语，即完成整个贺卡的制作，效果如图 3-177 所示。

图 3-175　添加铃铛

图 3-176　绘制雪花

图 3-177　效果图

实训任务 2

1. 实训目的

通过对 Flash 实例操作，学会使用模板创建动画效果。

2. 实训内容及步骤

（1）内容：制作"照片幻灯片"动画效果，如图 3-178 所示。

（2）操作步骤

【步骤 1】打开 Flash CS4 软件，选择"从模板创建"下面的"照片幻灯片放映"项，如图 3-179 所示，打开"从模板新建"对话框，如图 3-180 所示。单击"确定"按钮，打开模板文件，如图 3-181 所示。

注意：如果"从模板创建"下面没有"照片幻灯片放映"项，请将本书配套资源库中"第 3 章 \ 照片幻灯片放映"文件夹中的内容粘贴到 Flash CS4 安装目录的" \ zh_cn \ Configuration \ Templates"文件夹中。

图 3-178　照片幻灯片

图 3-179　从模板创建

图 3-180　"从模板新建"对话框

图 3-181　照片幻灯片模板文件

【步骤 2】执行菜单栏中的【文件】|【导入】|【导入到库】命令，打开"导入"对话框，选择素材库"第 3 章"文件夹中的综合练习内的 7 张图片，再单击"打开"按钮，导入图片。

【步骤 3】在"时间轴"面板上，单击"小锁"图标按钮 🔒 锁定所有图层，再单击"picture layer"图层后面的"小锁"图标按钮，解锁该图层。

【步骤 4】单击"picture layer"图层的第 1 帧，按住鼠标左键并拖曳，选择该图层上的所有帧，再单击鼠标右键，在快捷菜单中选择【删除帧】命令，删除所有关键帧。

【步骤 5】在"picture layer"图层的第 1 帧上单击鼠标右键，在快捷菜单中选择【插入空白关键帧】命令。单击"库面板"图标按钮 📚，打开"库"面板，把"埃及金字塔·jpg"图片拖到绘图区，并在属性面板中设置图片的宽度为 640，高度为 480，X、Y 坐标都为 0。

【步骤 6】重复步骤 5，分别把其他图片插入第 2 帧到第 7 帧的绘图区。

【步骤 7】再次锁定"picture layer"图层。单击"Captions"图层的"小锁"图标按钮，解锁该图层。

【步骤 8】单击"Captions"图层的第 1 帧，再双击文字，把"The elegant seashore"英

文字改成"埃及金字塔"，字体设置成黑体。

【**步骤 9**】重复步骤 8，把后面的关键帧上的文字改为图片名称。分别在第 5 帧到第 7 帧处单击鼠标右键，在快捷菜单中选择【插入关键帧】命令，再修改文字内容。

【**步骤 10**】分别单击其他图层的第 7 帧，按 <F5> 键插入普通帧，把时间轴的时间长度对齐。

【**步骤 11**】执行菜单栏中的【文件】|【保存】命令保存文档，并按 < Ctrl + Enter > 组合键测试动画效果。

第 4 章

Flash CS4的常用工具

学习目标

1）学会使用 Flash CS4 中的各种常用工具绘制、调整和编辑图形，并在此基础上进行动画创作。

2）学会使用鼠标绘制图形，修改渐变颜色。

4.1 选择工具与线条工具

4.1.1 选择工具

"选择工具"有以下几种使用方法。

（1）选择图案 操作步骤如下：

【步骤1】先绘制一个椭圆的图形，如图 4-1 所示。

【步骤2】使用"选择工具" ，选择中间的黑色部分，图案显示为雪花状表明已被选中，如图 4-2 所示。

此时拖动图形会发现边框没有选中，因为刚刚只是选中了中间的黑色，并没有选择边框。如果要全部选中，只需要单击旁边空白处，

图 4-1 绘制椭圆

拖出一个虚线的选择框把椭圆全部框中，或者是先选中中间的黑色，然后按住 <Shift> 键单击边框即可。

（2）拉出虚线框

在空白处按住鼠标不放，然后拖出虚线框，选择所需图形的某一个部分，如图 4-3 所示。选中后可以直接把这个部分拉开，如图 4-4 所示。

（3）修改线条和图形

将鼠标靠近图形，当鼠标指针变为 时，可以直接拖动边框让它变形，如图 4-5 所示。

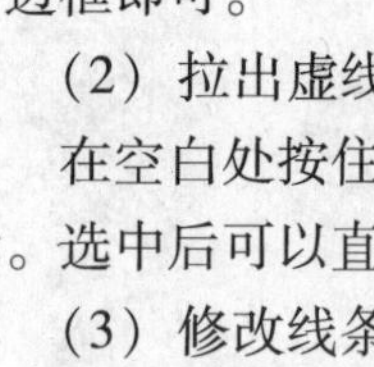

图 4-2 选择图形

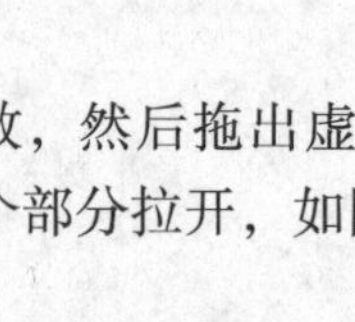

图 4-3 选择一部分

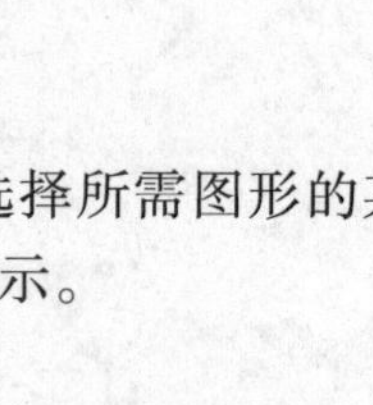

图 4-4 把图形分开

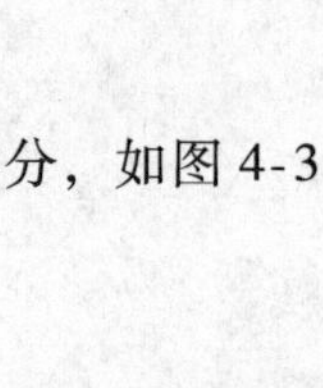

图 4-5 边框变形

4.1.2　课堂任务 1：利用"选择工具"调整图形

（1）矩形弯曲

【步骤 1】　先选取工具面板中的"矩形工具"，绘制一个矩形 ABCD，如图 4-6a 所示。

【步骤 2】　选择工具面板中的"路径选择工具"，把鼠标移到线条正中的 01 点和 02 点，鼠标箭头的下方出现一个小圆弧时，按住鼠标左键向下拉，如图 4-6b 所示。

【步骤 3】　将鼠标指针移到 A 点和 B 点的位置，鼠标箭头的下方出现一个小直角形，如图 4-6c 所示。这时按住鼠标左键水平拉动，如图 4-6d、图 4-6e 所示。

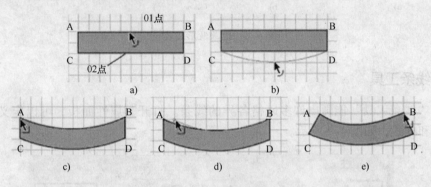

图 4-6　矩形弯曲效果图

（2）将矩形拉成等边三角形

【步骤 1】　用"矩形工具"绘制一个正方形，如图 4-7a 所示。

【步骤 2】　分别将 A、B 点按图 4-7b、图 4-7c 所示箭头方向移动，使 A、B 两点重合在正中位置，就把方形改成如图 4-7d 所示三角形。

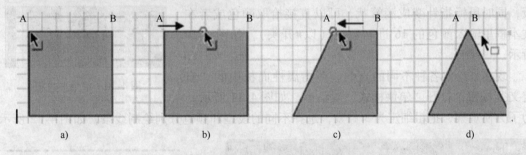

图 4-7　矩形拉成等边三角形过程图

（3）将圆拉变形

【步骤 1】　先画一个直径大小适当的圆，如图 4-8a 所示。

【操作提示】　选择"绘制椭圆工具"时，会出现一个二级菜单，选择其中的"椭圆工具"。在场景里画圆时，当图形的右下角出现一个小圆圈时松开鼠标即可，如图 4-8b 所示。

【步骤 2】　选择工具面板中的"直接选择工具"，将鼠标移到圆上，这时箭头下方会出现一个黑色小方块，单击鼠标左键，在圆的四周会出现 8 个空白点，如图 4-8c 所示。

【**步骤3**】分别将鼠标移到 A、B、C、D 四个空白点处，当箭头下方的一个黑色小方块变成白色小方块时，逐一向外拖动各点，效果如图 4-8d 所示。

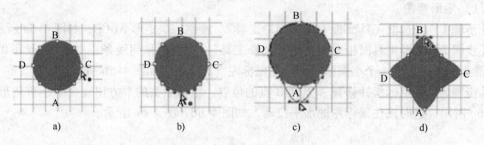

a)　　　　　　　　b)　　　　　　　　c)　　　　　　　　d)

图 4-8　把圆变形过程图

4.1.3　线条工具

利用"线条工具"能画出许多风格各异的线条。打开其属性面板，可以定义直线的颜色、粗细和样式，如图 4-9 所示。

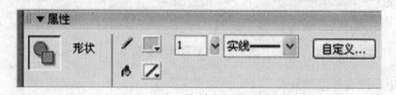

图 4-9　直线的属性面板

单击其中的"笔触颜色"按钮 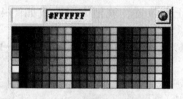，会出现一个调色板，同时鼠标指针变成滴管状，可以直接拾取颜色或者在文本框里输入颜色的 16 进制数值（以#开头），如图 4-10 所示。

图 4-10　笔触调色板

现在来绘制各种不同的直线。单击属性面板中的"自定义"按钮，打开"笔触样式"对话框，如图 4-11 所示。

为了方便观察，把粗细定为 3 像素，选择不同的线型和颜色分别绘制线条，如图 4-12 所示。

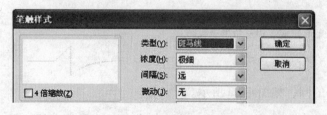

图 4-11　"笔触样式"对话框

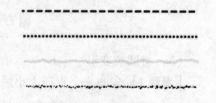

图 4-12　不同类型的线条

4.1.4　用"线条工具"绘制直线

"线条工具"是 Flash 中最简单的工具。在工具面板中选择"线条工具" ／，移动鼠标指针到舞台上，在希望直线开始的地方按住鼠标左键并拖动到结束点再松开鼠标，一条直线就画好了。

4.1.5 课堂任务2：添加彩色线条效果

【步骤1】先绘制一个矩形，如图4-13所示。

【步骤2】执行菜单栏中的【修改】|【形状】|【将线条转化为填充】命令，在属性面板中选择填充色，如图4-14所示，效果如图4-15所示。

图4-13　绘制矩形

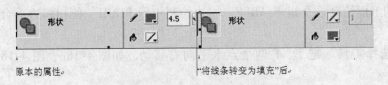

原本的属性　　　　　　　　　　　　　"将线条转变为填充"后

图4-14　在属性面板中选择填充色

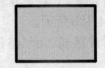

图4-15　填充后效果

4.2 矩形工具、多角星形工具与椭圆工具

4.2.1 矩形工具

"矩形工具"的使用方法见表4-1。

表4-1　"矩形工具"的使用方法

图标按钮	解　　释	例　　子
	可以拖出矩形，按住＜Ctrl＞键可以拖出正方形	
	输入边角半径可以将矩形变形成圆角矩形	

4.2.2 多角星形工具

使用"多角星形工具"可以绘制出多边形和星形。可以在其属性面板中单击"选项"按钮，设置需要的图形，如图4-16、图4-17所示。

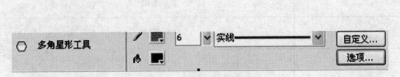

图4-16　设置多边形和星形

图4-17　设置图形

4.2.3 椭圆工具

使用"椭圆工具"可以拖出任意的椭圆，也可以按住 < Ctrl > 键拖出圆，其使用方法与"矩形工具"类似，不再赘述。

4.2.4 课堂任务 3：用"矩形工具"绘制立方体

【步骤 1】先把填充色设置成"无"，在适当位置绘制一个正方形 ABCD，如图 4-18a 所示。

【步骤 2】在正方形的上面绘制一个矩形 ABFE，右边绘制矩形 BDGH，使相邻边重合，如图 4-18b 所示。

【步骤 3】用"路径选择工具"把 E、F 两个点水平向右移动，如图 4-18c、图 4-18d 所示。

【步骤 4】把 H 点按箭头向上移动和 F 点重合，如图 4-18e 所示。再按住 G 点向箭头方向移动，就形成了一个立方体，如图 4-18f 所示。

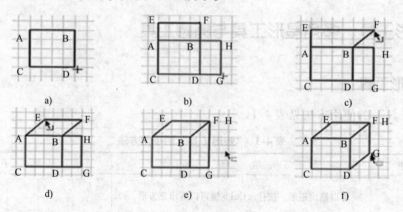

图 4-18 用"矩形工具"绘制立方体

4.3 铅笔工具与钢笔工具

4.3.1 铅笔工具

"铅笔工具"的使用方法见表 4-2。

表 4-2 "铅笔工具"的使用方法

图标按钮	解 释
⑤	平滑
⑤	伸直
⑤	墨水

4.3.2　钢笔工具

"钢笔工具"的使用方法见表 4-3。

表 4-3　"钢笔工具"的使用方法

图标按钮	解　释
✒	普通状态
✒	当钢笔在弧线节点上，单击将圆弧转变为直线
✒₊	在边缘处增加节点
✒₋	删除节点
✒×	选择边缘线

4.3.3　课堂任务 4：绘制心形

【步骤 1】　使用"椭圆工具"绘制一个椭圆，如图 4-19 所示。

【步骤 2】　选择"钢笔工具"，将椭圆的下边缘中间的节点变成直线型往下拉，然后把上边缘中间的节点也变成直线型往下拉，再调整位置，如图 4-20 所示。

图 4-19　绘制椭圆

图 4-20　绘制心形

4.4　刷子工具与橡皮擦工具

4.4.1　刷子工具

"刷子工具"的使用方法见表 4-4。

表 4-4　"刷子工具"的使用方法

图标按钮	说　明	解　释	举　例
⊘	标准绘画		⬤
⊘	颜料填充	不会盖掉边缘线颜色，只是与填充色发生反应	⬤

（续）

图标按钮	说　明	解　释	举　例
	后面绘画	不管怎么画，都在图形的后面	
	颜料选择	选中需要的色块，然后进行绘制	
	内部绘画	注意要在内部描绘，如果拉一条长线，则效果与"后面绘画"相同	
	锁定填充		
	笔刷大小	可以选择笔刷大小	
	笔刷形状	可以选择笔刷类型	

4.4.2　橡皮擦工具

"橡皮擦工具"的使用方法见表4-5。

表4-5　"橡皮擦工具"的使用方法

图标按钮	说　明	解　释	举　例
	标准擦除		
	擦除填色	擦除填充颜色	
	擦除线条	把边线擦除，这样不会影响到填色	
	擦除所选填充	需要先选中图形，然后再擦除	
	内部擦除		

（续）

图标按钮	说　明	解　释	举　例
水龙头图标	水龙头	水龙头是把某个图形的填充色全部擦除，也可将选中的某个部分的颜色或线条都擦掉	
橡皮擦形状图标	橡皮擦形状		

4.4.3　课堂任务 5：绘制一片小树叶

【步骤 1】用"铅笔工具"勾画出树叶的轮廓。
【步骤 2】用"直线工具"绘制树叶叶茎。
【步骤 3】用"选择工具"把中间的叶茎变弯曲。
【步骤 4】用"颜料桶工具"填充叶子，效果如图 4-21 所示。

4.4.4　课堂任务 6：用"橡皮擦工具"擦除图片的背景

【步骤 1】把图片导入舞台。
【步骤 2】选取恰当的橡皮擦擦除图片的背景，如图 4-22 所示。

图 4-21　绘制树叶

图 4-22　擦除图片的背景

4.5　墨水瓶工具与颜料桶工具

4.5.1　墨水瓶工具

使用"墨水瓶工具"　可以给线条添加颜色。与使用"线条工具"先选中线条再添加颜色不同，使用"墨水瓶工具"不需要选中线条，可以先在颜色板里选择颜色，然后直接用"墨水瓶工具"靠近线条并单击，添加线条颜色。

4.5.2　颜料桶工具

与 Photoshop 中使用快捷键填充颜色不同，在 Flash 中填色要用"颜料桶工具"。

【操作提示】直接在颜色板中选好颜色，然后使用"颜料桶工具"添加颜色即可。

【技巧】可以选择需要的部分，并用"颜料桶工具"来填充颜色，如图 4-23 所示。

4.5.3　课堂任务 7：用"墨水瓶工具"添加边框

【步骤 1】先选择"矩形工具"绘制一个没有边框的矩形，如图 4-24 所示。

【步骤 2】用"墨水瓶工具"为矩形添加边框，如图 4-25 所示。

图 4-23　填充颜色　　　　　图 4-24　没有边框的矩形　　　　图 4-25　为矩形添加边框

4.5.4　课堂任务 8：用"颜料桶工具"填充树叶

【步骤 1】先选择"铅笔工具"绘制一片树叶，如图 4-26 所示。

【步骤 2】用"颜料桶工具"填充树叶，如图 4-27 所示。

图 4-26　绘制叶　　　　　　　　　　图 4-27　用"颜料桶工具"填充树叶

4.6　滴管工具与套索工具

4.6.1　滴管工具

使用"滴管工具" 和"墨水瓶工具" 可以很快地将一条直线的颜色样式套用到别的线条上。首先选择"滴管工具"，单击直线，则属性面板中显示的就是该直线的属性，而且工具也自动变成"墨水瓶工具"，如图 4-28 所示。

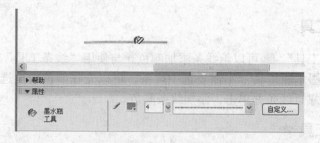

图 4-28　使用"滴管工具"选取线条后的属性面板

4.6.2 套索工具

"套索工具"  与 "选择工具"  类似，都有选择功能。"套索工具" 的使用方法见表 4-6。

表 4-6 "套索工具" 的使用方法

图标按钮	解　释
	魔术棒，可以选择同色的色块
	魔术棒的设置
	单击图标按钮，可以随意地选择需要的图形或者某一部分，外表为直线
	单击图标按钮，可以随意地选择需要的图形或者某一部分，外表为弧形

4.6.3 课堂任务 9：用 "滴管工具" 为图形填充位图

【步骤 1】从工具面板中选择 "滴管工具"，或按 <I> 键。

【步骤 2】将吸管形指针移到想复制其属性的填充（包括渐变和打散的位图）上，这时吸管旁边出现一个刷子图标。单击填充，则将图形信息采样到 "填充工具" 中。

【步骤 3】单击已有的填充，或用 "填充工具" 拖出填充，该填充将具有 "滴管工具" 所提取的填充属性，如图 4-29 所示。

提取图像信息　　　　　　　　　椭圆填充

图 4-29　采样及填充

【操作提示】如果将位图打散，就可以用 "滴管工具" 取得图像信息并用于填充形状。

4.6.4 课堂任务 10：用 "套索工具" 删除图片的背景

【步骤 1】新建 Flash 文档，执行菜单栏中的【文件】|【导入到舞台】命令，选择一幅位图，如图 4-30 所示。

【步骤 2】单击选择该图，再执行【修改】|【分离】命令，将图形打散。

【步骤 3】在工具面板中选择 "套索工具"，再选择其中的 "魔术棒工具"，如图 4-31

所示。

【步骤4】将鼠标移到图形的背景部分，这时指针形状变成魔术棒形。

【步骤5】单击选择背景，按 < Delete > 键把选中的背景删去。注意：对于一些多层次的背景，要多次选择，多次删除。

【步骤6】如果在图像附近还有些小块背景没删去，就用"橡皮擦工具"擦去，最后效果如图 4-32 所示。原来的背景被删去，可以添加新的背景。

图 4-30　导入图片　　　　图 4-31　选择魔术棒　　　　图 4-32　效果图

4.7　任意变形工具与渐变变形工具

4.7.1　任意变形工具

使用"任意变形工具"可以选择整个图形进行变形，也可以单个部分进行变形，如图 4-33 所示。

当然，还有更加精确的变形方法，就是利用"变形"面板。执行【窗口】|【设计面板】|【变形】命令，或者按 < Ctrl + T > 组合键，即可打开"变形"面板，如图 4-34 所示。

4.7.2　渐变变形工具

渐变是指图形的某一区域从一种颜色变化为另一种颜色。

在 Flash 中可以创建两种类型的渐变：线性渐变和放射渐变，如图 4-35 所示。线性渐变沿一个轴更改颜色，如水平轴或垂直轴；放射渐变从一个焦点开始向外更改颜色。可以调整渐变的方向、颜色、焦点的位置和渐变的许多其他属性。

图 4-33　图形变形　　　图 4-34　"变形"面板　　　图 4-35　两种类型的渐变

a）线形渐变　b）放射渐变

4.7.3　课堂任务 11：用"任意变形工具"变换字体

【步骤1】先选择"文本工具"并设定文本属性如图 4-36 所示，选择的字体为

"Impact"，在舞台上输入"data"。

【步骤2】执行菜单栏中的【修改】|【分离】命令，把"data"如前面所述经两次分离，如图4-37所示。选择"自由转换工具"对"data"进行移动、选择等处理，如图4-38所示。

图4-36　文本属性

图4-37　分离

图4-38　效果图

4.7.4　课堂任务12：用"渐变变形工具"绘制矩形

【步骤1】绘制一个矩形，然后使用"油漆桶工具"　　为其填充渐变颜色，如图4-39所示。

【步骤2】使用"渐变变形工具"　　改变中心点的位置，调整远近、大小和旋转，如图4-40所示。其中，第一个小方块调整渐变中黄色范围和位置；第二个圆点把渐变中黄色进行缩放；第三个圆点旋转渐变中黄色。

图4-39　绘制矩形

图4-40　调整图形

4.8　视图工具与辅助工具

4.8.1　视图工具

视图工具有两个，一个是"视图平移工具"　　，通过鼠标的拖动，可以移动编辑画面的观察位置。另一个是"放大镜工具"　　，可以改变编辑窗口的显示比例。

（1）手形工具　　作用是移动场景，以方便设计工作。

【操作提示】要使用"手形工具"，必须首先执行菜单栏中的【视图】|【工作区】命令，以使工作区域可见。

（2）缩放工具　　用于调整显示比例，对于较小物体就须使用较大的比例来显示；若要查看较大的画面则可缩小显示比例。

放大镜工具有两个附属工具：

1）放大　　选择后单击场景将图画放大；要放大场景的某个区域，可以在场景上单击并拖动鼠标，所定义的区域将由一个细的黑框标示出来，释放鼠标完成区域的选择。

2）缩小 选中后单击场景将图画缩小。

【操作提示】要改变场景的显示比例，也可直接从场景右上角的显示比例中选择一个数值或输入一个数字。

4.8.2　辅助工具

（1）标尺　通过执行【视图】|【标尺】命令将标尺显示出来，如图 4-41 所示。再次执行该命令则会将标尺隐藏起来。

（2）辅助线

1）显示或者隐藏辅助线。执行【视图】|【辅助线】|【显示辅助线】命令，即可显示出辅助线，如图 4-42 所示。

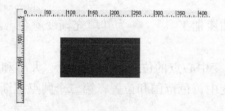

图 4-41　标尺

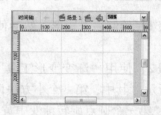

图 4-42　显示辅助线

2）锁定辅助线。执行【视图】|【辅助线】|【锁定辅助线】命令，可锁定辅助线。

3）编辑辅助线。执行【视图】|【辅助线】|【编辑辅助线】命令，打开"辅助线"对话框，可对辅助线进行设置，如图所示 4-43 所示。

（3）网格　执行【视图】|【网格】|【显示网格】命令，可以显示或隐藏网格，如图 4-44 所示。执行【视图】|【网格】|【编辑网格】命令，打开"网格"对话框，可以对网格进行设置，如图 4-45 所示。

图 4-43　编辑辅助线

图 4-44　显示网格

图 4-45　编辑网格

4.8.3　课堂任务 13：绘制一朵小花

【步骤 1】新建文档。在打开的属性面板中将文档大小设置为 350×100 像素，背景颜色为黑色。

【步骤 2】使用"椭圆工具"制作花蕊，效果如图 4-46 所示，"椭圆工具"的属性面板如图 4-47 所示。

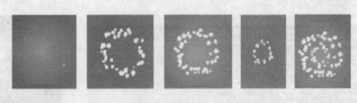

图 4-46　制作花蕊

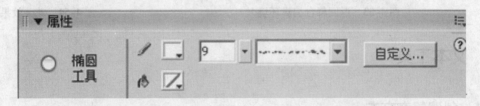

图 4-47　"椭圆工具"的属性面板

【步骤 3】使用"椭圆工具"拖出一片花瓣的形状图案，如图 4-48 所示。

【步骤 4】改变花瓣的旋转中心，如图 4-49 所示。将花瓣旋转一圈后，制作出一圈花瓣，如图 4-50 所示。再分别设置花瓣的透明度和色彩，如图 4-51、图 4-52 所示。

图 4-48　制作一片花瓣

【步骤 5】返回编辑舞台，如图 4-53 所示。保存文件并测试效果，如图 4-54 所示。

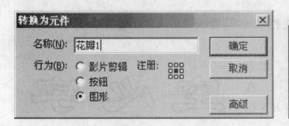

图 4-49　改变花瓣的旋转中心

图 4-50　制作一圈花瓣

图 4-51　设置花瓣的透明度

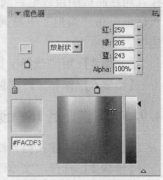

图 4-52　设置花瓣的色彩

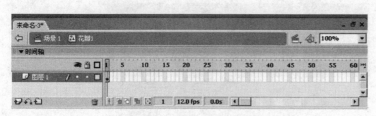

图 4-53　返回舞台编辑环境　　　　　　　　图 4-54　花朵效果

4.9　文本工具

4.9.1　创建静态文本

可以使用"文本工具"　**A**　输入及编辑文字，其属性面板如图 4-55 所示。

图 4-55　"文本工具"的属性面板

4.9.2　课堂任务 14：创建空心文字

【步骤 1】新建文档，在属性面板中将文档大小设置为 350 × 100 像素，背景颜色为白色。

【步骤 2】选择工具面板中的"文本工具"，设置字体为"隶书"，大小为 90，加粗，颜色任意选择。在舞台中央输入"空心字"，然后按两次 < Ctrl + B > 组合键将文字打散为矢量图，如图 4-56 所示。

图 4-56　创建文本

【步骤 3】选择工具面板中的"墨水瓶工具"，在其属性面板中设置笔触颜色为蓝色，高度为 3。单击"自定义"按钮，打开"笔触样式"对话框，在"类型"下拉列表中选择"实线"，回到舞台，单击舞台上的文字，为文字添加边框。

【步骤 4】用"选择工具"将文字的填充部分选中，并按 < Delete > 键将其删除。

【步骤 5】保存文件"制作空心字"并测试效果。

4.9.3　课堂任务 15：创建图片文字

【步骤 1】新建文档，设置大小为 400 × 300 像素，背景为白色。

【步骤 2】选择"文本工具"，设置字体为"隶书"，大小为 150，颜色任意选择。在舞台中央输入"图片字"，按两次 < Ctrl + B > 将其打散为矢量图。

【步骤 3】用"墨水瓶工具"为文字添加一个 2 像素宽、红颜色的实线边。

【步骤 4】用"选择工具"选中并删除文字内部的黑色填充。

【步骤 5】用"选择工具"将文字的边框全部选中，按 < Ctrl + X > 组合键将其剪切。

【步骤 6】执行菜单栏中的【文件】|【导入】|【导入到库】命令，打开"导入到库"对话框，选中"hua. jpg"后单击"确定"按钮，将图片文件导入到库面板中。

【步骤 7】将"hua. jpg"图片文件从库中拖放到舞台，然后按 < Ctrl + B > 组合键将其打散。

【步骤 8】按 < Ctrl + Shift + V > 组合键将"图片字"3 个字从剪贴板原位置粘贴至舞台。

【步骤 9】用"选择工具"选中文字以外的多余部分，按 < Delete > 键将其删除，即可完成图片字的制作，如图 4-57 所示。

4.9.4　课堂任务 16：创建渐变填充效果

【步骤 1】设置文件大小为 600 × 200 像素，背景颜色为深蓝色。

【步骤 2】选择"文本工具"，输入"HOME"，字体、大小任意。用"颜料桶工具"对文字内部进行线性渐变填充，再用"墨水瓶工具"对文字的边缘进行线性渐变填充，最终效果如图 4-58 所示。

图 4-57　创建图片文字　　　　　　　　图 4-58　创建渐变填充效果

4.9.5　课堂任务 17：创建七彩字效果

【步骤 1】新建文档，在属性面板中单击"大小"按钮，设置文档大小为 400 × 100 像素，背景色为白色。

【步骤 2】选择工具面板中的"文本工具"，在属性面板中设置字体为"隶书"，大小为 90，加粗，颜色任意选择，在舞台中央输入"七彩字"，按两次 < Ctrl + B > 将其打散为矢量图。

【步骤 3】选择工具面板中的"颜料桶工具"，在"混色器"面板中设置填充类型为"线性"，填充颜色选择其中的"彩虹七色"。再选择"选择工具"，按住鼠标左键从左上角向右下角拖曳，选中舞台上所有文字，然后选择"颜料桶工具"，按住鼠标左键从"七"的左上角到"字"的右下角拖曳出一条填充线，如图 4-59 所示。

图 4-59　创建七彩字效果

【步骤 4】保存文件"制作七彩字"并测试效果。

本 章 小 结

本章主要讲述 Flash 中各类工具的使用方法和使用技巧，希望读者在学习过程中，通过不断地实践，熟悉各种工具的使用。

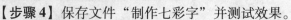

思考与练习

4-1　使用"选择工具"时，将鼠标指针放在对象的不同位置上，有哪 3 种不同的状态？

4-2　复制图形的边框和填充色可以选择哪种工具？

4-3　在"矩形工具"中设置边角半径的范围是多少？

4-4　为线条添加颜色可以选择哪种工具？如何添加？

实训任务 1

1. 实训目的

制作简单的 Flash 动画，包括对象的平移和翻转。

2. 实训内容及步骤

（1）内容　利用本章实训练习中的一张图片作为动画的对象，制作简单的 Flash 动画。

（2）操作步骤

【步骤 1】新建一个文件，命名为"ch4 实训 . fla"并保存。在主场景中新建 3 个图层，从上到下依次命名为"氢气球"、"七彩字"、"风景图"。（注意，"风景图"一定要放在最下面的一层）。然后，在"风景图"图层中导入一幅风景图，设置好合适的像素；再在"七彩字"图层中，从实训练习中导入"七彩字"作为装饰放入图片中，作为动画翻转的对象；在"氢气球"图层中，导入"氢气球"图片作为动画平移的对象，如图 4-60 所示。

【步骤 2】选择"风景图"图层，在时间轴中选择最后一帧，插入一个帧。再选择"氢气球"图层，在时间轴中选择最后一帧，然后按 < F6 > 键增加一个关键帧。再在主场景中选择被编辑的"氢气球"，然后将它移动到所需要的位置，如图 4-61 所示。

图 4-60　导入"氢气球"图片

图 4-61　编辑"氢气球"

【步骤 3】选择"氢气球"图层中的任意一帧，然后在属性面板中将"中间"选项设置为"动画"，如图 4-62 所示。

【步骤 4】当设置完毕后，可以发现"氢气球"图层中时间轴的起点关键帧到终点关键帧之间被一条带有箭头的线贯穿，如图 4-63 所示。这表示运动动画已经制作成功，此时，

执行菜单栏中的【控制】|【测试影片】命令即可调试。

图 4-62 属性面板

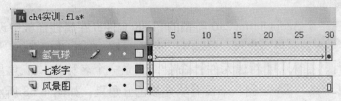

图 4-63 设置动画

【步骤 5】 选中"七彩字"图层,在时间轴中选择最后一帧,然后按 < F6 > 键增加一个关键帧。在这一帧中不要移动主场景中的"七彩字",因为现在要做的是一个围着固定点旋转的效果。

【步骤 6】 选择该图层中间任意一帧,然后在属性面板中将"中间"选项设置为"动画",再将"旋转"选项设置为"顺时针"旋转 1 次,如图 4-64 所示。

图 4-64 设置"顺时针"旋转

【步骤 7】 当设置完毕后,可以发现时间轴的起点关键帧到终点关键帧之间被一条带有箭头的线贯穿,如图 4-65 所示。而主场景中的图形会以一个原点为中心顺时针旋转,此时,执行菜单栏中【控制】|【测试影片】命令即可调试,效果如图 4-66 所示。

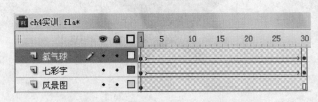

图 4-65 起点到终点出现带有箭头的线

图 4-66 效果图

实训任务 2

1. 实训目的

通过对本实例的操作，进一步理解遮罩动画的应用，锻炼对动画效果的分析能力。

2. 实训内容及步骤

（1）内容　制作"电影片尾"动画效果，如图 4-67 所示。

（2）操作步骤

【**步骤 1**】新建一个 ActionScript 2.0 类型的 Flash 文件，在属性面板中设置舞台的宽度为 1000，高度为 600，背景颜色为黑色，命名为"电影片尾 . fla"并保存。

【**步骤 2**】执行【插入】|【新建元件】命令，建立一个名称为"五角星"的图形元件。使用"多角星边形工具" 🔲 绘制一个没有填充颜色五角星，如图 4-68 所示。

【**步骤 3**】使用"线条工具" ＼ 连接"五角星"的顶点和相对的凹点，如图 4-69 所示。

图 4-67　动画效果

图 4-68　步骤 2

图 4-69　步骤 3

【**步骤 4**】选择"颜料桶工具" 🔲，为五角星部分区域填充成红色（#FF0000），部分区域填充成橙色（#FF6600），如图 4-70 所示。

【**步骤 5**】为让五角星更具立体感，选择单个黄色三角区域，对其进行线性填充，颜色从红色（#FF0000）过渡到橙色（#FF6600），再使用"渐变填充工具"调整填充方向。最后删除所有笔触线条，如图 4-71 所示。

图 4-70　步骤 4

图 4-71　步骤 5

【步骤 6】 在场景 1 中编辑层级，把五角星从库中拖曳到舞台上，调整大小。使用"文本工具"输入文字"八一电影制片厂"，字体为"宋体"，字号为 55，颜色为红色，放置在五角星下面，如图 4-72 所示。

【步骤 7】 选择五角星和文字，并转换成影片剪辑。双击五角星进入影片剪辑的编辑层级，把图层 1 改名为"五角星"，锁定该图层。再新建图层 2 和图层 3。

图 4-72　步骤 6

【步骤 8】 在图层 2 上以五角星的中心为起点绘制一条红色线段，笔触宽度为 2，并调整成弧线（为清楚看清截图效果，故绘制成白色线条），如图 4-73 所示。

【步骤 9】 使用"任意变形工具" 调整旋转点到左边端点，打开"变形"面板，旋转角度设为 15 度，进行旋转复制，如图 4-74 所示。

图 4-73　步骤 8

图 4-74　步骤 9

【步骤 10】 选择全部线条，并转换成图形元件，命名为"线"，再锁定图层 2。

【步骤 11】 把图形元件"线"从库中拖到图层 3，执行【修改】|【变形】|【水平翻转】命令，再与图层 2 的中心对齐，如图 4-75 所示。

【步骤 12】 把图层 3 上"线"元件分离成图形，再执行【修改】|【形状】|【将线条装换成填充】命令，把图层 3 变成遮罩图层。锁定该图层。

【步骤 13】 解锁图层 2，在第 180 帧处插入关键帧，并创建传统补间动画，在属性面板中设置逆时针旋转 3 次。把"五角星"图层拖曳到最上层，如图 4-76 所示。

图 4-75　步骤 11

【步骤 14】 解锁图层 2 和图层 3，把图层 2 和图层 3 上的图形分别放大 150 倍。

【步骤 15】 返回场景 1 编辑层级，新建图层 2，把素材库内的"解放军进行曲 . mp3"文件导入 Flash。选择图层 2 的第 1 帧，在属性面板的"声音"项的"名称"后面的下拉列表中选择"解放军进行曲 . mp3"。"同步"选择为"事件"，重复 99 次，如图 4-77 所示。

图 4-76　步骤 13　　　　　　　　　　　　图 4-77　步骤 15

【步骤 16】在图层 1 和图层 2 的第 180 帧处插入帧，延长播放时间。保存动画，按 < Ctrl + Enter > 组合键测试动画效果。

第5章
Photoshop CS4图形、路径与通道

学习目标

1) 掌握图形的绘制方法。
2) 掌握路径的绘制方法。
3) 学会使用"路径"面板。
4) 了解通道的应用。

5.1 绘制图形

5.1.1 矩形工具

利用"矩形工具"可以绘制矩形或正方形。单击工具箱中的"矩形工具"按钮□，或者按 < Shift + U > 组合键切换，可以选择"矩形工具"。

"矩形工具"选项栏如图5-1所示。

图5-1 "矩形工具"选项栏

单击"自定形状工具"按钮□▪后的下拉箭头，打开"矩形选项"面板，如图5-2所示。可以通过各种设置来控制"矩形工具"所绘制的图形区域，包括"不受约束"、"方形"、"固定大小"、"比例"和"从中心"选项，此外"对齐像素"复选框用于使矩形边缘自动与像素边缘重合。

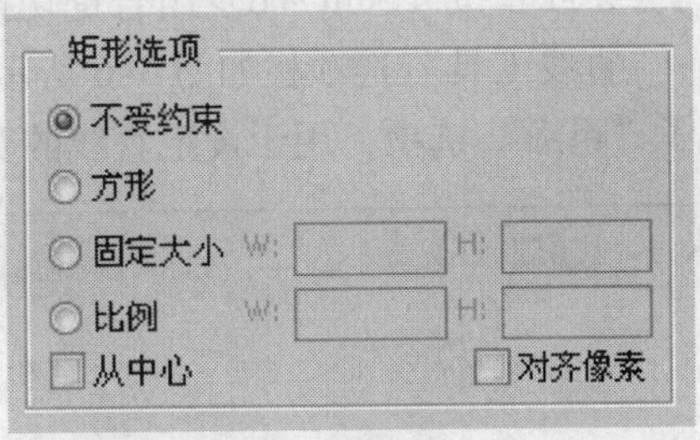

矩形选项
- ◉ 不受约束
- ○ 方形
- ○ 固定大小 W: ___ H: ___
- ○ 比例 W: ___ H: ___
- □ 从中心 □ 对齐像素

图5-2 "矩形选项"面板

5.1.2 圆角矩形工具

使用"圆角矩形工具"可以绘制具有平滑边缘的矩形。单击工具箱中的"圆角矩形工具"按钮□，或者按 < Shift + U > 组合键切换，可以选择"圆角矩形工具"。

"圆角矩形工具"选项栏如图5-3所示。其中的内容与"矩形工具"选项栏的内容类似，只多了"半径"选项，用于设定圆角矩形的平滑程度，数值越大越平滑。

图 5-3 "圆角矩形工具"选项栏

5.1.3 椭圆工具

使用"椭圆工具"可以绘制椭圆或正圆形。单击工具箱中的"椭圆工具"按钮 ⬭，或者按 < Shift + U > 组合键切换，可以选择"椭圆工具"。

"椭圆工具"选项栏如图 5-4 所示。其中的内容与"矩形工具"选项栏的内容类似。

图 5-4 "椭圆工具"选项栏

5.1.4 多边形工具

利用"多边形工具"可以绘制正多边形。单击工具箱中的"多边形工具"按钮 ⬟，或者按 < Shift + U > 组合键切换，可以选择"多边形工具"

"多边形工具"选项栏如图 5-5 所示。其中的内容与"矩形工具"选项栏的内容类似，只多了"边"选项，用于设定多边形的边数。

图 5-5 "多边形工具"选项栏

5.1.5 直线工具

利用"直线工具"可以绘制直线或带有箭头的线段。单击工具箱中的"直线工具"按钮 ＼，或者按 < Shift + U > 组合键切换，可以选择"直线工具"。

"直线工具"选项栏如图 5-6 所示。其中的内容与"矩形工具"选项栏的内容类似，只多了"粗细"选项，用于设定直线的宽度。

图 5-6 "直线工具"选项栏

单击"自定形状工具"按钮 ⬠ 后的下拉箭头，打开"箭头"面板，如图 5-7 所示。其中，"起点"复选框用于设定箭头位于线段的始端；"终点"复选框用于设定箭头位于线段的末端；"宽度"文本框用于设定箭头宽度和线段宽度的比值；"长度"文本框用于设定箭头长度和线段宽度的比值；"凹度"文本框用于设定箭头凹凸的形状。

图 5-7 "箭头"面板

【技巧】按住 < Shift > 键，用"直线工具"可以绘制水平或垂直的直线。

5.1.6　自定形状工具

利用"自定形状工具"可以绘制一些自定义图形。单击工具箱中的"自定形状工具"按钮 ，或者按 < Shift + U > 组合键切换，可以选择"自定形状工具"。

"自定形状工具"选项栏如图 5-8 所示。其中的内容与"矩形工具"选项栏的内容类似，只多了"形状"选项，用于选择所需的形状。

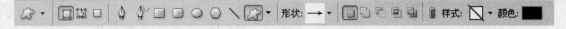

图 5-8　"自定形状工具"选项栏

单击"形状"选项后的下拉箭头，弹出如图 5-9 所示的形状面板。面板中存储了可供选择的各种不规则形状。

可以执行【定义自定形状】命令来制作并定义形状。选择"钢笔工具" ，单击其选项栏中的"形状图层"按钮 ，在文档窗口中绘制需要定义的路径形状，如图 5-10 所示。

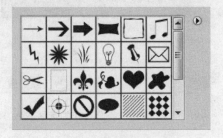

图 5-9　形状面板

图 5-10　定义路径形状

执行菜单栏中的【编辑】|【定义自定形状】命令，打开"形状名称"对话框，在"名称"文本框中输入自定形状的名称，如图 5-11 所示。单击"确定"按钮，在形状面板中将会显示刚才定义好的形状，如图 5-12 所示。

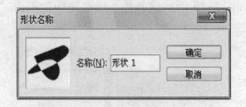

图 5-11　"形状名称"选项

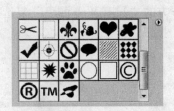

图 5-12　显示定义的形状

5.1.7　课堂任务 1：制作大头贴

【步骤 1】打开一张数码照片，如图 5-13 所示。

【步骤 2】新建一个图层，选择工具箱中的"自定形状工具"，然后单击其选项栏中

"形状"项右侧箭头，从形状面板中选择"云彩2"形状，效果如图5-14所示。

图 5-13　数码照片

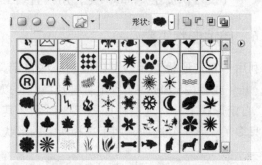

图 5-14　选择"云彩2"形状

【步骤3】 在新图层上画出路径，如图5-15所示。注意：在绘制之前要按下选项栏中的"路径"按钮。

【步骤4】 单击"路径"面板，选中路径后单击面板下方的"将路径作为选区载入"按钮，如图5-16所示。这时可以在文档窗口中看到如图5-17所示的选区。

图 5-15　画出"云彩2"路径

图 5-16　将路径作为选区载入

【步骤5】 执行菜单栏中的【选择】|【羽化】命令，或者按 < Alt + Ctrl + D >组合键，打开"羽化选区"对话框。将"羽化半径"设置为10像素，然后单击"确定"按钮，这样就把选区的边缘虚化了，虽然看不到变化，但却会影响之后的效果。然后，执行【选择】|【反选】命令，或者按 < Ctrl + Shift + I >组合键，反转选区。

【步骤6】 单击工具箱中的"前景色"图标按钮，打开"拾色器"对话框。选中对话框左下方的"只有 Web 颜色"复选框，然后选取如图5-18所示的颜色。选取完毕，单击"确定"按钮。

图 5-17　将路径作为选区载入效果

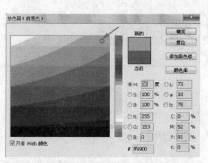

图 5-18　选择前景色

【步骤 7】按 < Alt + Delete > 组合键填充当前选区，然后按 < Ctrl + D > 组合键取消选择，效果如图 5-19 所示。

【步骤 8】选择工具箱中的"画笔工具"，然后单击 Photoshop 右上角的"画笔"面板标签，打开"画笔"面板。单击左侧的"画笔笔尖形状"项，然后从中选择"流星 29"，如图 5-20 所示。

图 5-19　填充颜色

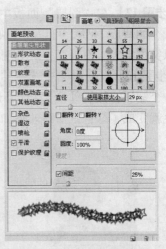

图 5-20　选择"流星"画笔形状

【步骤 9】单击面板左侧的"形状动态"项，适当设置"大小抖动"和"角度抖动"的数值，如图 5-21 所示，这样可以使得画笔在绘制流星形状时有大有小、角度各异，以免画面过于单调。

【步骤 10】单击面板左侧的"散布"项，适当设置右侧各项的数值，如图 5-22 所示，这样可以使流星的分布更加不规则，更加随意。

图 5-21　设置"形状动态"参数

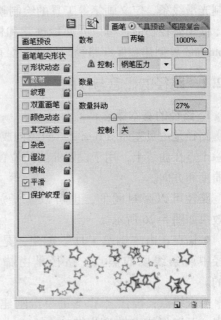

图 5-22　设置"散布"参数

【步骤 11】新建一个图层，将前景色改为白色，然后使用"画笔工具"在新图层上随意绘制，注意不要让星星挡住了宝宝，效果如图 5-23 所示。如果有星星挡住了宝宝，可以使用"橡皮擦工具"将其擦除。在绘制过程中可以按 < [> 或 <] > 键缩放画笔笔尖大小。最后注意合并图层。

【步骤 12】在"图层"面板中将星星所在图层的不透明度调低，如调成 36%，可以得到如图 5-24 所示的效果。这样可以突出宝宝，使画面主次分明。

图 5-23　绘制星星图案

【步骤 13】从工具箱中选择"自定形状工具"，在选项栏中选择形状"蝴蝶"。在图层上画一个蝴蝶，执行【图层】|【新建填充图层】|【纯色】命令，设置颜色为绿色，这时蝴蝶的颜色就变成了绿色，最终效果如图 5-25 所示。

图 5-24　降低星星的不透明度

图 5-25　最终效果

5.2　绘制路径

路径（Path）是 Photoshop 中的重要工具，主要用于进行光滑图像选择区域及辅助抠图、绘制光滑线条、定义画笔等工具的绘制轨迹、输出输入路径及和选择区域之间转换等操作。

使用路径功能，可以方便地创建和保存一些复杂的选择区域以备将来的重复使用。在 Photoshop 里创建和保存路径与创建和保存图层类似，使用起来也非常方便。

5.2.1　路径的概念与作用

1. 路径的基本概念

路径是由贝塞尔（Bezier）曲线构成的线条或图形。贝塞尔曲线由三点组合而成，其中的一个点在曲线上，用于设置曲线的位置，另外两个点在控制手柄上，拖动这两个点可以改变曲度和方向。

路径可以是封闭的，也可以是开放的，其效果如图 5-26 所示。

● 锚点：由"钢笔工具"创建，是一个路径中两条线段的焦点。路径是由锚点组成的。

● 直线点：按住 < Alt > 键单击刚建立的锚点，可以将锚点转换为带有一个独立调节

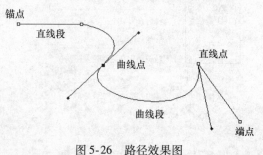

图 5-26　路径效果图

手柄的直线锚点。直线锚点是一条直线段与一条曲线段的连接点。

● 曲线点：曲线锚点是带有两个独立调节手柄的锚点，是两条曲线段之间的连接点。调节手柄可以改变曲线的弧度。

● 直线段：用"钢笔工具"在图像中单击两个不同的位置，将在两点之间创建一条直线段。

● 曲线段：拖曳曲线锚点可以创建一条曲线段。

● 端点：路径的结束点就是路径的端点。

2. 路径的功能与作用

1）绘制线条或曲线。

2）通过填充或描边生成图像。

3）通过编辑、修改后再转换为选区，可使选区更加精确。

4）制作去背景效果的图像。

5）可以直接作为图层的蒙版（矢量蒙版）。

3. 路径的优点

使用路径可以很灵活地勾画出平滑的曲线，而且修改非常方便。最重要的是，路径具有矢量图形固有的特性，即使得其在旋转、拉伸等操作后依然清晰。此外，路径作为矢量图形对系统资源占用较少。

4. 路径与选区的关系

路径与选区一样，将它们加在图层上对图层没有任何影响，其作用体现在随后的操作中。路径与选区是相通的，可以互相转换，所以对它们的编辑的方法也类似。但在对路径与选区的使用上是有区别的，选区的功能更强大，如用选区可对图层进行裁剪；路径有自己的面板，可存放路径、可通过复制将一个路径粘贴到另一个路径上，而选区只能存放在通道上，要将两个选区合在一起也比较复杂。选区在创建时是不可能超出图像之外的，但路径却可以。

5.2.2　钢笔工具

"钢笔工具"用于在 Photoshop CS4 中绘制路径。单击工具箱中的"钢笔工具"按钮，或者按 < Shift + P > 组合键切换，可以选择"钢笔工具"。

选择"钢笔工具"后，将鼠标移动到文档窗口中，连续单击鼠标左键，可以创建由直线线段构成的路径；按下鼠标左键拖曳，可以创建曲线路径。当鼠标指针回到创建的起始点时，其右下角会出现一个圆形标记，此时单击鼠标左键，即可将路径闭合。

● 在未闭合路径前按住 < Ctrl > 键，在任意位置单击鼠标左键，可以创建不闭合的路径，暂时将"钢笔工具"转换成"直接选择工具"。

● 按住 < Shift > 键创建锚点时，可以创建 45 度或其倍数的路径。

● 按住 < Alt > 键，当"钢笔工具"移到锚点上时，暂时由"钢笔工具"转换成"转换点工具"。

"钢笔工具"选项栏如图 5-27 所示。

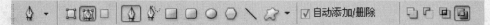

图 5-27　"钢笔工具"选项栏

"添加到路径区域"按钮 ▢：单击此按钮，在填充路径时，新添加的路径与原路径都会被填充。

"从路径区域减去"按钮 ▢：单击此按钮，在填充路径时，将从原路径中减去新添加的路径后再进行颜色填充。

"交叉路径区域"按钮 ▢：单击此按钮，在填充路径时，将对新添加的路径与原路径重叠的部分进行颜色填充。

"重叠路径区域除外"按钮 ▢：单击此按钮，在填充路径时，新添加的路径与原路径重合的部分将不会被填充，而不重合的部分将会被填充。

"钢笔工具"的具体使用方法如下：

建立一个新的图像文件，选择"钢笔工具"，在其选项栏中单击"路径"按钮，这样使用"钢笔工具"绘制的将是路径。如果单击"形状图层"按钮，将绘制出形状图层。如果勾选"自动添加/删除"复选框，"钢笔工具"的图标将会在图像中自动变换成"添加锚点工具"、"删除锚点工具"和"转换点工具"；若不选择此项，则"钢笔工具"的图标不会自动变换，当需要用到"添加锚点工具"、"删除锚点工具"和"转换点工具"时，需要自行在工具箱中选择变换。

在图像中任意位置单击鼠标左键，将创建出第 1 个锚点，将鼠标移动到其他位置再单击左键，则创建出第 2 个锚点，两个锚点之间自动连接成为直线段。再将鼠标移动到其他位置单击左键，出现了第 3 个锚点，而系统则将第 2、3 个锚点连接成一条新的直线段。

将鼠标移至第 2 个锚点上，会发现鼠标由"钢笔工具"转换成了"删除锚点工具"，这时在第 2 个锚点上单击鼠标左键，即可删除该锚点。

用"钢笔工具"单击创建新的锚点，将鼠标移动到其他位置再单击左键，创建第 2 个锚点并按住鼠标左键拖曳，建立曲线段和曲线锚点。松开鼠标左键，按住 < Alt > 键，用"钢笔工具"单击刚建立的曲线锚点，将其转换为直线锚点，在其他位置再次单击建立下一个新的锚点，此时，将创建出一条直线段。

5.2.3　自由钢笔工具

"自由钢笔工具"用于在 Photoshop CS4 中绘制不规则路径。单击工具箱中的"自由钢笔工具"按钮，或者按 < Shift + P > 组合键切换，可以选择"自由钢笔工具"。

选择"自由钢笔工具"后，将鼠标移动到文档窗口中拖曳，系统将沿拖曳过的轨迹生成路径。如果将鼠标移动到起始点位置后再单击左键，即可将路径闭合。在未闭合路径前按住 < Ctrl > 键，则松开鼠标左键后，可以直接在当前位置至路径起点生成直线线段闭合路径。

"自由钢笔工具"选项栏如图 5-28 所示。

图 5-28　"自由钢笔工具"选项栏

"磁性的"复选框：勾选此项，图像中的鼠标即显示为"磁性钢笔"形态。此时，"自由钢笔工具"与"磁性套索工具"的应用方法相似，可以沿图像边界绘制工作路径。具体操作步骤为：在图像中单击鼠标左键设定路径的起点，在图像边界较明显的部分可直接沿边界拖曳鼠标，"磁性钢笔工具"会根据图像中的颜色差别自动沿图像边界描绘出路径。在图像边界不明显的部分，可以用多次单击鼠标的方法创建路径。

单击"自定形状工具"按钮 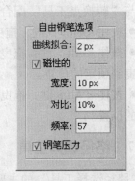 后的下拉箭头，可以打开"自由钢笔选项"面板，如图 5-29 所示。

"曲线拟合"文本框：决定所绘路径与鼠标光标移动轨迹的相似程度。数值越小，路径的锚点越多，路径形态越精确，取值范围为 0.5 ~ 10。

"磁性的"复选框：勾选此选项时才可设置"宽度"、"对比"和"频率"项。

"宽度"文本框：决定"磁性钢笔工具"的探测宽度。"磁性钢笔工具"只探测从鼠标指针开始的指定距离以内的边缘。

图 5-29　"自由钢笔选项"面板

"对比"文本框：决定"磁性钢笔工具"对图像边缘的灵敏度。数值高，则探测图像周围对比高的边缘；数值低，则探测图像周围对比低的边缘，取值范围为 0 ~ 100%。

"频率"文本框：决定所创建路径上使用的锚点数量，取值范围为 5 ~ 40。

"钢笔压力"复选框：与"磁性套索工具"的用法相同。

5.2.4　添加锚点工具

"添加锚点工具"用于在路径上添加新的锚点。

● 当在"钢笔工具"选项栏中不勾选"自动添加/删除"复选框时，单击工具箱中的"添加锚点工具"按钮，可以在创建的路径上单击鼠标左键以增加锚点。

● 当已在"钢笔工具"选项栏中勾选"自动添加/删除"复选框时，将鼠标移动到建立好的路径上，若当前该处没有锚点，则"钢笔工具"转换成"添加锚点工具"，在路径上单击左键可以添加一个锚点。

● 将鼠标移动到建立好的路径上，若当前该处没有锚点，则"钢笔工具"转换成"添加锚点工具"，按住鼠标左键向上拖曳，建立曲线段和曲线锚点。

5.2.5　删除锚点工具

"删除锚点工具"用于删除路径上已经存在的锚点。

● 当在"钢笔工具"选项栏中不勾选"自动添加/删除"复选框时，单击工具箱中的"删除锚点工具"按钮，可以在创建的路径上单击鼠标左键以删除锚点。

● 当已在"钢笔工具"选项栏中勾选了"自动添加/删除"复选框时，将鼠标放到路径的锚点上，则"钢笔工具"转换成"删除锚点工具"，单击锚点将其删除。

● 将鼠标放到曲线路径的锚点上，则"钢笔工具"转换成"删除锚点工具"，单击锚点将其删除。

5.2.6　转换点工具

锚点分为角点和平滑点两种类型。利用"转换点工具"，在创建路径的平滑点上单击鼠标左键，可将平滑点转换为角点，拖曳路径上的角点可将角点转换为平滑点。

使用"转换点工具"，单击或拖曳锚点可将其转换成直线锚点或曲线锚点，拖曳锚点上的调节手柄可以改变线段的弧度。

与"转换点工具"配合使用的功能键操作如下：

● 按住 < Shift > 键，拖曳其中一个锚点，会强迫手柄以 45 度的倍数进行改变。

● 按住 < Alt > 键，拖曳路径中的线段，会把已经存在的路径先复制，再把复制后的路径拖曳到预定的位置。

● 按住 < Alt > 键，拖曳手柄，可以任意改变两个调节手柄中的一个，而不影响另一个手柄的位置。

5.2.7 路径选择工具

"路径选择工具"的主要作用是对路径进行选择、移动和复制，用来选择一个或几个路径，并对其进行移动、组合、排列、分布和变换操作。单击工具箱中的"路径选择工具"按钮，或者按 < Shift + A > 组合键切换，可以选择"路径选择工具"。

"路径选择工具"选项栏如图 5-30 所示。

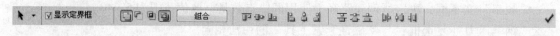

图 5-30 "路径选择工具"选项栏

勾选"显示定界框"复选框，就能够对一个或多个路径进行变形，变形信息将显示在选项栏中，如图 5-31 所示。

图 5-31 路径变形的信息

● 确认图像中已经有路径存在，单击工具箱中的"路径选择工具"按钮，然后单击图像中的路径，当路径上的锚点全部显示为黑色时，表示此路径被选择。

● 当图像中有多个路径需要同时被选择时，可以按住 < Shift > 键，然后依次单击要选择的路径，或用框选的形式框选所有需要选择的路径。

● 在图像中按住被选择的路径并拖曳鼠标可以移动此路径。

● 按住 < Alt > 键，再移动被选择的路径可以复制此路径；将被选择的路径拖曳至另一图像中，也可以将其复制。

● 按住 < Shift + A > 组合键，可以将当前工具切换为"直接选择工具"，以调整被选择路径上锚点的位置或调整锚点的形态。

5.2.8 直接选择工具

"直接选择工具"用于移动路径中的锚点或线段，也可以调整手柄和控制点，改变锚点的形态。注意：此工具没有选项栏。单击工具箱中的"直接选择工具"按钮，或者按 < Shift + A > 组合键切换，可以选择"直接选择工具"。

● 确认图像中已经有路径存在后，单击工具箱中的"直接选择工具"按钮，然后单击图像中的路径，此时路径上的锚点全部显示为白色，单击白色的锚点可以将其选择。当锚点显示为黑色时，用鼠标拖曳选择的锚点可以修改路径的形态。单击两个锚点之间的线段（曲线除外）并进行拖曳，也可以调整路径的形态。

● 当需要在图像中同时选择路径上的多个锚点时，可以按住 < Shift > 键，然后依次单击要选择的锚点，或用框选的形式框选所有需要选择的锚点。按住 < Alt > 键，在图像中单击路径可以将其选择，即全部锚点都显示为黑色。

● 按住 < Ctrl > 键，可以将当前工具切换为"路径选择工具"。此时拖曳鼠标，可以移动整个路径的位置。

5.2.9　课堂任务 2：制作心形图案

【步骤 1】新建一个 500 × 500 像素的文件，背景填充颜色"#721A5B"。新建一个图层，命名为"心形填充"，用"钢笔工具"绘制出心形的路径，再按 < Ctrl + Enter > 组合键转为选区，如图 5-32 所示。然后填充白色，并按 < Ctrl + D > 取消选区，效果如图 5-33所示。

图 5-32　绘制出心形的路径

【步骤 2】按住 < Ctrl > 键并单击"图层"面板中的"心形填充"图层缩略图，调出心形选区，然后把"心形填充"图层隐藏，如图 5-34 所示。

图 5-33　取消选区后效果

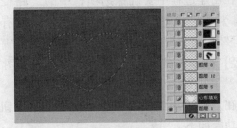

图 5-34　隐藏图层

【步骤 3】新建一个图层，把前景颜色设置为白色。选择"画笔工具"，画笔不透明度设为 10%，然后沿着选区边缘涂抹上色，涂抹的时候注意用力要均匀，先涂上淡色然后再加重，过程如图 5-35 所示。取消选区后效果如图 5-36 所示。这一步非常重要，如果涂得不好可以重新多涂几次，直到满意为止。

【步骤 4】新建一个图层，用"钢笔工具"绘制出如图 5-37 所示的选区，然后填充白

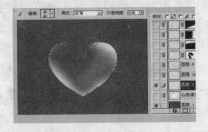

图 5-35　涂上淡色

图 5-36　取消选区后效果

色。按 < Ctrl + D > 组合键取消选区，然后加上图层蒙版，用黑色画笔把图形两端涂出过渡效果，如图 5-38 所示。

图 5-37　绘制出选区后填充白色　　　　　　　　　　　　　图 5-38　涂出过渡效果

5.3　"路径"面板

"路径"面板用于对路径进行编辑和管理，主要用于将图像文件中绘制的路径转换为选区，然后通过描绘或填充选区制作出各种美丽的图像；也可以将选区转换为路径，并进行细致的调整。

利用"钢笔工具"在文件中随意创建一个路径，在创建过程中要确保选项栏中的"路径"按钮  为激活状态。如果在绘图窗口中没有显示"路径"面板，可以通过执行菜单栏中的【窗口】|【路径】命令将其调出。"路径"面板如图 5-39 所示。

在"路径"面板的底部有 6 个工具按钮，其主要功能如下。

图 5-39　"路径"面板

"用前景色填充路径"按钮 ：单击此按钮，会对当前选中路径以前景色进行填充，填充的对象包括当前路径的所有子路径以及不连续的路径线段。如果选定了路径中的一部分，"路径"面板菜单中的【填充路径】命令将变为【填充子路径】命令。如果被填充的路径为开放路径，将自动把两端点以直线段方式连接然后进行填充；如果只有一条开放的路径，则不能进行填充。

"用画笔描边路径"按钮 ：单击此按钮，系统将使用前景色为路径描边。

"将路径作为选区载入"按钮 ：单击此按钮即可把当前路径所圈选的范围转换成为选择区域。按住 < Alt > 键再单击此按钮，或执行面板菜单中的【建立选区】命令，将打开"建立选区"对话框。

"从选区生成工作路径"按钮 ：单击此按钮将把当前的选择区域转换成路径。按住 < Alt > 键再单击此按钮，或执行面板菜单中的【建立工作路径】命令，将打开"建立工作路径"对话框。

"创建新路径"按钮 ：单击此按钮，可以创建一个新的路径。按住 < Alt > 键再单击此按钮，或执行面板菜单中的【新建路径】命令，将打开"新建路径"对话框。

"删除当前路径"按钮 ![图标] ：先选择想删除的路径，再单击此按钮便可删除；也可以直接拖曳"路径"面板中的一个路径到此按钮上，将其删除。此按钮与面板菜单中的【删除路径】命令的作用相同。

![图标]【操作提示】单击"路径"面板中的灰色区域可以隐藏路径，使其不显示在图像窗口中。单击面板中的路径名称则可以将其显示。

5.3.1　新建路径与保存路径

1. 新建路径

新建路径有以下两种方法：

1) 使用"路径"面板菜单。单击"路径"面板右上方的"命令菜单"按钮 ![图标] ，打开其下拉菜单，执行【新建路径】命令，打开"新建路径"对话框。在"名称"文本框中输入新路径的名称，单击"确定"按钮。

2) 使用"路径"面板按钮或快捷键。单击"路径"面板中的"创建新路径"按钮 ![图标] ，可以创建一个新路径。按住 < Alt > 键再单击此按钮，可以打开"新建路径"对话框。

2. 保存路径

当建立新图像并绘制出路径后，在"路径"面板中会产生一个临时的工作路径。在"路径"面板菜单中执行【存储路径】命令，打开"存储路径"对话框。在"名称"文本框中输入保存路径的名称，单击"确定"按钮。

5.3.2　复制、删除和重命名路径

1. 复制路径

复制路径有以下两种方法：

1) 使用"路径"面板菜单。单击"路径"面板右上方的"命令菜单"按钮 ![图标] ，打开其下拉菜单，执行【复制路径】命令，打开"复制路径"对话框。在"名称"文本框中输入复制路径的名称，单击"确定"按钮。

2) 使用"路径"面板按钮。将"路径"面板中需要复制的路径拖放到下面的"创建新路径"按钮 ![图标] 上，就可以将所选的路径复制为一个新路径。

2. 删除路径

删除路径有以下两种方法：

1) 使用"路径"面板菜单。单击"路径"面板右上方的"命令菜单"按钮 ![图标] ，打开其下拉菜单，执行【删除路径】命令，将路径删除。

2) 使用"路径"面板按钮。选择需要删除的路径，单击"路径"面板中的"删除当前路径"按钮 ![图标] ，将选择的路径删除；也可以将需要删除的路径拖放到此按钮上，将其删除。

3. 重命名路径

双击"路径"面板中的路径名，打开"重命名路径"文本框，改名后按 < Enter > 键即可。

5.3.3　选区转换为路径

在"路径"面板中，可以将选区和路径相互转换。本节先讲解选区转换成路径的方法和技巧，路径转换成选区将在下一节讲述。

将选区转换成路径，有以下两种方法：

1）使用"路径"面板菜单。建立选区，单击"路径"面板右上方的"命令菜单"按钮 ，在下拉菜单中执行【建立工作路径】命令，打开"建立工作路径"对话框。在对话框中，"容差"项用于设定转换时的误差允许范围，数值越小越精确，路径上的关键点也越多。如果要编辑生成的路径，在此处设定的数值最好为 2。设置好后，单击"确定"按钮，将选区转换成路径。

2）使用"路径"面板按钮。单击"路径"面板中的"从选区生成工作路径"按钮 ，将选区转换成路径。

5.3.4　路径转换为选区

将路径转换成选区，有以下两种方法：

1）使用"路径"面板菜单。建立路径，单击"路径"面板右上方的"命令菜单"按钮 ，在下拉菜单中执行【建立选区】命令，打开"建立选区"对话框。

在"渲染"选项组中，"羽化半径"项用于设定羽化边缘的数值；"消除锯齿"项用于消除边缘的锯齿。在"操作"选项组中，"新建选区"项可以由路径创建一个新的选区；"添加到选区"项用于将由路径创建的选区添加到当前选区中；"从选区中减去"项用于从一个已有的选区中减去当前由路径创建的选区；"与选区交叉"项用于在路径中保留路径与选区的重复部分。设置好后，单击"确定"按钮，将路径转换成选区。

2）使用"路径"面板按钮。单击"路径"面板中的"将路径作为选区载入"按钮 ，将路径转换成选区。

5.3.5　用前景色填充路径

用前景色填充路径，有以下两种方法：

1）使用"路径"面板菜单。建立路径，单击"路径"面板右上方的"命令菜单"按钮 ，在下拉菜单中执行【填充路径】命令，打开"填充路径"对话框。

在对话框中，"内容"选项组用于设定使用的填充颜色或团；"模式"选项用于设定混合模式；"不透明度"选项用于设定填充的不透明度；"保留透明区域"选项用于保护图像中的透明区域；"羽化半径"选项用于设定柔化边缘的数值；"消除锯齿"选项用于清除边缘的锯齿。设置好后，单击"确定"按钮，用前景色填充路径的效果。

2）使用"路径"面板按钮。按住 < Alt > 键，单击"路径"面板中的"用前景色填充路径"按钮 ，打开"填充路径"对话框。

5.3.6　用画笔描边路径

用画笔描边路径，有以下两种方法：

1）使用"路径"面板菜单。建立路径，单击"路径"面板右上方的"命令菜单"按

钮 ![img], 在下拉菜单中执行【描边路径】命令，打开"描边路径"对话框。该对话框中有一个工具下拉式列表框，其中共有 16 种工具可供选择。如果在当前工具箱中已经选择了"画笔工具"，该工具会自动设置在此处。另外，在"画笔工具"选项栏中设定的画笔类型也会直接影响此处的描边效果。设置好后，单击"确定"按钮。

![icon]【操作提示】如果在对路径进行描边时没有取消对路径的选定，则描边路径改为描边子路径，即只对选中的子路径进行描边。

　　2）使用"路径"面板按钮。按住 < Alt > 键，单击"路径"面板中的"用画笔描边路径"按钮 ![img]，打开"描边路径"对话框。

5.3.7　课堂任务 3：制作浪漫婚纱模板

【步骤 1】打开一幅分层的婚纱模板，如图 5-40 所示。

图 5-40　婚纱模板

【步骤 2】打开处理好的婚纱照片，替换模板中的背景图片，如图 5-41 所示。

图 5-41　替换背景图片

【步骤 3】关掉图层 7 的"眼睛"图标，给替换图层 15 添加蒙版并调整不透明度，如图 5-42 所示。

图 5-42　调整不透明度

【步骤4】以此类推，替换其他的婚纱照片，如图 5-43 ~ 图 5-45 所示。

图 5-43　替换效果 1

图 5-44　替换效果 2

图 5-45　替换效果 3

【步骤5】去掉多余的人物图像，效果如图 5-46 所示。

图 5-46　去掉多余的人物图像

【步骤6】查看最终效果，如图 5-47 所示。

图 5-47　替换人物后效果图

5.3.8　课堂任务 4：制作布纹图案

【步骤 1】新建立一个文件，尺寸随意。

【步骤 2】添入颜色（RGB：224，23，28），如图 5-48 所示。

【步骤 3】执行菜单栏中的【滤镜】|【像素化】|【彩色半调】命令，用默认的设置即可，如图 5-49 所示。

图 5-48　添入颜色

图 5-49　设置彩色半调

【步骤 4】执行菜单栏中的【滤镜】|【模糊】|【形状模糊】命令，设置如图 5-50 所示。

【步骤 5】复制该图层，将上面的复制层的图层混合模式更改为"线性加深"，如图 5-51 所示。

【步骤 6】合并图层，查看最终效果，如图 5-52 所示。

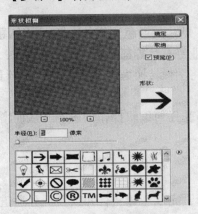

图 5-50　模糊设计

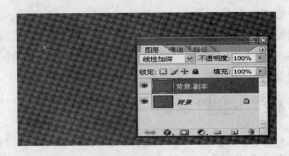

图 5-51　混合模式更改

图 5-52　最终效果

5.4 通道的应用

通道和蒙版是 Photoshop 中重要的图像处理方法，应用非常广泛。对于初学者来说，通道和蒙版属于比较难懂的概念。本节将详细介绍有关通道和蒙版的相关知识，并通过实例操作加以说明，使读者有一个完整的认识。

5.4.1 通道的概念与作用

通道主要用于保存颜色数据，利用它可以查看各种通道信息，还能对其进行编辑，从而达到编辑图像的目的。可以在通道中对各原色通道进行明暗度、对比度的调整，还可以对原色通道单独执行【滤镜】命令，从而制作出多种特殊效果。要注意的一点是，当图像的颜色、模式不同时，通道的数量和模式也会不同。在 Photoshop 中，通道主要分为以下 4 种：

1）复合通道。不同模式的图像其通道的数量也不一样。默认情况下，位图、灰度和索引模式的图像只有一个通道，RGB 模式和 Lab 模式的图像有 3 个通道，CMYK 模式的图像有 4 个通道。

2）单色通道。在"通道"面板中，单色通道都显示为灰色，通过 0～256 级亮度的灰度来表示颜色。在通道中很难控制图像的颜色效果，所以一般不采取直接修改颜色通道的方法改变图像的颜色。

3）专色通道。在进行颜色较多的特殊印刷时，除了默认的颜色通道外，还可以在图像中创建专色通道。例如，印刷中常见的烫金、烫银或企业专有色等都需要在图像处理时，进行通道专有色的设定。在图像中添加专色通道后，必须将图像转换为多通道模式才能进行印刷输出。

4）Alpha 通道。用于保存蒙版，让被屏蔽的区域不受任何编辑操作的影响，从而增强图像的编辑操作。

5.4.2 "通道"面板

利用"通道"面板可以管理所有的通道并进行编辑，完成创建、合并以及拆分通道等所有的通道操作。在工作区中打开一幅采用 RGB 色彩模式的图像文件，其"通道"面板如图 5-53 所示。若没有出现"通道"面板，可执行菜单栏中的【窗口】|【通道】命令，打开"通道"面板。

在"通道"面板中，放置区用于存放当前的图像中存在的所有通道。在通道放置区中，如果选中的只是其中一个通道，则只有此通道出于选中状态，此时该通道上会出现一个蓝色条，如果想选中多个通道，可以按住 < Shift > 键，再单击其他通道。

● "眼睛"（指示通道可视性）图标按钮 ：此图标按钮与"图层"面板中的指示图层可视性图标按钮是相同的，多次单击可以使通道在显示或隐藏间切换。由于 RGB 主通道是各原色通道的合成通道，因此选中"通

图 5-53　"通道"面板

道"面板中的某个原色通道时，RGB 主通道将会自动隐藏。如果选择显示主通道，则由其组成的原色通道将会自动显示。

● 通道缩览图："眼睛"图标按钮右侧的窗口为通道缩览图，其主要作用是显示当前通道的颜色信息。

● 通道名称：通道缩览图的右侧为通道名称，通过它能快速识别各种通道的颜色信息。各原色通道和主通道的名称是不能改动的，通道名称的右侧为切换该通道的快捷键。

●"将通道作为选区载入"按钮　：可以将当前通道中颜色比较淡的部分当做选区加载到图像中，相当于按住＜Ctrl＞键单击该通道得到的选区。

●"将选区存储为通道"按钮　：可以将当前的选区存储为通道。当前通道中有选区时，此按钮才可用。

●"创建新通道"按钮　：可以创建一个新的通道。

●"删除当前通道"按钮　：可以将当前选择或编辑的通道删除。

5.4.3　新通道的创建

可以在编辑图像的过程中建立新的通道，还可以在新建的通道中对图像进行编辑。新建通道的方法有以下两种：

1）使用"通道"面板菜单。单击"通道"面板右上方的"命令菜单"按钮　，在下拉菜单中执行【新建通道】命令，打开"新建通道"对话框，如图 5-54 所示。

在对话框中，"名称"项用于设定当前通道的名称；"色彩指示"项组用于选择两种区域方式；"颜色"项可以设定新通道的颜色；"不透明度"项用于设定当前通道的不透明度。设置好后，单击"确定"按钮，在"通道"面板中会建好一个新通道，效果如图 5-55 所示。

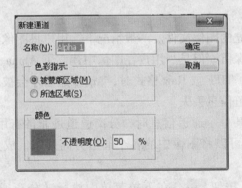

图 5-54　"新建通道"对话框

图 5-55　创建新通道

2）使用"通道"面板按钮。单击"通道"面板中的"创建新通道"按钮　，可以创建新通道。

5.4.4　通道的复制与删除

1. 复制通道

可以对现有的通道进行复制，产生多个相同属性的通道。复制通道有以下两种方法：

1）使用"通道"面板菜单。单击"通道"面板右上方的"命令菜单"按钮 ，在下拉菜单中执行【复制通道】命令，打开"复制通道"对话框，如图 5-56 所示。在对话框中，"为"项用于设定复制通道的名称；"文档"项用于设定复制通道的文件来源。

2）使用"通道"面板按钮 将"通道"面板中需要复制的通道拖放到下方的"创建新通道"按钮 上，就可以将所选的通道复制为一个新通道。

2. 删除通道

可以将不用的或废弃的通道删除，以免影响操作。删除通道有以下两种方法：

1）使用"通道"面板菜单。单击"通道"面板右上方的"命令菜单"按钮 ，在下拉菜单中执行【删除通道】命令。

2）使用"通道"面板按钮。单击"通道"面板中的"删除当前通道"按钮 ，弹出"删除通道"提示框，如图 5-57 所示，单击"是"按钮，将通道删除。或者直接将需要删除的通道拖曳到"删除当前通道"按钮 上，也可以将其删除。

图 5-56 "复制通道"对话框

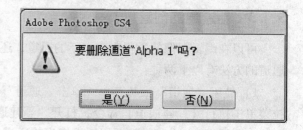

图 5-57 "删除通道"提示框

5.4.5 通道的分离与合并

1. 通道的分离

分离通道，即把图像的每个通道拆分为独立的图像文件。一般情况下，用户将图像存储为支持图像颜色模式的格式，颜色通道都会被保留。但是当用户在图像中建立了 Alpha 通道后，只有将文件存储为 Photoshop、DCS、PICT、TIFF 或 Raw 格式时，Alpha 通道才会被自动保留下来，而将图像存储为其他格式会导致通道信息丢失。

如果想在不能保留通道的文件格式中保留某单个通道信息时，分离通道是非常有用的。执行"通道"面板菜单中的【分离通道】命令可以将图像中的各个通道分离开来，成为一个个单独存在的文件。

单击"通道"面板右上方的"命令菜单"按钮 ，在下拉菜单中执行【分离通道】命令，将图像中的每个通道分离成各自独立的 8bit 灰度图像，不含任何彩色，同时关闭原图像文件。分离后的图像都将以单独的窗口显示在屏幕上，它们的文件名是显示在各自的标题栏中的，都是以原文件名称再加上当前通道的缩写。

分离通道后用户可以方便地在各通道内进行图像编辑，会获得意想不到的效果。要注意的是，在分离通道前必须先合并图层。

2. 通道的合并

合并通道可以将多个灰度图像合并为一个图像。所有被合并的图像都必须为灰度模式，并具有相同的像素尺寸。用户打开的灰度图像的数量决定了合并通道时可用的颜色模式。例如，不能将从 RGB 图像分离出来的通道合并成 CMYK 的图像，因为 CMYK 图像要求 4 个通道，而 RGB 图像只有 3 个。

单击"通道"面板右上方的"命令菜单"按钮 ，在下拉菜单中执行【合并通道】命令，打开"合并通道"对话框。在对话框中，"模式"项可以选择 RGB 颜色模式、CMYK 颜色模式、Lab 颜色模式或多通道模式；"通道"项可以设定生成图像的通道数目，一般采用系统的默认设定值。

设置好后，单击"确定"按钮，打开"合并 RGB 通道"对话框。在该对话框中，可以在选定的色彩模式中为每个通道指定一幅灰度图像，被指定的图像可以是同一幅图像，也可以是不同的图像，但这些图像的大小必须是相同的。在合并之前，所有要合并的图像都必须是打开的，尺寸要绝对一样，而且一定要为灰度图像，单击"确定"按钮。

5.4.6　通道蒙版

1. 蒙版的概念

蒙版主要用来保护被屏蔽的图像区域。当图像添加蒙版后，对图像进行编辑操作时，所使用的命令对被屏蔽的区域不产生任何影响，而对未被屏蔽的区域才有效。在 Photoshop 中可以创建两种类型的蒙版，即图层蒙版和矢量蒙版。

1）图层蒙版是与分辨率相关的位图图像，是由"绘图工具"或"选择工具"创建的。

2）矢量蒙版与分辨率无关，并且由"钢笔工具"或"形状工具"创建。矢量蒙版可在图层上创建锐边形状，无论何时当用户想要添加边缘清晰分明的设计元素时，矢量蒙版都非常有用。

在"图层"面板中，图层蒙版和矢量蒙版都显示为图层缩览图右边的附加缩览图。对于图层蒙版，此缩览图代表添加图层蒙版时创建的灰度通道。矢量蒙版缩览图代表从图层内容中剪下来的路径。

在 Photoshop 中也可以编辑蒙版，以便向蒙版区域中添加内容或从中减去内容。图层蒙版是一种灰度图像，因此用黑色绘制的区域将被隐藏，用白色绘制的区域是可见的，而用灰度梯度绘制的区域则会出现在不同层次的透明区域中。对于矢量面板来说，可利用直接选择工具对路径进行调整，以编辑蒙版。

2. 添加蒙版

蒙版只能在图层上新建或在通道中生成，在图像的背景层上是无法建立的。当需要给一个背景层图像添加蒙版时，可以先将背景层转换为普通图层，然后再添加蒙版。

添加蒙版的方法较多，具体有以下 5 种：

1）在图像中具有选区的状态下，执行菜单栏中的【图层】|【图层蒙版】|【显示选区（或隐藏选区）】命令，即可得到一个图层蒙版。如果图像中没有选区，执行菜单栏中的【图层】|【图层蒙版】|【显示全部（或隐藏全部）】命令，可为整个画面添加图层蒙版。

2）在图像中绘制选区后，执行菜单栏中的【选择】|【羽化】命令，然后再执行【图层】|【图层蒙版】子命令，可以得到虚化的图像效果。

3）在图像中具有路径的状态下，执行菜单栏中的【图层】|【矢量蒙版】|【当前路径】命令，即可得到一个矢量蒙版。如果图像中没有路径，执行【图层】|【矢量蒙版】|【显示全

部（或隐藏全部）】命令，可为整个画面添加矢量蒙版。

4）在图像中具有选区的状态下，在"图层"面板中单击按钮可以为选区以外的图像添加蒙版。如果图像中没有选区，单击按钮可以为整个面板添加蒙版。再次单击按钮，可以为图像添加矢量蒙版。

5）图像中具有选区的状态下，在"通道"面板中单击按钮，可以将选区保存在通道中，并产生一个具有蒙版性质的通道。如果图像中没有选区，则在"通道"面板中单击按钮，新建一个"Alpha 1"通道，然后利用"绘图工具"在这个通道绘制白色，也会在通道上产生一个蒙版通道。

单击工具箱中的"以快速蒙版模式编辑"按钮，会在图像中产生一个快速蒙版。

3. 快速蒙版

在工具箱下方有两种编辑模式按钮，其快捷键为 < Q > 键，连续按 < Q > 键可以在这两种编辑模式之间进行切换。

1）"以标准模式编辑"按钮：是默认的编辑模式。

2）"以快速蒙版模式编辑"按钮：快速蒙版模式用来创建各种特殊选区。在默认的编辑模式下单击此按钮，可以切换到快速蒙版编辑模式。此时进行的各种编辑操作不是针对图像的，而是对快速蒙版进行的，同时，"通道"面板中会增加一个临时的快速蒙版通道。

在工具箱中的"以快速蒙版模式编辑"按钮上双击鼠标左键，打开"快速蒙版选项"面板，其中各项功能如下。

● 色彩指示：选择"被蒙版区域"项，快速蒙版中不显示色彩的部分作为最终的选区。选择"所选区域"项，快速蒙版中显示色彩的部分作为最终的选区。

● 颜色：该选项下方的色块决定快速蒙版在图像文件中的显示色彩。单击此色块，将弹出"拾色器"对话框，在其中可以设置快速蒙版在图像窗口中显示的色彩。

● 不透明度：决定快速蒙版颜色的不透明度。

使用图层蒙版需在"通道"面板中保存该蒙版。但使用快速蒙版时，"通道"面板中会出现一个临时的快速蒙版通道，当操作结束后，"通道"面板中将不会保存该蒙版，而是直接生成选择区。

5.4.7　通道的运算

通道运算可以按照各种合成方式合成单个或几个通道中的图像内容。注意，通道运算的图像尺寸必须一致。

1. 应用图像

利用【应用图像】命令可以计算处理通道内的图像，使图像混合产生特殊效果。执行菜单栏中的【图像】|【应用图像】命令，打开"应用图像"对话框。

在对话框中，"源"项用于选择源文件；"图层"项用于选择源文件的层；"通道"项用于选择源通道；"反相"项用于在处理前先反转通道内的内容；"目标"项显示出目标文件的文件名、层、通道及色彩模式等信息；"混合"项用于选择混色模式，即选择两个通道对应像素的计算方法；"不透明度"项用于设定图像的不透明度；"蒙版"项用于加入蒙版以限定选区。

注意：执行【应用图像】命令要求源文件与目标文件的尺寸大小必须相同，因为参加计算的两个通道内的像素是一一对应的。

2. 计算

利用【计算】命令可以计算处理两个通道内的相应内容，但主要用于合成单个通道的内容。执行菜单栏中的【图像】|【计算】命令，打开"计算"对话框，如图 5-58 所示。

在对话框中，"源 1"项用于选择源文件 1；"图层"项用于选择源文件 1 中的层；"通道"项用于选择源文件 1 中的通道；"反相"项用于反转；"源 2"项用于选择源文件 2 的相应信息；"混合"项用于选择混色模式；"不透明度"项用于设定图像的不透明度；"结果"项用于指定处理结果的存放位置。

【计算】命令尽管与【应用图像】命令一样都是对两个通道的相应内容进行计算处理的命令，但是二者也有区别。用【应用图像】命令处理后的结果可作为源文件或目标文件使用，而用【计算】命令处理后的结果则存成一个通道，如存成 Alpha 通道，使其可转变为选区以供其他工具使用。

5.4.8　课堂任务 5：制作合成图像

【步骤 1】用 Photoshop 的"抽出"功能把图 5-59 里小鸡抠出并进行修剪。

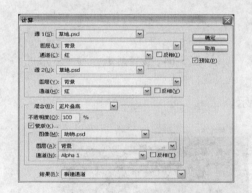

图 5-58　"计算"对话框

图 5-59　小鸡和鸡蛋

【步骤 2】把素材图 5-60 复制到图 5-61 中，缩放到尺寸正好放到镜框里，用"橡皮擦工具"把其中的字和人像去掉。

【步骤 3】把抠出的小鸡图像复制到编辑好的图层上，并调整小鸡的尺寸，然后放到椭圆的月亮里，检查合成的效果，确认好后合并图层并保存文件，效果如图 5-62 所示。

图 5-60　中秋夜景图

图 5-61　风景图

图 5-62　合成后的图片

5.4.9 课堂任务 6：制作艺术照片

【步骤 1】 新建空白画布，将素材图片导入到画布中，接着在"图层"面板的快捷菜单中执行【渐变映射】命令，如图 5-63 所示。

【步骤 2】 在"渐变编辑器"里面设置由深褐色到白色的渐变，如图 5-64 所示。

【步骤 3】 设置好渐变会看到画面已经变为一张充满怀旧风情的照片。将调整层和照片层合并，并再复制一个层，新复制的图层位于最上方，并将其"图层混合模式"调整为"柔光"。这样图片看上去更加柔和自然，如图 5-65 所示。

图 5-63　执行【渐变映射】命令

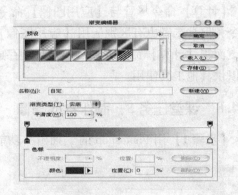

图 5-64　设置渐变

【步骤 4】 将两个图层合并为一层，如图 5-66 所示。

图 5-65　调整层和照片层合并

图 5-66　两个图层合并

【步骤 5】 接着进行色彩平衡的调整，设置色阶为 +10、−14、−38，让画面更具有怀旧的意味，效果如图 5-67 所示。

【步骤 6】 最后进行一次亮度/对比度的调整，这里将亮度降低 10，对比度增大 10，如图 5-68 所示。这样一张怀旧的单色照片就完成了，接下来就是想办法让它的页脚卷曲起来。

图 5-67　色彩平衡的调整

图 5-68　亮度/对比度的调整

【步骤 7】按 < Ctrl + A > 组合键全选画面，再按 < Ctrl + T > 组合键等比例缩小照片，这样做是为了更好地表现卷页的效果。当然也可以通过增大画布的方法来实现。

【步骤 8】选择"选区工具"，在选区中单击鼠标右键，在弹出的快捷菜单中执行【建立工作路径】命令，这样就可以将选区转化为路径，如图 5-69 所示。

【步骤 9】使用"钢笔工具"对刚才转化的路径进行调整，做出卷页的效果。这里需要注意卷页的透视关系，效果如图 5-70 所示。

图 5-69　选区转化为路径

图 5-70　对路径进行调整

【步骤 10】按 < Ctrl + Enter > 组合键将路径转化为选区。再按 < Shift + Ctrl + I > 组合键反选，将多余部分删除，使卷页将部分照片内容遮挡起来，如图 5-71 所示。

【步骤 11】使用"钢笔工具"建立卷页的选区，如图 5-72 所示。

图 5-71　部分内容遮挡起来

图 5-72　建立卷页的选区

【步骤12】使用"喷枪工具"或者"渐变工具"绘制出从亮到暗的自然过渡，再在页卷起来的最下端绘制一条白边，这样可以让纸张更有体积感，效果如图 5-73 所示。

【步骤13】同样使用"钢笔工具"建立卷页阴影的选区，填充 95% 灰度。这里要考虑到阴影的形态是否符合实际，效果如图 5-74 所示。

图 5-73　绘制一条白边

图 5-74　建立卷页阴影的选区

【步骤14】按 < Ctrl + D > 组合键将选区取消，然后选择"模糊工具"对阴影的边缘进行模糊，使阴影更接近于真实，如图 5-75 所示。最终效果如图 5-76 所示。

图 5-75　对阴影的边缘进行模糊

图 5-76　最终效果

本 章 小 结

本章详细讲解了 Photoshop CS4 的绘图功能和应用技巧。通过对本章内容的学习，读者应能够根据设计制作任务的需要，绘制出精美的图形，并能为绘制的图形添加丰富的视觉效果。

思 考 与 练 习

5-1　路径的含义是什么？

5-2　如何利用路径绘制出直线段和曲线段？

5-3　选区和路径之间有何联系？

5-4　选区和路径之间如何相互转换？

实训任务 1

1. 实训目的

利用通道为素材图片调出漂亮通透的色彩，再添加上简单的动画。

2. 实训内容及步骤

（1）内容　用 Photoshop 中的通道为图片调出亮丽的色彩，并添加上带有引导线的 Flash 动画。

（2）操作步骤

【步骤 1】先将素材图片导入 Photoshop 中，如图 5-77 所示。将其 RGB 模式转换为 Lab 模式，如图 5-78 所示。

图 5-77　导入原图　　　　　　　　　　图 5-78　将图片的 RGB 模式转换为 Lab 模式

【步骤 2】执行菜单栏中的【图像】|【应用图像】命令，如图 5-79 所示。

【步骤 3】选择"明度"通道，按 < Ctrl + 1 > 组合键，在打开的对话框中选择"a"通道，混合模式为"叠加"，如图 5-80 所示。

图 5-79　执行【应用图像】命令　　　　　　　图 5-80　编辑通道 1

【**步骤4**】按 < Ctrl + 2 > 组合键，在打开的对话框中选择"a"通道，混合模式为"叠加"，如图5-81 所示。

【**步骤5**】按 < Ctrl + 3 > 组合键，在打开的对话框中选择"b"通道，混合模式为"叠加"，如图5-82 所示。

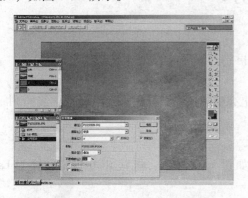

图5-81　编辑通道2　　　　　　　　　　　　图5-82　编辑通道3

【**步骤6**】转变回 RGB 模式，如图5-83 所示。

【**步骤7**】执行面板菜单中的【创建新的图层或调整图层】|【可选颜色】命令，如图5-84所示。分别对图中的黄色、青色等进行调整，如图5-85、图5-86 所示。

图5-83　转变回 RGB 模式　　　　　　　　　图5-84　调整颜色

图5-85　调整黄色　　　　　　　　　　　　　图5-86　调整青色

【**步骤 8**】最后统一用色阶或曲线进行微调，如图 5-87 所示。最终效果如图 5-88 所示。

图 5-87　色阶调整

图 5-88　最终效果图

【**步骤 9**】打开 Flash 软件，新建一个文件，命名为"ch5 实训 . fla"并保存。在主场景中新建两个图层，从上到下依次命名为"氢气球"、"风景图"（注意，"风景图"一定要放在最下面的一层）。然后，在"风景图"图层中导入刚完成调整的风景图片并设置好合适的像素；在"氢气球"图层中，导入"氢气球"图片作为动画移动的对象，如图 5-89 所示。

【**步骤 10**】选择"风景图"图层，在时间轴中选择最后一帧，插入一个帧。再选择"氢气球"图层，在时间轴中选择最后一帧，然后按 < F6 > 键增加一个关键帧，再在工作区中选择被编辑的"氢气球"，然后将它移动到所需要的位置，如图 5-90 所示。

图 5-89　导入元件和背景图

图 5-90　制作"氢气球"动画

【**步骤 11**】选择"氢气球"图层中间的任意一帧，然后在其属性面板中将"中间"选项设置为"动画"，如图 5-91 所示。

图 5-91　设置"氢气球"动画

【步骤 12】 设置完毕后，可以发现"氢气球"图层的时间轴中起点关键帧到终点关键帧之间被一条带有箭头的线贯穿，如图 5-92 所示。

图 5-92　"氢气球"图层的时间轴

【步骤 13】 在时间轴面板上单击"添加引导线"按钮 ，增加一个引导线图层。这时 Flash 会自动建立一个新层，即所谓的引导层。选择工具面板中的"铅笔工具" ，设置"线条模式"为"平滑"，然后在工作区中画一条曲线，如图 5-93 所示。

【步骤 14】 选中时间轴的第一帧，选择工具面板中的"箭头工具" ，再选中氢气球，然后拖动到引导线的起点处。在移动到引导线附近后，中心位置会出现一个圆圈。当中心圆圈与引导线接近一定距离就会被吸附上去，如图 5-94 所示。

图 5-93　制作"氢气球"运动路径

【步骤 15】 把第一帧中的氢气球位置安排好后，再选择"氢气球"图层中的最后一帧，把气球吸附在引导线的末端，如图 5-95 所示。

图 5-94　运动路径

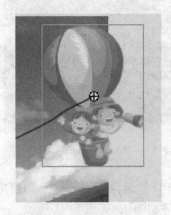

图 5-95　吸附在引导线末端

【步骤 16】 至此，一个沿着引导线移动的动画就做好了。执行菜单栏中的【控制】|【测试影片】命令即可调试动画，效果如图 5-96 所示。

图 5-96　最后动画效果图

实训任务 2

1. 实训目的

通过对本实例的操作，学习使用 Flash 软件制作 QQ 表情。通过实例操作，进一步练习使用 Flash 软件制作动画效果和 QQ 表情的方法。

2. 实训内容及步骤

（1）内容　制作"QQ 表情"动画效果，如图 5-97 所示。

（2）操作步骤

【步骤 1】打开 Flash CS4 软件，新建一个 ActionScript 2.0 类型的 Flash 文件，在"属性"窗口中设置舞台的宽度为 200，高度为 200，命名为"QQ 表情. fla"并保存文件。

【步骤 2】新建两个图层，分别命名为"文字"和"蜘蛛"，如图 5-98 所示

图 5-97　动画效果

图 5-98　步骤 2

【步骤 3】在"背景"图层中绘制一个与舞台一样大小的矩形，并对齐舞台。选择"线条工具" ，在"对象绘制"选项 打开的状态下，绘制一条水平线并相对于舞台顶对齐。再向下复制 6 条水平线，最下面的线相对于舞台底对齐。全选线条，相对于舞台上下平

均分布，并且居中对齐舞台。按＜Ctrl＋B＞组合键把矩形和线条都分离一下。从上向下选择线条，分别将其之间的颜色改成"#FFD0A2"、"#FF9B37"、"#DB6D00"、"#884400"、"#663300" 和 "#510000"。删除线条，在第 70 帧处插入帧并锁定该图层。

【步骤4】 在"蜘蛛"图层中使用"椭圆工具"  绘制蜘蛛的身体、头、眼睛和眼珠。身体和头颜色设为"#33CC00"；眼睛使用放射状填充，颜色从白色到黑色；眼珠为黑色。使用"线条工具" ＼ 绘制蜘蛛的腿，颜色为设置为"#33CC00"，线宽为3。调整好位置后，执行菜单栏中的【修改】|【形状】|【将线条转换成填充】命令，将线条转换成填充颜色。调整身体各部分的位置，再使用"线条工具"绘制一条倒挂的线，线宽为0.5，如图5-99所示。

图 5-99 步骤 4

【步骤5】 把刚绘制的蜘蛛以及倒挂线转换成"蜘蛛"图形元件。使用"任意变形工具"改变旋转点，在该层的第 35、70 帧处插入关键帧，并在关键帧之间创建传统补间动画，调整第 1、70 帧中蜘蛛的位置，如图 5-100 所示。

【步骤6】 再调整第 35 帧中蜘蛛的位置，如图 5-101 所示。锁定该图层。

图 5-100 步骤 5

图 5-101 步骤 6

【步骤7】 在"文字"图层的第 20 帧处插入帧，在舞台下部输入文字"挂着不说话"五个汉字，字体为"方正隶二简体"，大小为 30，颜色为"#510000"。把文字分离成图形后为文字增加白色边框，分别在第 25、30、35、40 帧处插入关键帧，删除第 20 帧中的"着"、"不"、"说"、"话" 4 个图形字；删除第 25 帧中的"不"、"说"、"话" 3 个图形字；删除第 30 帧中的"说"、"话" 2 个图形字；删除第 35 帧中的"话"图形字。

【步骤8】 保存文档，按＜Ctrl＋Enter＞组合键测试动画效果。

【步骤9】 执行菜单栏中的【文件】|【导出】|【导出影片】命令，打开"导出影片"对话框，在"保存类型"下拉菜单中选择"GIF 动画"格式，单击"确定"按钮，打开"导出 GIF"对话框，再单击"确定"按钮。

【步骤10】 打开 QQ 软件，随便选择一个好友，单击"选择表情"图标按钮 😊，打开默认表情库，再单击表情库右下角的"表情管理"按钮，打开"表情管理"对话框。单击"添加"按钮 🔲 添加 ，打开"添加自定义表情"对话框，单击"游览"按钮找到自己创建的表情文件，再单击"确定"按钮，QQ 表情即添加成功。

第6章

简单Flash 动画制作

学习目标

1) 了解 Flash 动画的原理。
2) 掌握图层的基本操作。
3) 能够独立制作逐帧动画。
4) 能够独立制作形状补间动画。
5) 能够独立制作运动补间动画。
6) 能够独立制作引导路径动画。
7) 能够独立制作遮罩动画。

6.1 Flash 动画简介

动画是通过把人、物的表情、动作、变化等分段画成许多画幅，每一幅画称为一帧，再用摄影机等仪器连续拍摄成一系列画面，给视觉造成连续变化的图画，如图 6-1 所示。

图 6-1 帧与连续运动

研究人员发现，图像以每秒钟 24 帧的速度播放，最容易被看成运动的图像。如果比这个速度慢，则会由于停顿时间较长而引起跳帧现象，破坏了影像的连贯性。而人类的眼睛似乎也不能分辨比这个帧频率更快的速度，从理论上讲，就算以每秒 100 帧的速度播放也不会使动画变得更真实（虽然快速的帧频会引起程序动画更多的交互响应，看上去会更平滑）。

6.1.1　时间轴

Flash 是一个动画制作软件，因此要学习 Flash 就必须从时间轴入手。时间轴在菜单栏的下方，用来管理图层和处理帧。时间轴可分为 4 个部分，上边是编辑栏，左边是"图层"面板，右边是"时间轴"面板，下边是状态栏，如图 6-2 所示。

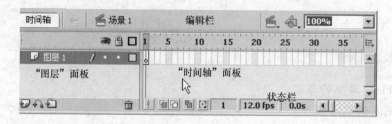

图 6-2　时间轴

编辑栏中显示当前场景名称，默认为"场景 1"，还有两个功能按钮和"显示比例"下拉列表框。

左边的"图层"面板显示了当前场景的图层数，默认显示"图层 1"，随着动画的制作，可以接着添加和修改图层的名称和位置。注意：上面图层中的图像会挡住下面图层的图像。

右边的"时间轴"面板由许多的小格组成，每一格代表一个帧，每个帧可以存放一幅图片。

下边的状态栏中的数字分别显示当前是第几帧，播放速度（一般是 12.0），时间长度（s），如图 6-3 所示。

图 6-3　时间轴的状态栏

状态栏中有 5 个按钮，第一个"帧居中"按钮 可以让选中的这个图层显示在"时间轴"面板的中间位置，在多个图层时很有用；第二个是"绘图纸外观"按钮 ，可以设置场景中显示几个帧的图像；第三个是"绘图纸轮廓"按钮 ，单击可以只显示出图形的边框，没有填充色，因而显示速度要快一些；第四个是"编辑多个帧"按钮 ，可以同时编辑两个以上的关键帧，这样在检查动画的两个关键帧时，就非常方便；第五个是"修改标记"按钮 ，可以设置显示帧的范围。

6.1.2　帧与帧的编辑

1. 帧的种类

时间轴上的帧，可以分为关键帧、过渡帧和空白帧 3 种。关键帧有一个小黑点，在动画中起关键作用；空白帧不含有任何内容、图形，颜色是白色的，如果有小圈就是空白关键帧；过渡帧是由计算机产生的，最后有一个小方框。

2. 帧的编辑

选择帧时，要特别注意鼠标指针的形状，当是箭头形状 时，单击就可以选中一个帧。

选中的帧是黑色的，同时场景中的所有对象也都选中了，与【全选】命令相同。

帧的编辑方法有如下几种：

1）选择多个帧。当鼠标指针是箭头形状时，按住鼠标左键并拖动，就可以选择多个帧。

2）插入帧。先选择插入位置，单击鼠标右键，在弹出的快捷菜单中执行【插入帧】命令即可。注意：若选择了多个帧，则插入时也将插入多个帧。

3）删除帧。操作跟插入帧相反，先选中要删除的帧，然后单击鼠标右键，在弹出的快捷菜单中执行【删除帧】命令。注意：按 < Delete > 键只是删除场景中的内容而不删除帧，而执行【删除帧】命令则会将帧连同其中内容一并删除，影片自动缩短一帧。

6.1.3　课堂任务1：熟悉时间轴和帧的操作

制作一个用激光笔写出字母的动画。

【步骤1】执行菜单栏中的【视图】|【网格】|【显示网格】命令，再执行【视图】|【贴紧】|【贴紧至网格】命令，准备好以便作图。

【步骤2】先在第 27 帧处插入空白关键帧，这时第1、27 帧上有一个小圆圈，表示它们是关键帧，其他帧都是过渡帧，如图 6-4 所示。

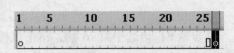

图 6-4　插入空白关键帧

【步骤3】选择"文本工具"Ａ，在其属性面板中将字体设为"Arial"，字号为 200，颜色为绿色，如图 6-5 所示。在舞台中单击鼠标左键，输入大写字母"L"。

【步骤4】这时可以看到第 27 帧中的圆圈变黑，说明其中有了内容。找一个网格线把字母对齐，字母大约有 8 个网格的高度。将图层 1 命名为"文字"。单击"文字"右边的第二个白点，会出现一个"小锁"图标，这样文字层锁定，防止误操作，如图 6-6 所示。将文件命名为"激光文字"并保存。

图 6-5　设置字体　　　　　　　　　　图 6-6　锁定图层

【步骤5】再添加一个图层，命名为"笔画"，它自动按"文字"图层加长到 27 帧，但是只有第一帧是关键帧，其他都是过渡帧。选中第 27 帧，单击鼠标右键，在弹出的快捷菜单中执行【转换为关键帧】命令，如图 6-7 所示。

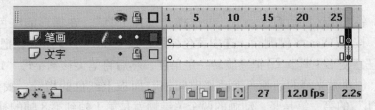

图 6-7　设置"画笔"图层关键帧

【步骤6】选择"直线工具"将边框色改为红色，粗细为3。顺着字母"L"的边缘画一圈，一共是六笔（6 条线）。写字的效果是一笔跟着一笔，直到这个字写完。第 27 帧是最后一帧，这时文字已经完成，而在第 26 帧时还差最后一笔，以此类推，如图 6-8 所示。

【步骤 7】 在第 27 帧处单击鼠标右键，在弹出的快捷菜单中执行【复制帧】命令，然后再选择"笔画"图层的第 26 帧，单击鼠标右键，执行【粘贴帧】命令，把第 27 帧复制过来。粘贴过来的文字是一样的，需要修改一下，第 26 帧时字还没写完，没写完的部分要去掉。

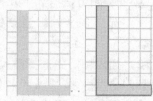

图 6-8　效果图

【步骤 8】 把舞台中字母"L"的最上面一横用"放大镜工具"框选一下，这样就可以局部放大，然后用"选择工具"框选最后一笔，按 < Delete > 键删除，也就是第 26 帧时还有半条线没写，如图 6-9 所示。

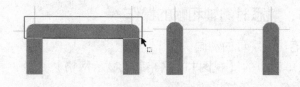

图 6-9　效果图

【步骤 9】 再选中第 26 帧，单击鼠标右键，在弹出的快捷菜单中执行【复制帧】命令，然后在第 25 帧上单击鼠标右键，执行【粘贴帧】命令，把第 26 帧复制到第 25 帧，用"选择工具"框选左边竖线的第一格，按 < Delete > 键删除。用同样的方法，从后往前修改每一帧，每次删除一个网格的线段长度，一直到第 1 帧所有笔画都清除掉，此时"时间轴"面板如图 6-10 所示。

【步骤 10】 保存文件，按 < Ctrl + Enter > 组合键测试效果。

【步骤 11】 为动画添加一支激光笔。选择"矩形工具" ，设置边框色为红色，填充色为黄色，绘制 1 个网格宽、8 个网格高的矩形，用"放大镜工具"框选上面两个顶点并放大。

【步骤 12】 再选择"选择工具"，拖动 4 个顶点，注意当鼠标指针后出现折线时开始拖动，把矩形变成一个细长的梯形，如图 6-11 所示。

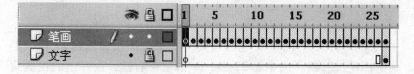

图 6-10　"时间轴"面板

图 6-11　效果图

【步骤 13】 将工作区自动缩放一下，再选择"选择工具"，在梯形的红色边线上双击，选中所有边线，按 < Delete > 键删除。选中黄色梯形，按 < Ctrl + G > 组合键把它组合成一个组件，再用"任意变形工具" 把它旋转一定角度，然后将笔尖移到字母"L"的开头。

【步骤 14】 创建激光笔的动画。拖动"时间轴"面板上红色的指针，找到每一笔画的起点和终点，"L"的第一笔是竖，动画的两个关键帧就是第 1 帧到第 8 帧的补间动画。第 1 帧是空的，单击第 2 帧，把画笔移到竖线的上端，用方向键仔细对好；再在第 8 帧上单击鼠标右键，执行【转换为关键帧】命令，然后把画笔移到竖线的最下面；选中第 1 帧，单击鼠标右键，创建补间动画。再找到第二笔横画，从第 8 帧到第 12 帧，在第 12 帧上单击鼠标右键，执行【转换为关键帧】命令，把画笔移到横画的右边端点上，再在第 8 帧上创建补间动画。

这样一段一段地制作动画，在"画笔"图层中每一笔的末尾帧上，单击鼠标右键，执行【转换为关键帧】命令，然后把笔尖移到笔画的终点，创建补间动画，这样笔尖跟笔画就一起运动了。保存文件，测试效果。

【步骤 15】绿色的文字是起参考作用的，现在可以删除了。在"文字"图层上单击鼠标右键，执行【删除】命令，就可以去掉这一层。

还有一种更简单的创建文字外边框的方法，用 < Ctrl + B > 组合键把文字"L"打散，然后用"墨水瓶工具"给文字边上喷上另一种颜色，描边以后删掉内部，可以得到文字的精确外边框。

6.2　图层

为了方便用户管理和操作图层，Flash 提供了"图层"面板，可以完成图层的创建、移动、编辑、重新安排和删除等一系列操作。对图层的大部分处理工作都是在这个面板中完成的。

6.2.1　图层的概念与作用

Flash 图层可以分为 5 种类型：一般图层（Normal Layer）、蒙版图层（Mask Layer）、被蒙版图层（Masked Layer）、向导图层（Guide Layer）和被向导图层（Guided Layer），如图 6-12 所示。

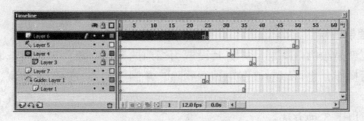

图 6-12　图层的类型

1）一般图层。一般图层是指普通状态的图层，图 6-12 所示的 Layer1 便是一般图层，在这种类型图层名称的前面将出现普通图层的图标。

2）蒙版图层。蒙版图层是指放置蒙版物的图层，这种图层的功能是利用本图层中的蒙版物来对下面图层的被蒙版物进行遮挡。当设置某个图层为蒙版图层时，该图层的下一图层便被默认为被蒙版图层，并且图层名称会出现缩排。图 6-12 所示的 Layer3 便是蒙版图层，在该种类型图层名称的前面有一个蒙版图层的图标。

3）被蒙版图层。被蒙版图层是与蒙版图层对应的、用来放置被蒙版物的图层，图 6-12 所示的 Layer4 就是被蒙版图层，在这种类型图层名称的前面有一个被蒙版图层的图标。

4）向导图层。在向导图层中可以设置向导线，用来引导被向导图层中的图形对象依照向导线进行移动。当图层被设置成向导图层时，在图层名称的前面会出现一个向导图层的图标，如图 6-12 所示的 Layer6。此时，该图层的下方图层就被认为是被向导图层，图层的名称会出现缩排。如果该图层下没有任何图层可以成为被向导图层，那么该图层名称的前面就会出现一个被向导图层的图标 ，如图 6-12 所示的 Layer5。

5）被向导图层。这个图层与上面的向导图层相辅相成，当上一个图层被设定为向导图层时，这个图层会自动转变成被向导图层，并且图层名称会自动进行缩排。

6.2.2 图层的基本操作

1. 创建与删除图层

新建图层有以下 3 种方法：

1）使用菜单命令。执行菜单栏中的【插入】|【图层】命令，可以在被选中的图层上方添加一个新图层，Flash 会自动为新图层命名并依序编号。

2）使用按钮。单击"时间轴"面板左下方的"添加"按钮 ，可在选中的图层上方添加一个新图层。

3）使用快捷菜单。在一个已经存在的图层上单击鼠标右键，打弹出的快捷菜单中执行【插入图层】命令，可在选中的图层上方添加一个新图层。

如果要在"图层"面板中删除图层，首先选中该图层，然后通过以下 3 种方式进行删除操作：

1）单击鼠标右键，在弹出的快捷菜单中选择【删除图层】命令，可删除选取的图层。

2）单击"图层"面板右下方的"删除"按钮 ，删除选取的图层。

3）选取图层后，按住鼠标左键直接将图层拖曳到"图层"面板右下方的"删除"按钮上，删除图层。

如果想要恢复被删除的图层，可以执行菜单栏中的【编辑】|【撤销】命令，还原刚才进行的删除动作。

2. 选取与复制图层

选取图层也就是激活该图层，并将其设置为当前的操作对象。可以对选取的图层中的所有图形对象进行操作，也可以对该图层进行删除、复制、加锁、解锁、隐藏、显示、重命名或调整叠放顺序等操作。

激活图层有以下 3 种方法：

1）在"图层"面板中单击需要激活图层的名称。

2）在"时间轴"面板中单击某一帧可以激活相应的图层。

3）在舞台中选择某一图形对象，可以激活该图形对象所在的图层。

图层被激活后，在图层名称的右侧会出现一个当前图层的图标，并且该图层被高亮度显示，表明该图层就是当前的操作图层。

需要选取多个图层时，按住 <Shift> 键同时单击需要选取的图层名称，选取完毕后被选取的多个图层都会被高亮度显示，如图 6-13 所示。

需要注意的是，选取多个图层和激活一个图层是不同的。对于多个被选取的图层，只能进行删除、加锁、解锁、隐藏、显示和调整叠放顺序等操作，而不能进行

图 6-13　选取多个图层

复制或重命名等操作，更不能对图层中的图形对象进行操作。

在一个 Flash 动画中，如果需要两个一模一样的图层时，不必重新建立图层中的各种对象，直接可以对已经存在的图层进行复制操作。完成图层的复制后，可以看到两个图层的名称和内容也是一样的，如图 6-14 所示。

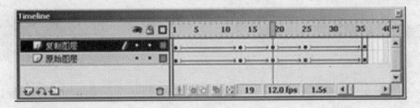

图 6-14　复制图层

【技巧】在制作一个较大的动画时，会包含很多图层，利用图层文件夹，可将众多图层分门别类管理起来。

6.3　逐帧动画

6.3.1　逐帧动画的概念

在时间轴上逐帧绘制帧内容，称为逐帧动画。逐帧动画是一种常见的动画形式，它的原理是在"连续的关键帧"中分解动画动作，也就是每一帧中的内容不同，连续播放而成动画。

6.3.2　逐帧动画的特点

因为逐帧动画的帧序列内容不一样，不但给制作增加了负担而且最终输出的文件量也很大，但它的优势也很明显：逐帧动画具有非常大的灵活性，几乎可以表现任何想表现的内容，类似于电影的播放模式，很适合于表演细腻的动画，如人物或动物急剧转身、头发及衣服的飘动、走路、说话以及精致的 3D 效果等。

创建逐帧动画有以下几种方法：

1）用导入的静态图片建立逐帧动画。用 JPG、PNG 等格式的静态图片连续导入 Flash 中，就会建立一段逐帧动画。

2）绘制矢量逐帧动画。用鼠标或压感笔在场景中一帧帧地绘制出帧内容。

3）文字逐帧动画。用文字作帧中的元件，实现文字跳跃、旋转等特效。

4）导入序列图像。可以导入 GIF 序列图像、SWF 动画文件或者利用第 3 方软件（如 Swish、Swift3D 等）产生的动画序列。

6.3.3　课堂任务 2：时间轴特效动画

【步骤 1】单击第 1 帧，利用"椭圆形工具"在舞台的左侧画一个红颜色无边框的圆。

【步骤 2】单击选择第 1 帧，按 <F6> 键，在时间轴上插入 10 个关键帧，如图 6-15 所示。

【步骤 3】单击选择第 2 帧，使用鼠标或者键盘上的方向键调整舞台中的红色圆的位置，使之向右侧移动一小短距离。

【步骤4】重复步骤3，分别设置其余9帧里面的圆形位置，如图6-16所示。

【步骤5】测试效果。

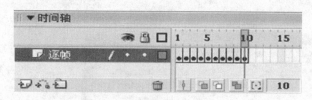

图6-15　插入关键帧

图6-16　逐帧动画效果

可以看出，这个效果与移动渐变效果基本相同，那为什么还要用逐帧动画呢？原因在于，移动渐变动画是由 Flash 程序产生的，有一定的机械性和局限性，对于表现复杂的移动效果就不是很明显了。逐帧动画正好补充了这个空白，使变化的效果更加细腻。

6.3.4　课堂任务3：绘制图形生成的逐帧动画

【步骤1】单击选择第1帧，利用"矩形工具"绘制一个无边框的黑色矩形，并把它放置在舞台的上端。

【步骤2】在时间轴上按 <F6> 键，插入9个关键帧，如图6-17所示。

【步骤3】单击选择第2帧，使用"选择工具"适当拉伸黑色的图形。

【步骤4】重复步骤3，依次拉伸其余的9帧，如图6-18所示。

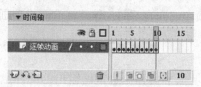

图6-17　插入关键帧

图6-18　逐帧动画效果

【步骤5】测试效果，从第1帧到第10帧黑色图形逐渐变化，就像是流动下来一样。

这就是形状逐帧动画。它与形状渐变动画在本质上没有区别，形成的效果也是一样的，但是与移动渐变动画不同，逐帧动画在表现复杂变化效果方面的优势明显。

6.4　形状补间动画

形状补间动画是 Flash 中非常重要的表现手法之一，运用它可以制作出各种奇妙的变形效果。

6.4.1　形状补间动画概述

在 Flash 的"时间轴"面板中，在一个时间点（关键帧）绘制一个形状，然后在另一个时间点（关键帧）更改该形状或绘制另一个形状，Flash 会根据二者之间帧的值以及形状的差异，自动创建中间的动画部分，这种动画制作方式被称为"形状补间动画"。

　　形状补间动画可以实现两个图形之间颜色、形状、大小、位置的相互变化，其变形的灵活性介于逐帧动画和动作补间动画之间，使用的元素多为用鼠标或压感笔绘制出的形状，如果使用图形元件、按钮、文字，则必先"打散"再变形。

　　形状补间动画建好后，"时间轴"面板的背景色变为淡绿色，在起始帧和结束帧之间有一个长长的箭头，如图 6-19 所示。

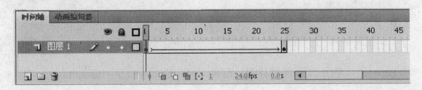

图 6-19　形状补间动画在"时间轴"面板中的标记

6.4.2　形状补间动画的创建方法

　　在"时间轴"面板中动画开始播放的地方创建或选择一个关键帧，并设置要开始变形的形状，一般一帧中以一个对象为好，在动画结束处创建或选择一个关键帧并设置要变成的形状，再单击选择开始帧，在"属性"面板上单击"补间"按钮旁边的下拉按钮，在弹出的面板菜单中执行【形状】命令，即可创建形状补间动画。

6.4.3　课堂任务 4：创建一个波浪线

　　【步骤 1】选择"线条工具"，在舞台的中央绘制一条绿色直线，再用"线条工具"将直线分割成 5 等份。

　　【步骤 2】利用"线条工具"将直线调整成波浪线形状，然后删除中间的分割线。

　　【步骤 3】分别在第 20、40 帧处按 < F6 > 键插入关键帧，选中第 20 帧处的波浪线，执行菜单栏中的【修改】|【变形】|【垂直翻转】命令。

　　【步骤 4】选中第 1 帧和第 20 帧，在"属性"面板的面板菜单中选择【形状】命令，创建形状补间动画。

6.5　运动补间动画

　　运动补间动画也是 Flash 中非常重要的表现手段之一。与"形状补间动画"不同，运动补间动画的对象必须是"元件"或"成组对象"。

　　运用运动补间动画，可以设置元件的大小、位置、颜色、透明度、旋转等属性，配合特别的手法，甚至能做出令人称奇的仿 3D 效果。

6.5.1　运动补间动画概述

　　在 Flash 的"时间轴"面板中，在一个时间点（关键帧）放置一个元件，然后在另一个时间点（关键帧）改变这个元件的大小、颜色、位置、透明度等，Flash 根据二者之间的帧的值创建的动画被称为动作变形动画。

　　构成运动补间动画的元素是元件，包括影片剪辑、图形元件、按钮等。除了元件，其他元素包括位图、文本等都只有"组合"或者转换成元件后才可以做运动补间动画。

运动补间动画建立后，"时间轴"面板的背景色变为淡紫色，在起始帧和结束帧之间有一个长长的箭头，如图 6-20 所示。

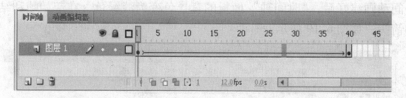

图 6-20　动作补间动画在"时间轴"面板中的标记

形状补间动画和动作补间动画都属于补间动画，前后都各有一个起始帧和结束帧。二者之间的区别见表 6-1。

表 6-1　形状补间动画和动作补间动画之间的区别

区别之处	动作补间动画	形状补间动画
时间轴上的表现	淡紫色背景加长箭头	淡绿色背景加长箭头
组成元素	影片剪辑、图形元件、按钮	形状，如果使用图形元件、按钮、文字，则必先打散再变形
完成的作用	实现一个元件的大小、位置、颜色、透明等的变化	实现二个形状之间的变化，或一个形状的大小、位置、颜色等的变化

6.5.2　运动补间动画的创建方法

在时间轴面板上动画开始播放的地方创建或选择一个关键帧并设置一个元件，一帧中只能放一个项目，在动画要结束的地方创建或选择一个关键帧并设置该元件的属性，再单击开始帧，在"属性"面板中单击"补间"按钮旁边的下拉按钮，在弹出的面板菜单中执行【运动】命令，或单击鼠标右键，在弹出的快捷菜单中执行【新建补间动画】命令，就建立了运动补间动画。

6.6　引导路径动画

单纯依靠设置关键帧，有时仍然无法实现一些复杂的动画效果。有很多运动是弧线或不规则的，如月亮围绕地球旋转、鱼在大海里遨游等，此时就需要使用引导路径动画。

6.6.1　引导路径动画概述

将一个或多个层链接到一个运动引导层，使一个或多个对象沿同一条路径运动的动画形式被称为"引导路径动画"。这种动画可以使一个或多个元件完成曲线或不规则运动。

一个最基本引导路径动画由 2 个图层组成，上面一层是引导层，其图层图标为 ，下面一层是被引导层，其图层图标 同普通图层一样。

在普通图层中，单击其"时间轴"面板中的"添加引导层"按钮 ，该层的上面就

会添加一个引导层 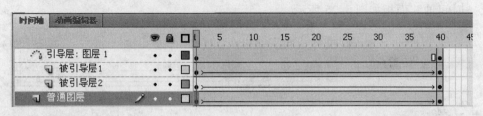，同时该普通层缩进成为被引导层，如图 6-21 所示。

图 6-21　引导路径动画

引导层是用来指示元件运行路径的，所以引导层中的内容可以是用"钢笔工具"、"铅笔工具"、"线条工具"、"椭圆工具"、"矩形工具"或"画笔工具"等绘制出的线段。

而被引导层中的对象是跟着引导线走的，可以使用影片剪辑、图形元件、按钮、文字等，但不能应用形状。

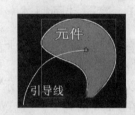

由于引导线是一种运动轨迹，不难想象，被引导层中最常用的动画形式是动作补间动画，当播放动画时，一个或数个元件将沿着运动路径移动。

"引导动画"最基本的操作就是使一个运动动画"附着"在引导线上，所以操作时需要特别注意引导线的两端，被引导的对象的起始、终止点的 2 个"中心点"一定要对准引导线的 2 个端头，如图 6-22 所示。

图 6-22　中心十字对准引导线

6.6.2　课堂任务 5：创建运动引导动画

【步骤 1】单击"添加运动引导层"按钮，创建一个运动引导层。

【步骤 2】在引导层的第 1 帧处，选择"椭圆工具"绘制一个任意颜色的椭圆，利用"选择工具"将椭圆调整为任意形状。

【步骤 3】选择"橡皮擦工具"，将椭圆擦出一个小口，并将椭圆相对于舞台居中对齐，如图 6-23 所示。在引导层的第 40 帧处按 <F6> 键，插入关键帧。

【步骤 4】选择"图层 1"的第 1 帧，执行菜单栏中的【文件】|【导入】|【导入到舞台】命令，导入图片，调整其尺寸，并将图片拖动到引导线缺口的左端点，使图片的中心点与引导线的起始点对齐。

【步骤 5】在第 40 帧处按 <F6> 键，插入关键帧。将图片移动到引导线缺口的右端点，使图片的中心点与引导线的终点对齐，如图 6-24 所示。

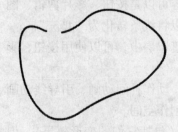

图 6-23　绘制引导线

图 6-24　图片中心对齐引导线的左右端点

【**步骤6**】返回第 1 帧处，在"属性"面板中，选择"动画"补间选项，创建运动补间动画，"时间轴"面板如图 6-25 所示。

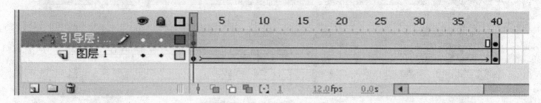

图 6-25　"时间轴"面板

6.7　遮罩动画

6.7.1　遮罩动画概述

遮罩动画是 Flash 中的一个很重要的动画类型。在 Flash 的图层中有一个遮罩图层类型，为了得到特殊的显示效果，可以在遮罩层上创建一个任意形状的"视窗"，遮罩层下方的对象可以通过该"视窗"显示出来，而"视窗"之外的对象将不会显示。

在 Flash 动画中，"遮罩"主要有 2 种用途，一是用在整个场景或一个特定区域，使场景外的对象或特定区域外的对象不可见；二个是用来遮罩住某一元件的一部分，从而实现一些特殊的效果。

6.7.2　遮罩动画的创建方法

在 Flash 中没有一个专门的按钮来创建遮罩层，遮罩层其实是由普通图层转化的。只要在要某个图层上单击鼠标右键，在弹出的快捷菜单中勾选"遮罩"项，该图层就会生成遮罩层，其图层图标就会从普通层图标变为遮罩层图标，系统会自动把遮罩层下面的一层关联为被遮罩层，在缩进的同时改变该层图标。如果想关联更多层被遮罩，只要把这些层拖到被遮罩层下面即可，如图 6-26 所示。

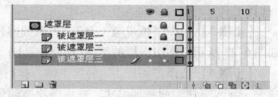

图 6-26　多层遮罩动画

遮罩层中的图形对象在播放时是看不到的。遮罩层中的内容可以是按钮、影片剪辑、图形、位图、文字等，但不能使用线条，如果一定要用线条，可以将线条转化为"填充"。

被遮罩层中的对象只能透过遮罩层中的对象被看到。在被遮罩层中，可以使用按钮，影片剪辑，图形，位图，文字，线条。

可以在遮罩层、被遮罩层中分别或同时使用形状补间动画、动作补间动画、引导线动画等动画手段，从而使遮罩动画变成一个可以施展无限想象力的创作空间。

透过遮罩层中的对象可以看到被遮罩层中的对象及其属性（包括它们的变形效果），但是遮罩层中的对象的许多属性，如渐变色、透明度、颜色和线条样式等，却是被忽略的。例如，不能通过遮罩层的渐变色来实现被遮罩层的渐变色变化。要在场景中显示遮罩效果，可以锁定遮罩层和被遮罩层。可以用"AS"动作语句建立遮罩，但这种情况下只能有一个被遮罩层，同时，不能设置图层的 Alpha 属性。

注意，不能用一个遮罩层试图遮蔽另一个遮罩层；在被遮罩层中不能放置动态文本。

在制作过程中，遮罩层经常挡住下层的元件，影响视线，无法编辑，可以单击遮罩层的"时间轴"面板中的的"显示图层轮廓"按钮 ▢，使之变成 ▣，使遮罩层只显示边框形状。在这种情况下，还可以拖动边框调整遮罩图形的外形和位置。

6.7.3　课堂任务 6：简单遮罩动画

【步骤 1】执行菜单栏中的【文件】|【导入】|【导入到舞台】命令，导入图片，调整其尺寸与舞台相同，利用"对齐"面板，使其相对于舞台居中对齐，如图 6-27 所示。

【步骤 2】单击"插入图层"按钮，添加"图层 2"。选中该图层的第 1 帧，选择"多角星形工具"，设置相关参数，拖动鼠标在舞台中绘制一个无边框的五角星，如图 6-28 所示。

图 6-27　导入图片

图 6-28　绘制图形

【步骤 3】在"图层 2"的名称处单击鼠标右键，在弹出的快捷菜单中执行【遮罩层】命令，"时间轴"面板如图 6-29 所示。

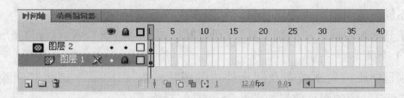
图 6-29　"时间轴"面板

【步骤 4】测试动画效果。

6.7.4　课堂任务 7：制作百叶窗效果

制作一幅百叶窗效果的动画，如图 6-34 所示。

【步骤 1】新建文件，设置影片大小为 300×300 像素，背景色为白色。将两幅准备好的图片导入到库中，如图 6-31 所示。

【步骤 2】新建 1 个图形元件"meng"，选中第 1 帧，插入关键帧。选取"矩形工具"，设置其填充色为黑色，在舞台中绘制 1 个矩形，如图 6-32 所示。

图 6-30　百叶窗效果　　　　　　　　　　图 6-31　导入两幅图片

【步骤 3】新建 1 个图形元件 "meng_f"，选中第 1 帧，插入关键帧。将图形元件 "meng" 拖放到舞台中，创建 1 个实例，在第 15 帧处插入关键帧。选中第 1 帧，单击鼠标右键，在弹出的快捷菜单中执行【创建补间动画】命令。再选中第 15 帧，将实例调整为一条线，如图 6-33 所示。

图 6-32　图形元件 "meng" 的设计　　　　　　图 6-33　创建动画渐变动画

【步骤 4】分别在第 25 帧和第 40 帧处插入关键帧，并在第 25 帧和第 40 帧之间创建相反的运动激变动画，即由一条线放大，此时 "时间轴" 面板如图 6-34 所示。

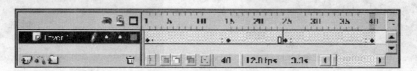

图 6-34　"时间轴" 面板

【步骤 5】返回主场景。为了便于理解，将默认图层更名为 "pic1"，再新建图层 "pic2"，分别将导入的两幅图片拖放到工作区中，并进行如下处理：

1）将不同图层中的图片使用【分离】命令进行分离操作。

2）从工具面板中选取 "椭圆工具"，设置其填充为 "透明"，按住 <Shift> 键分别在各图层中绘制 1 个圆。

3）分别选中圆的轮廓线条及圆形外边的图片，按 <Delete> 键将其删除，这时图层 "pic1" 和 "pic2" 中的图片效果如图 6-35、图 6-36 所示。

图 6-35　图层 "pic1"　　　　　　　　　图 6-36　图层 "pic2"

【步骤 6】 选中图层 "pic2"，在其上插入一遮罩层 "mask pic2"。选中第 1 帧，插入关键帧，将图形元件 "meng_ f" 拖放到工作区中，并在第 42 帧处插入帧，调整其位置如图 6-37 所示。分别在这两图层的第 42 帧处插入关键帧。

【步骤 7】 新增 8 个图层，按住 < Shift > 键，选中图层 "pic2" 和 "mask pic2"，用鼠标右键单击被选中的任意一帧，在弹出的快捷菜单中执行【复制帧】命令。

图 6-37 为 "pic2" 添加遮罩层

【步骤 8】 用鼠标右键单击 "图层 4" 的第 1 帧，在弹出的快捷菜单中执行【粘贴帧】命令，这时 "图层 4" 将变成复制后的 "pic2" 和 "mask pic2" 蒙版层。单击复制后的蒙版层，按 < ↑ > 键，将实例向上移动，调整到适当位置，如图 6-38 所示。

【步骤 9】 用同样的方法，依次在 "图层 5" 至 "图层 11" 中分别复制 "pic2" 和 "mask pic2" 图层，将各个蒙版图层中的实例向上移动，并顺次向上连接，如图 6-39 所示。

图 6-38 调整位置

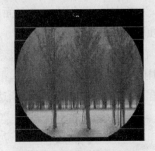

图 6-39 调整排列各遮罩层

【步骤 10】 这样整个百叶窗效果就制作完成，保存作品，按 < Ctrl + Enter > 预览。

本 章 小 结

本章主要介绍 Flash 动画的基本原理，图层的基本操作以及逐帧动画、形状补间动画、运动补间动画、引导路径动画以及遮罩动画的制作方法。通过本章学习，应该会使用 Flash 制作各种动画效果。

思 考 与 练 习

6-1 在 Flash 中，帧的编辑方法有几种？

6-2 Flash 中的图层有哪些类型？

6-3 在 Flash 中，创建逐帧动画有几种方法？

6-4 简要说明形状补间动画的概念和形状补间动画的创建方法？

6-5 形状补间动画和运动补间动画有什么区别？

6-6 在 Flash 中，遮罩动画的创建方法是什么？

实训任务 1

1. 实训目的

利用图层和帧建立简单的 Flash 动画，并进行编辑区的设置。

2. 实训内容及步骤

（1）内容　利用 Flash 制作逼真的书法动画效果。

（2）操作步骤

【步骤 1】 新建一个文件，命名为"sheji. fla"并保存。在主场景中新建 4 个图层，从上到下依次命名为"笔杆"、"笔头"、"设"、"计"（上面两层放置毛笔元件，下面两层为"写字"的图层）。

【步骤 2】 按 < Ctrl + F8 > 组合键，插入 1 个图形元件，将其命名为"rr"，然后单击"确定"按钮，进入图形元件的编辑界面。

【步骤 3】 设置渐变的类型为"线型"，在当前元件场景中绘制毛笔笔杆的图形。

【步骤 4】 为了方便于编辑，将上面的 3 个图层以轮廓线的方式来显示，便于下面墨点字形的编辑，如图 6-40 所示。

【步骤 5】 在进行动画制作的时候，要特别注意到笔与纸上的墨点的关系。由于这个效果重点是突出用笔的动作和墨在纸上扩散的效果，所以表现用笔用墨的手法一定要多加些关键帧，这样做虽然麻烦一些，但是却能达到很真实的效果，如图 6-41 所示。

图 6-40　设置图层以轮廓线的方式来显示

图 6-41　绘制好的图形

实训任务 2

1. 实训目的

通过对本实例的操作，进一步练习关键帧的操作，理解动画效果的实现方式。

2. 实训内容及步骤

（1）内容　制作"文明驾驶"动画效果，如图 6-42 所示。

（2）操作步骤

图 6-42 动画效果

【步骤 1】 打开 Flash CS4 软件，新建一个 ActionScript 2.0 类型的 Flash 文件，在"属性"窗口中设置舞台的宽度为 800，高度为 200，舞台颜色为蓝色，命名为"文明驾驶.fla"并保存。

【步骤 2】 把素材库中"第 7 章"文件夹内的"背景.jpg"图片导入 Flash 舞台中，在其属性面板中，设置图片的尺寸同舞台大小一样，并对齐舞台。将图层 1 命名为"背景"，锁定该图层。

【步骤 3】 新建"图层 2"，使用"文本工具" T 输入"文明行车 安全驾驶"8 个字，在其属性面板中设置字体为"方正隶二简体"，字号为 60，加粗，颜色为白色，适当调整字间距。按两次 < Ctrl + B > 组合键把文字彻底分离成图形，使用"墨水瓶工具" 为分离后的字体添加红色边框，边框宽度为 3。

【步骤 4】 分别选择单独的文字图形，把它们转换成图形元件，元件名称与文字相同。

【步骤 5】 选择所有文字元件，单击鼠标右键，在弹出的快捷菜单中执行【分散到图层】命令，把元件分散到不同的图层，如图 6-43 所示。

【步骤 6】 在"文"图层的第 10 帧处插入关键帧，并在两个关键帧之间创建传统补间动画。选择第 1 帧上的元件，打开变形面板，把文字放大 500 倍，再在属性面板中设置元件的透明度为 0，如图 6-44 所示。

图 6-43 步骤 5

图 6-44 步骤 6

【步骤 7】 重复步骤 6，对其他有文字的图层都进行相同设置。

【步骤 8】 选择"明"图层的第 1 帧到第 10 帧之间的所有帧，向后拖曳 6 帧。下面的"行"、"车"、"安"、"全"、"驾"、"驶"图层依次选择第 1 帧到第 10 帧之间的所有帧，向后拖曳帧，与其上面图层开始位置相错 5 帧，如图 6-45 所示。

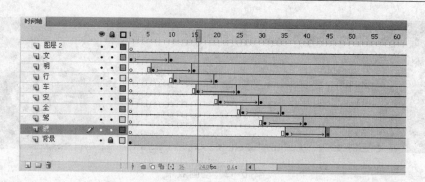

图 6-45　步骤 8

【步骤 9】在"文"、"明"、"行"、"车"、"安"、"全"、"驾"、"驶"图层的第 55、58 帧处插入关键帧，在第 59 帧处插入空白关键帧，并在第 55 与 58 帧之间创建传统补间动画。选择所有文字图层的第 58 帧，再单击舞台上的文字，在属性面板中设置文字元件的透明度为 0。

【步骤 10】重复步骤 3～9，在"图层 2"中输入"遵规守法 珍惜生命"8 个字，再设置相同文字动画效果，注意从第 58 帧开始出现。

【步骤 11】删除"图层 2"，执行菜单栏中的【文件】|【保存】命令保存文档，按 <Ctrl + Enter> 组合键测试动画效果。

第 7 章

Photoshop CS4图像的编辑

1) 学会使用图像的编辑工具。
2) 掌握图像的移动、复制和删除方法。
3) 掌握图像的剪裁和变换方法。

7.1 图像编辑工具的使用

使用图像编辑工具可以提高用户编辑和处理图像的效率。

7.1.1 注释类工具的使用

使用注释类工具可以为图像增加注释,包括文字注释和语音注释。

1. 注释工具

使用"注释工具"可为图像增加文字注释,从而起到提示作用。启用"注释工具",有以下几种方法:

1) 单击工具箱中的"注释工具"按钮 。
2) 按 <Shift + N> 组合键切换。

"注释工具"选项栏如图 7-1 所示。其中,"作者"文本框用于输入作者姓名;"大小"下拉列表框用于设定注释文本字体的大小;"颜色"项用于设置注释窗口的颜色;"清除全部"按钮用于清除所有注释。

图 7-1 "注释工具"选项栏

2. 语音注释工具

使用"语音注释工具"可以为图像增加语音注释,但计算机需配置有麦克风。启用"语音注释工具",有以下几种方法:

1) 单击工具箱中的"语音注释工具"按钮 。
2) 按 <Shift + N> 组合键切换。

"语音注释工具"选项栏如图 7-2 所示。其中,"作者"文本框用于输入作者姓名;"颜色"项用于设置语音注释图标的颜色。

使用"语音注释工具"的操作步骤如下:

图 7-2 "语音注释工具"选项栏

【步骤1】打开一幅图像，如图 7-3 所示。

【步骤2】启用"语音注释工具" 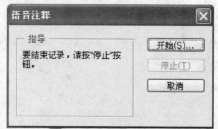，在图像中单击鼠标左键，打开"语音注释"对话框，如图 7-4 所示。单击"开始"按钮，就可以通过麦克风录音，单击"停止"按钮，录音结束，如图 7-5 所示。

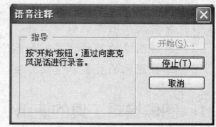

图 7-3　打开图像　　　　图 7-4　"语音注释"对话框　　　　图 7-5　停止录音

【步骤3】在录音结束后，图像中出现"语音批注"图标，效果如图 7-6 所示。将鼠标移到"语音注释"图标上并单击鼠标右键，在弹出的下拉菜单中执行各命令，可以进行声音的播放和删除等操作，如图 7-7 所示。

图 7-6　"语音注释"图标　　　　　　　图 7-7　"语音注释"下拉菜单

7.1.2　标尺工具的使用

使用"标尺工具"可以在图像中测量任意两点之间的距离，并可以用来测量角度。启用"标尺工具"，有以下几种方法：

1）单击工具箱中的"标尺工具"按钮 ⬚。

2）按 <Shift + I> 组合键切换。

启用"标尺工具"，其具体数值显示在"标尺工具"选项栏和"信息"面板中，如图 7-8、图 7-9 所示。

"信息"面板可以显示图像中鼠标指针所在位置和图像中选中区域的大小。执行菜单栏

图 7-8　"标尺工具"选项栏

中的【窗口】|【信息】命令，即可打开"信息"面板。
其中，R、G、B 数值表示鼠标在图像中所处在色彩区域
相应的 RGB 彩色值；X、Y 数值表示鼠标在当前图像中
所处的坐标值；W、H 数值表示图像选区的宽度和高度。

　　"标尺工具"的使用操作步骤如下：

　　【步骤 1】打开一幅图像，如图 7-10 所示。

　　【步骤 2】选择"标尺工具"，在图像中单击鼠标左
键，确定测量的起点。拖曳鼠标出现测量的线段，在适
当的位置再次单击鼠标左键，确定测量的终点，如图
7-11 所示，测量的结果就会显示在"信息"面板中，如
图 7-12 所示。

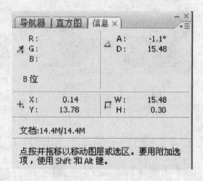

图 7-9　"信息"面板

图 7-10　图像效果

图 7-11　测量的线段

图 7-12　"信息"面板

7.1.3　抓手工具的使用

　　使用"抓手工具"可用来移动图像，以改变图像在窗口中的位置。启用"抓手工具"，
有以下几种方法：

　　1）单击工具箱中的"抓手工具"按钮 。

　　2）按 <H> 键。

　　3）按住 <Space> 键。

　　"抓手工具"的使用操作步骤如下：

　　【步骤 1】启用"抓手工具"，其选项栏如图 7-13 所示。

图 7-13　"抓手工具"选项栏

　　【步骤 2】通过单击选项栏中的 3 个按钮，即可调整图像的显示效果，如图 7-14 ～ 图
7-16 所示。

　　【技巧】双击"抓手工具"按钮 ，Photoshop 将自动调整图像大小以适合屏幕

的显示范围。

图 7-14　实际像素　　　　　　图 7-15　适合屏幕　　　　　　图 7-16　打印尺寸

7.1.4　课堂任务 1：为照片加注释

【步骤 1】按 < Ctrl + O > 组合键，打开要添加注释的图片，如图 7-17 所示。

【步骤 2】选择"注释工具" ，在其选项栏中的"作者"文本框中输入"2008 年 5 月 1 日"，其他项的设置如图 7-18 所示。

图 7-17　图像效果

| 作者: 2008年5月1日 | 大小: 最大 | 颜色: | 清除全部 | 工作区 ▼ |

图 7-18　"注释工具"选项栏

【步骤 3】在图像中单击鼠标左键，弹出注释窗口，如图 7-19 所示。在窗口中输入注释文字，如图 7-20 所示。

图 7-19　弹出注释窗口　　　　　　　　图 7-20　添加注释后效果

7.1.5　课堂任务 2：校正倾斜的照片

【步骤 1】按 < Ctrl + O > 组合键，打开要矫正的倾斜图片，如图 7-21 所示。将"背景"图层拖曳到"图层"面板下方的"创建新图层"按钮上进行复制，生成"背景 副本"图层。按 < D > 键，将工具箱中的前景色和背景色恢复为默认黑白两色。

【步骤 2】选择"标尺工具"，在照片底部绘制一条人物所处水平方向的直线，效果如图 7-22 所示。执行菜单栏中的【图像】|【旋转画布】|【任意角度】命令，打开"旋转画布"

对话框，各选项均设置为默认，如图 7-23 所示。单击"确认"按钮，效果如图 7-24 所示。

图 7-21　倾斜照片

图 7-22　绘制水平方向的直线

图 7-23　"旋转画布"对话框

图 7-24　旋转后图像

【**步骤 3**】选择"剪裁工具"，在图像窗口中拖曳出需要保留的部分照片，如图 7-25 所示。按 < Enter > 键确认，校正倾斜的照片效果制作完成，效果如图 7-26 所示。

图 7-25　剪裁图像

图 7-26　处理后效果

7.2　图像的移动、复制和删除

在 Photoshop 中，可以非常便捷地移动、复制和删除图片，下面分别介绍其操作方法。

7.2.1　图像的移动

1. 移动工具

使用"移动工具"可以将图层中的整幅图像或选定区域中的图像移动到指定位置。启用"移动工具"，有以下几种方法：

1）单击工具箱中的"移动工具"按钮 ▸⊕ 。

2）按 < V > 键。

"移动工具"选项栏如图 7-27 所示。其中，"自动选择图层"复选框用于自动选择鼠标所在的图层；"显示变换控件"复选框用于对选取的图层进行各种变换。此外，选项栏中还提供了几种设置图层排列和分布方式的按钮。

图 7-27 "移动工具"选项栏

2. 移动图像

在移动图像前，要选择移动的图像区域，否则将移动整个图像。移动图像，有以下几种方法：

（1）使用移动工具

打开一幅图像，使用"椭圆选框工具" 绘制出要移动的图像区域，效果如图 7-28 所示。

启动"移动工具" ，将鼠标移到选区中，当指针变为如图 7-29 所示形状时，按住鼠标左键并拖曳到适当的位置，选区内的图像将被移动，原来的选区位置被背景色填充，如图 7-30 所示。再按 < Ctrl + D > 组合键取消选区，完成移动操作。

图 7-28 绘制图像区域　　　　图 7-29 鼠标放在选区中　　　　图 7-30 移动完成

（2）使用菜单命令

打开一幅图像，使用"椭圆选框工具"绘制出要移动的图像区域。执行菜单栏中的【编辑】|【剪切】命令，或按 < Ctrl + T > 组合键，选区被背景色填充，如图 7-31 所示。

执行【编辑】|【粘贴】命令或按 < Ctrl + V > 组合键，将选区内的图像粘贴在新图层中，如图 7-32 所示。使用"移动工具"可以移动新图层中的图像。

（3）使用快捷键

打开一幅图像，使用"椭圆选框工具"绘制出要移动的图像区域，如图 7-33 所示。

启用"移动工具"，按 < Ctrl + 方向键 >，可将选区内的图像沿移动方向移动 1 像素，效果如图 7-34 所示；按 < Shift + 方向键 >，可以将选区内的图像沿移动方向移动 10 像素，效果如图 7-35 所示。

图 7-31　剪切图像

图 7-32　移动后的图层变化

图 7-33　绘制图像区域

图 7-34　移动 1 像素效果

图 7-35　移动 10 像素效果

7.2.2　图像的复制

复制图像，有以下几种方法：

（1）使用移动工具

打开一幅图像，使用"椭圆选框工具"绘制出要复制的图像区域，如图 7-36 所示。

启用"移动工具" ，将鼠标移到选区中，当指针变为 形状时，按住 < Alt > 键，指针变为 形状，如图 7-37 所示。按住鼠标左键，拖曳选区内的图像到适当的位置，松开鼠标左键和 < Alt > 键，按 < Ctrl + D > 组合键取消选区，完成图像的复制，如图 7-38 所示。

图 7-36　绘制复制区域

图 7-37　鼠标形状改变

图 7-38　完成效果

（2）使用菜单命令

打开一幅图像，使用"椭圆选框工具"绘制出要复制的图像区域。执行菜单栏中的【编辑】|【复制】命令，或按＜Ctrl + C＞组合键，将选区内的图像复制。这时屏幕上的图像并没有变化，但系统已将复制的图像粘贴到剪贴板中。

执行【编辑】|【粘贴】命令，或按＜Ctrl + V＞组合键，将选区内的图像粘贴在生成的新图层中，如图7-39所示。复制的图像在原图的上面，使用"移动工具"移动复制图像，效果如图7-40所示。

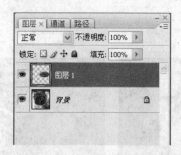

图7-39　粘贴图像到新图层　　　　　　图7-40　复制图像效果

（3）使用快捷键

打开一幅图像，使用"矩形选框工具"绘制出要复制的图像区域。

按住＜Ctrl + Alt＞组合键，鼠标指针变为 形状，如图7-41所示。按住鼠标左键，拖曳选区内的图像到适当的位置，松开鼠标左键及＜Ctrl + Alt＞组合键，再按＜Ctrl + D＞组合键取消选区，完成图像的复制，效果如图7-42所示。

图7-41　鼠标指针形状改变　　　　　　图7-42　复制完成效果

7.2.3　图像的删除

删除图像，有以下几种方法：

（1）使用菜单命令

打开一幅图像，使用"矩形选框工具"绘制出需要删除的图像区域，如图7-43所示。执行菜单栏中的【编辑】|【清除】命令，将选区内的图像删除，再按＜Ctrl + D＞组合键取消选区，效果如图7-44所示。

图 7-43 绘制删除区域

图 7-44 删除区内图像

【操作提示】删除后的图像区域由背景色填充。如果在图层中，删除后的图像区域将显示下面一层的图像效果。

（2）使用快捷键

打开一幅图像，使用"矩形选框工具"绘制出要删除的图像区域。按 < Delete > 键或 < Backspace > 键，将选区内的图像删除，再按 < Ctrl + D > 组合键取消选区，完成删除操作。

7.3 图像的裁剪和变换

通过对图像进行裁剪和变换，可以设计制作出丰富多变的图像效果。

7.3.1 图像的裁剪

在实际的设计制作工作中，经常有一些图片的构图和比例不符合设计要求，就需要对这些图片进行裁剪。

1. 裁剪工具

利用"裁剪工具"可以在图像或图层中裁剪所选定的区域。选定图像区域后，在选区边缘将出现 8 个控制手柄，用于改变选区的大小，同时还可以旋转选区。确定选区之后，双击选区或选择工具箱中的其他任意工具，然后在弹出的"裁剪"提示框中单击"裁剪"按钮，即可完成裁剪。

启用"裁剪工具"，有以下几种方法：

1）单击工具箱中的"裁剪工具"按钮 ☒ 。

2）按 < C > 键。

"裁剪工具"选项栏如图 7-45 所示。其中，"宽度"和"高度"文本框用于设定裁剪的宽度和高度；"高度和宽度互换"按钮 ☒ 可以切换高度和宽度的数值；"分辨率"下拉列表框用于设定裁剪下来的图像的分辨率；"前面的图像"按钮用于记录前面图像的裁剪数值；"清除"按钮用于清除所有设定。

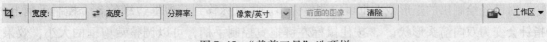

图 7-45 "裁剪工具"选项栏

当绘制好裁剪区域后，"裁剪工具"选项栏如图 7-46 所示。其中，"屏蔽"复选框用于设定是否区别显示裁剪与非裁剪的区域；"颜色"项用于设定非裁剪区域的显示颜色；"不透明度"列表框用于设定非裁剪区颜色的透明度；"透视"复选框用于设定图像或裁剪区的中心点。

| 裁剪 | ▣ 裁剪区域 | ⊙ 删除 | ○ 隐藏 | ☑ 屏蔽 | 颜色： ▮ | 不透明度： 75% | ☐ 透视 | ⊘ ✔ ▣ | 工作区 ▾ |

图 7-46 绘制裁剪区域后的"裁剪工具"选项栏

2. 裁剪图像

剪裁图像，有以下两种操作方法：

（1）使用裁剪工具

打开一幅图像，启用"裁剪工具" 裁，在图像中按住鼠标左键并拖曳到适当的位置，松开鼠标左键，绘制出矩形裁剪框，如图 7-47 所示。

在矩形裁剪框内双击鼠标左键或按 < Enter > 键，可以完成图像的裁剪，效果如图 7-48 所示。

图 7-47 绘制裁剪框

图 7-48 完成裁剪图像

对已经绘制的矩形裁剪框可以进行移动操作。将鼠标移动到裁剪框内，指针变为小箭头形状▶，按住鼠标左键并拖曳裁剪框到合适位置，再松开鼠标左键，如图 7-49 ~ 图 7-51 所示。

图 7-49 鼠标移到裁剪框内

图 7-50 按住鼠标拖曳裁剪框

图 7-51 裁剪框移动效果

对已经绘制出的矩形裁剪框可以调整大小。将鼠标移到裁剪框边缘的 8 个控制手柄上，指针会变为双向箭头形状↖，按住鼠标左键拖曳控制手柄，可以调整裁剪框的大小，效果如图 7-52、图 7-53 所示。

图 7-52　鼠标移到裁剪框边

图 7-53　调整裁剪框大小

对已经绘制出的矩形裁剪框可以进行旋转操作。将鼠标移到裁剪框 4 个角的控制手柄外边，指针变为旋转箭头形状 ，按住鼠标左键旋转裁剪框，效果如图 7-54 所示。单击并按住鼠标拖曳旋转裁剪框的中心点，可以移动旋转中心点。通过移动旋转中心可以改变裁剪框旋转方式。按 < Esc > 键，可以取消绘制出的裁剪框。按 < Enter > 键，裁剪旋转框内的图像，效果如图 7-55 所示。

图 7-54　旋转裁剪框

图 7-55　完成效果

（2）使用菜单命令

选择"矩形选框工具" ，在图像中绘制出要裁剪的图像区域。执行菜单栏中的【图像】|【裁剪】命令，按选区裁剪图像。

7.3.2　图像画布的变换

1. 设置像素长宽比

设置图像像素的长宽比将对整个图像起作用。执行菜单栏中的【图像】|【像素长宽比】命令，打开命令菜单，如图 7-56 所示，可以对整个图像的长宽比例进行设置。

执行【自定像素长宽比】命令后，将打开"存储像素长宽比"对话框，输入设置像素长宽比的名称，在"因子"文本框中输入数值，用于设置长宽比例，如图 7-57 所示。

【删除像素长宽比】命令用于删除菜单中所显示的像素长宽比方式。【复位像素长宽比】命令用于设置菜单恢复默认状态，复位后菜单中所有自定义的像素长宽比方式都会消失。"方形"项以下全部为各种默认的像素长宽比命令，可以直接选择设置。自定义像素长宽比方式保存后也会在这里显示。

自定像素长宽比(C)...
删除像素长宽比(D)...
复位像素长宽比(R)...

✓ 方形
D1/DV NTSC (0.9)
D4/D16 标准 (0.95)
D1/DV PAL (1.07)
D1/DV NTSC 宽银幕 (1.2)
HDV 1080/DVCPRO HD 720 (1.33)
D1/DV PAL 宽银幕 (1.42)
D4/D16 变形宽银幕 (1.9)
变形 2:1 (2)
DVCPRO HD 1080 (1.5)

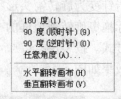

存储像素长宽比

名称：无标题   确定
因子：2.000   取消

图 7-56　【像素长宽比】命令菜单　　　　　图 7-57　"存储像素长宽比"对话框

2. 画布的变换

图像画布的变换将对整个图像起作用。执行菜单栏中的【图像】|【旋转画布】命令，打开命令菜单，如图 7-58 所示，可以对整个图像进行编辑。画布旋转固定角度后的效果，如图 7-59 所示，执行【水平翻转画布】、【垂直翻转画布】命令后的效果如图 7-60、图 7-61 所示。

180 度 (1)
90 度 (顺时针) (9)
90 度 (逆时针) (0)
任意角度 (A)...
水平翻转画布 (H)
垂直翻转画布 (V)

图 7-58　【旋转画布】命令菜单

a)　　　　　　　b)　　　　　　　c)　　　　　　　d)

图 7-59　旋转画布
a) 原图　b) 旋转 180 度　c) 顺时针旋转 90 度　d) 逆时针旋转 90 度

图 7-60　水平翻转画布　　　　　　图 7-61　垂直翻转画布

执行【任意角度】命令，打开"旋转画布"对话框，如图 7-62 所示，设定任意角度后的画布效果如图 7-63 所示。

7.3.3　图像选区的变换

在操作过程中，可以根据设计和制作的需要变换已经绘制好的选区。在图像中绘制好选

区后，执行菜单栏中的【编辑】|【自由变换】或【变换】命令，可以对图像的选区进行各种变换，其命令菜单如图 7-64 所示。

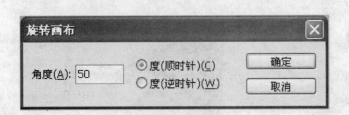

图 7-62　"旋转画布"对话框　　　　　　　　图 7-63　任意角度旋转画布

（1）使用菜单命令变换图像的选区

打开一幅图像，使用"椭圆选框工具"绘制出选区，如图 7-65 所示。

● 执行菜单栏中的【编辑】|【变换】|【缩放】命令，拖曳变换框的控制手柄，可以对图像选区自由地缩放，如图 7-66 所示。

图 7-64　【变换】命令菜单　　　　图 7-65　绘制选区　　　　图 7-66　缩放效果

● 执行【编辑】|【变换】|【旋转】命令，拖曳变换框的控制手柄，可以对图像选区进行旋转调整，如图 7-67 所示。

● 执行【编辑】|【变换】|【斜切】命令，拖曳变换框的控制手柄，可以对图像选区进行斜切调整，如图 7-68 所示。

● 执行【编辑】|【变换】|【扭曲】命令，拖曳变换框的控制手柄，可以对图像选区进行扭曲调整，如图 7-69 所示。

图 7-67　旋转效果　　　　　图 7-68　斜切效果　　　　　图 7-69　扭曲效果

● 执行【编辑】‖【变换】‖【透视】命令，拖曳变换框的控制手柄，可以对图像选区进行透视调整，如图 7-70 所示。

● 执行【编辑】‖【变换】‖【变形】命令，拖曳变换框的控制手柄，可以对图像选区进行变形调整，如图 7-71 所示。

图 7-70 透视效果

图 7-71 变形效果

● 执行【编辑】‖【变换】‖【旋转 180 度】、【旋转 90 度（顺时针）】或【旋转 90 度（逆时针）】命令，可以直接对图像选区进行角度的调整，如图 7-72 所示。

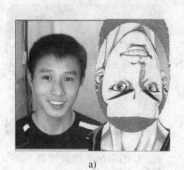

a)

b)

c)

图 7-72 角度调整效果

a）旋转 180 度 b）旋转 90 度（顺时针） c）旋转 90 度（逆时针）

● 执行【编辑】‖【变换】‖【水平翻转】或【垂直翻转】命令，可以直接对图像选区进行翻转调整，如图 7-73、图 7-74 所示。

图 7-73 水平翻转效果

图 7-74 垂直翻转效果

（2）使用快捷键变换图像的选区

打开一幅图像，使用"椭圆选框工具"　⚪ 绘制出选区。

● 按 < Ctrl + T > 组合键，拖曳变换框的控制手柄，可以对图像选区自由缩放。按住 < Shift > 键，拖曳变换框的控制手柄，可以等比例缩放图像。

● 如果在变换后仍要保留原图像的内容，按 < Ctrl + Alt + T > 组合键，拖曳变换框的控制手柄，原图像的内容会保存下来，效果如图 7-75 所示。

● 按 < Ctrl + T > 组合键，将鼠标放在变换框的控制手柄外边，指针变为旋转箭头形状 ↰，拖曳鼠标可以旋转图像，效果如图 7-76 所示。

● 用鼠标拖曳旋转中心可以将其放到其他位置，旋转中心的调整会改变旋转图像的效果，如图 7-77 所示。

图 7-75　复制图像

图 7-76　旋转图像

图 7-77　调整旋转中心

● 按住 < Ctrl > 键，分别拖曳变换框的 4 个控制手柄，可以使图像任意变形，效果如图 7-78 所示。

● 按住 < Alt > 键，分别拖曳变换框的 4 个控制手柄，可以使图像对称变形，效果如图 7-79 所示。

图 7-78　图像任意变形效果

图 7-79　图像对称变形效果

● 按住 < Ctrl + Shift > 组合键，拖曳变换框的中间控制手柄，可使用图像斜切变形，效果如图 7-80 所示。

● 按住 < Ctrl + Shift + Alt > 组合键，拖曳变换框的 4 个控制手柄，可使图像同时变形，效果如图 7-81 所示。

图 7-80　图像斜切变形效果　　　　　图 7-81　图像同时变形效果

本章小结

本章主要介绍了 Flash CS4 中图像的各种编辑工具的使用方法，以及图像的移动、复制、删除、剪裁和变换的操作方法。

思考与练习

7-1　在 Photoshop 中，"标尺工具"的操作有哪些？

7-2　图像的复制有哪些方法？

7-3　什么是"裁剪工具"，如何启动？

7-4　简要说明"移动工具"的使用方法。

7-5　简要说明"抓手工具"的使用方法。

实训任务 1

1. 实训目的

利用 Photoshop 进行基本的图片处理，并进行编辑区的设置。

2. 实训内容及步骤

（1）内容　利用 Photoshop 处理图像，制作贺卡，效果如图 7-82 所示。

（2）操作步骤

1）背景制作。

【步骤 1】打开 Photoshop，新建一个文件，大小为 300×500 像素，背景为白色。

【步骤 2】在工具箱中选择"渐变工具"，打开渐变编辑器，在"预置"窗口中选中一个效果，然后在颜色滑轨上修改最后的颜色，将它改为比中间颜色稍浅一点的颜色，如图 7-83 所示。

【步骤 3】回到主界面，在背景图上添加渐变色，添加色彩的渐变方向是将直线从下部边缘至上部边缘，得到如图 7-84 所示的效果。

【步骤 4】选择"笔刷工具"，设置"喷枪柔边圆形"效果为 200 的画笔，如图 7-85 所示。画笔的色彩设定为白色，然后在渐变色的背景图的上部用笔刷添加一些白色光晕效果，如图 7-86 所示。

图 7-82　贺卡效果图

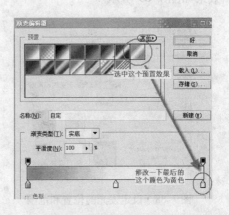

图 7-83　渐变编辑器

图 7-84　背景图上添加渐变色

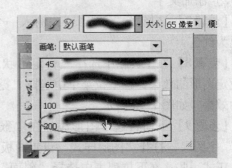

图 7-85　"喷枪柔边圆形"效果

【步骤 5】选择"文字工具",输入一个"春"字,字体为"华文行楷",色彩为浅红色,大小为 500。把"春"字摆放在背景图的左上部分,文字的顶部稍微超出边界,制作一点抽象的效果。然后将文字的透明度降低（10%）,直到隐约可以看到文字的效果即可,如图 7-87 所示

图 7-86　背景的整体效果

图 7-87　设置文字效果

【步骤 6】执行菜单栏中的【图层】|【向下合并】命令,将文字和背景画面合成一张图片。打开"滤镜"面板,在其下拉菜单中选择"渲染"下的"镜头光晕"效果,为背景图增加一些光源效果,同时 Photoshop 提供了效果的预置图,可以预先看到应用"镜头光晕"后的效果。在"镜头光晕"对话框中设定发光的位置和范围,如图 7-88 所示。最后得到的

背景图效果如图 7-89 所示。

图 7-88　设定发光的位置和范围

图 7-89　背景图效果

2）添加文字。

【步骤 7】选择"文字工具"，输入一个"猴"字，字体为"华文行楷"，大小为 60，颜色为红色。

【步骤 8】在工具箱中选择"自定形状工具"，选择一个好看的图形。在"图层样式"中设定图形的效果，在下拉菜单中选择"霓虹灯"，然后在预置效果图列表中选择一个霓虹灯的效果，如图 7-90 所示。

【步骤 9】下面将这个图形添加在"猴"字的周围制作成文字边框的效果。首先选中"猴"字图层，打开"图层样式"设置面板，给文字添加一个简单的浮雕效果，使其显得立体、正式一些。在下拉列表中选择"斜面"项，然后找到"简单浮雕"效果，只需在效果预置窗口中双击鼠标左键或者单击"应用"按钮，即可将效果应用在文字中，如图 7-91所示。

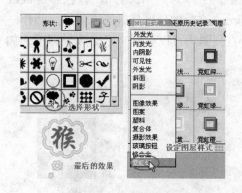

图 7-90　自定形状

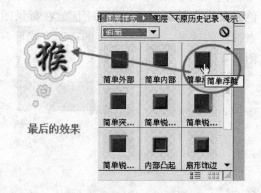

图 7-91　选择"简单浮雕"

【步骤 10】再选择"文字工具"添加新年祝福话语，设定字体为"华文隶书"，颜色为红色，大小为 30。在"效果"对话框中选择"文字效果"为文字增加一些效果。这里选择"图层样式"设置面板下的"外发光"项，然后应用"蓝色半透明"效果，如图7-92所示。

3）制作倒"福"字。

【步骤 11】选择"矩形工具"，在"矩形选项"选项框中选择"方形"，如图 7-93

所示。

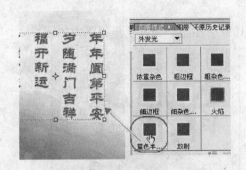

图 7-92　添加新年祝福话语

图 7-93　选中"蓝色半透明"效果

【步骤 12】画一个正方形，用红色进行填充，然后使用"选择工具"将图形选中并旋转 90 度，如图 7-94 所示。

【步骤 13】下面给图形制作边框。在"图层"面板中选中"矩形"图层，单击鼠标右键，在弹出的快捷菜单中执行【简化图层】命令，如图 7-95 所示。

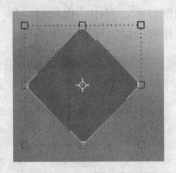

图 7-94　旋转 90 度

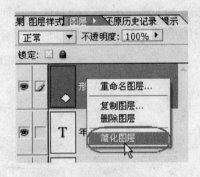

图 7-95　【简化图层】命令

【步骤 14】执行菜单栏中的【编辑】|【描边】命令，设置边缘的宽度为 4 像素，颜色为白色，对矩形描边，效果如图 7-96 所示。

【步骤 15】按照上述描边的方法再添加一个颜色为红色的边框。

【步骤 16】选择"文字工具"输入"福"字，颜色为黄色。使用"选择工具"，将文字旋转 180 度。对"福"字如前面"猴"字一样处理，添加一个简单的浮雕效果，显得立体真实，如图 7-97 所示。

4）添加剪纸画。

【步骤 17】如果想在贺卡上再增加一点中国传统的剪纸图画，可以打开一张猴子图形的剪纸画，如图 7-98 所示。

【步骤 18】选择"魔术棒工具"，先将图片的白色背景去掉，然后打开"滤镜"面板，

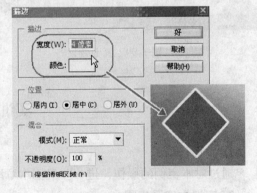

图 7-96　添加红色的边框

选择"风格化"滤镜下的"等高线"效果，应用在剪纸画上，此时画面效果如图 7-99 所示。

【步骤 19】将该图层的透明度降低到 30%，使其效果在整个图画上显得不太抢眼。

图 7-97　添加浮雕效果

图 7-98　猴子图形剪纸

5）制作贺卡边框。

【步骤 20】在"效果"面板的下拉列表中选择"画框"项，应用"浪花形画框"效果，如图 7-100 所示。应用画框效果后，所有的图层将会合并为一层，贺卡制作完毕。

图 7-99　画面效果

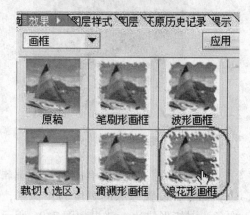

图 7-100　"浪花形画框"效果

实训任务 2

1. 实训目的

通过对本实例的操作，进一步巩固本章所学知识，锻炼对动画形式的理解。

2. 实训内容及步骤

（1）内容　制作"中国风"书法字动画效果，如图 7-101 所示。

（2）操作步骤

【步骤 1】打开 Flash CS4，新建一个 ActionScript 2.0 类型的 Flash 文件，设置舞台的宽度为 600、高度为 400，命名为"中国风.fla"并保存。

【步骤 2】把第 6 章素材库内的"木纹 . jpg"和"石纹 . jpg"两张图片导入 Flash 中。

【步骤 3】把"图层 1"改名为"背景"图层。从库中把"木纹"图片拖入舞台，并调整大小同舞台高宽相同。打开"对齐"面板，单击"水平居中"按钮 ▣ 和"垂直居中"按钮 ▣，把图片对齐舞台。使用"矩形工具" ▭ 绘制一个宽度为 450、高度为 220 的没有边框的白色矩形，再按 < Ctrl + G > 组合键把矩形组合，然后居中对齐舞台。

【步骤 4】使用"矩形工具" ▭ 绘制一个宽度为 15、高度为 115 的没有边框的白色矩形。打开"颜色"面板，"填充类型"选择"位图"，图片选择"石纹 . jpg"，使用"渐变变形工具" ▣ 调整大小。把矩形转换成名称为"枕石"的影片剪辑，并添加"投影"滤镜。再复制一个有投影的"枕石"元件，并调整位置。

【步骤 5】锁定"背景"图层，在第 300 帧处插入帧。

【步骤 6】新建一个名称为"文字"的图层，输入文字"中国风"，字体为"方正隶二简体"，大小为 100，颜色为黑色。调整字体到画面中间位置，并锁定图层。

【步骤 7】再新建一个名称为"毛笔"的图层。使用"矩形工具" ▭ 绘制笔杆，用线性渐变填充矩形，填充颜色为从"#542B01"到"#CC9900"再到"#542B01"的过渡。使用"矩形工具" ▭ 绘制笔尖，颜色为黑色，再使用"选择工具" ▸ 调整形状。最后使用"椭圆工具" ◯ 绘制一个椭圆作为中间部分，颜色为"#666633"，效果如图 7-102 所示。

【步骤 8】按 < Ctrl + G > 组合键分别组合笔杆、笔尖和椭圆 3 个形状。选择椭圆，单击鼠标右键，在弹出的快捷菜单中执行【排列】命令，把椭圆排列到底层，再对齐 3 个形状并调整大小，旋转 30 度。将图形转换成图形元件，命名为"毛笔"，效果如图 7-103 所示。

图 7-101　动画效果

图 7-102　步骤 7

图 7-103　步骤 8

【步骤 9】在"毛笔"图层的图标按钮 ▣ 上单击鼠标右键，在弹出的快捷菜单中执行【添加传统运动引导层】命令，创建一个引导层。在第 15 处帧插入关键帧，使用"铅笔工具" ✎ 绘制 3 条沿着笔画行走的线，如图 7-104 所示。锁定图层。

【步骤 10】选择"毛笔"图层上的"毛笔"元件，使用"任意变形工具" ▣ 调整"旋转点"到笔尖的位置，分别在第 15、55、65、165、176、240 和 255 帧处插入关

图 7-104　步骤 9

键帧，并在关键帧之间创建传统补间动画。把第 1 帧上的 "毛笔" 元件拖到舞台区域外的上部；把第 15 帧上的毛笔笔尖吸附到 "中" 字引导线的起点；把第 55 帧上的毛笔笔尖吸附到 "中" 字引导线的终点；把第 65 帧上的毛笔笔尖吸附到 "国" 字引导线的起点；把第 165 帧上的毛笔笔尖吸附到 "国" 字引导线的终点；把第 176 帧上的毛笔笔尖吸附到 "风" 字引导线的起点；把第 240 帧上的毛笔笔尖吸附到 "风" 字引导线的终点；把第 255 帧上的 "毛笔" 元件拖到舞台区域外的右边位置。

【步骤 11】 根据毛笔的行走方式，第 15 帧才开始写字，第 16 帧才能写出一点笔画，所以把第 1 帧拖到第 16 帧的位置。

【步骤 12】 在 "文字" 图层上面新建一个名称为 "遮罩" 的图层，并在 "图层" 图标按钮 ▣ 上单击鼠标右键，在弹出的快捷菜单中执行【遮罩层】命令。在第 16 帧插入关键帧。根据毛笔沿着路径行走的速度，使用 "画笔工具" ✐ 给毛笔走过的笔画添加颜色。在第 16 帧后面依次插入关键帧，绘制毛笔走过的笔画，效果如图 7-105 所示。

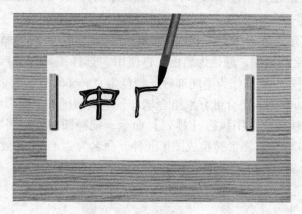

图 7-105　步骤 13

【步骤 13】 执行菜单栏中的【文件】|【保存】命令保存文档，按 < Ctrl + Enter > 组合键测试动画效果。

第8章

Flash元件实例和脚本动画

1) 掌握元件的创建、修改与使用方法。
2) 了解 ActionScript 的基本语法规则。
3) 掌握 ActionScript 脚本的应用方法。

8.1 图形元件

8.1.1 图形元件的概念

Flash 中的图形元件包括矢量图形、位图图像、文本对象以及用 Flash 工具创建的线条、色块、动画和声音等。图形元件可用于静态图像，并可用来创建连接到主时间轴的可重复使用的动画片段。图形元件与主时间轴同步运行，交互式控件和声音在图形元件的动画序列中不起作用。

8.1.2 图形元件的创建方法

在 Flash CS4 中，创建空白图形元件的操作步骤如下：

【步骤1】创建一个新文档，执行菜单栏中的【插入】|【新建元件】命令，或者按 <Ctrl + F8> 组合键，打开"创建新元件"对话框，如图 8-1 所示

【步骤2】在"名称"文本框中输入元件名称，"类型"下拉列表框中选择"图形"项，单击"确定"按钮。

【步骤3】创建图形元件后，自动进入元件编辑状态，元件的名称显示在"库"面板的名称栏中，在工作区里显示"+"符号，该点为元件的注册点，如图 8-2 所示。

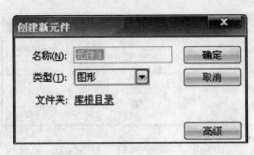

图 8-1 "创建新元件"对话框

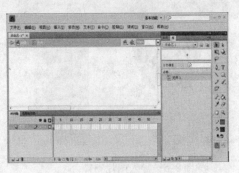

图 8-2 元件编辑状态

【步骤4】到此，空白的图形元件已经完成，可以在舞台中绘制或添加图片，创建一个自定义的图片元件。

8.1.3 将图形转换为元件

在 Flash CS4 中，把图形转换为元件的操作步骤如下：

【步骤1】执行菜单栏中的【文件】|【新建】命令，创建一个新文档。

【步骤2】执行【文件】|【导入】|【导入到舞台】命令，导入需要转换为元件的素材图片，调整大小并与舞台居中对齐，如图 8-3 所示。

【步骤3】选中该图片，执行【修改】|【转换为元件】命令，在打开的"转换为元件"对话框中，输入元件名称，在"类型"下拉列表框中选择"图形"，再单击"确定"按钮

【步骤4】转换为元件后双击舞台中的图形，便进入该元件的编辑状态，如图 8-4 所示。

图 8-3 导入素材　　　　　　　　　　　图 8-4 元件编辑状态

8.1.4 课堂任务1：将一只蝴蝶转换成图形元件

【步骤1】执行菜单栏中的【文件】|【新建】命令，创建一个新文档，背景改为淡蓝色，其他选项默认。

【步骤2】执行【文件】|【导入】|【导入到舞台】命令，从素材库中导入"蝴蝶"图片，调整其大小并与舞台居中对齐，如图 8-5 所示。

【步骤3】选中该图片，执行【修改】|【转换为元件】命令，在打开的"转换为元件"对话框中，输入元件名"蝴蝶"，"类型"为"图形"，单击"确定"按钮，如图 8-6 所示。

图 8-5 导入图片到舞台　　　　　　　图 8-6 "转换为元件"对话框

【步骤4】选中舞台中的元件实例，执行两次【修改】|【分离】命令，将图片打散。在第45帧处按 < F6 > 键插入关键帧。

【步骤5】执行【插入】|【新建元件】命令，创建一个名为"心"的图形元件。

【步骤6】在舞台上绘制出一个心的形状，如图8-7所示

【步骤7】按 < Ctrl + E > 组合键切换回"场景1"，执行【插入】|【新建元件】命令，再创建一个名为"星"的图形元件，并在舞台上绘制出一个五角星的形状，如图8-8所示。

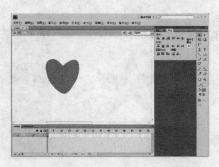
图8-7　绘制"心"元件

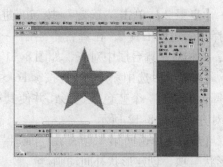
图8-8　绘制"星"元件

【步骤8】按 < Ctrl + E > 组合键切换回"场景1"，在第15帧处按 < F7 > 键插入空白关键帧。将"星"元件从库中拖入到舞台，并执行【修改】|【分离】命令将其打散，相对舞台居中对齐。

【步骤9】在第30帧处按 < F7 > 键插入空白关键帧。将"心"元件从库中拖入到舞台，执行【修改】|【分离】命令将其打散，并相对舞台居中对齐。

【步骤10】返回第1帧、第15帧和第30帧处，在"属性"面板中，选择"形状"选项，创建形状补间动画。制作完毕，保存图像。

8.2　影片剪辑元件

8.2.1　影片剪辑的概念

影片剪辑元件是 Flash 中应用最为广泛的元件类型，可以将它理解成为一个小动画。在影片剪辑元件中可以制作独立的影片，除了不能将元件置于其自身内部之外，制作影片的方法与在场景中没有区别。

8.2.2　影片剪辑元件的创建方法

创建影片剪辑元件的操作步骤如下：

【步骤1】创建一个新文档，设置时间轴如图8-9所示。执行菜单栏中的【插入】|【新建元件】命令，打开"创建新元件"对话框，输入元件名称，在"类型"下拉列表框中选择"影片剪辑"，如图8-10所示。

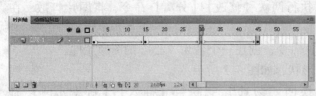

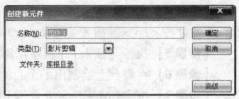

图 8-9　时间轴　　　　　　　　　　　图 8-10　"创建新元件"对话框

【步骤 2】单击"确定"按钮，进入编辑状态。选择"多边形工具"，在舞台中绘制一个红色的五角星，并相对于舞台居中对齐，如图 8-11 所示。

【步骤 3】选中第 20 帧，按 < F6 > 插入关键帧。在舞台中绘制一个蓝色五边形，并使其相对于舞台居中对齐，如图 8-12 所示

【步骤 4】返回第 1 帧，在"属性"面板中选择"形状"项，创建形状补间动画。

【步骤 5】在"库"面板中打开创建的影片剪辑元件的预览窗口，如图 8-13 所示。

图 8-11　绘制红色的五角星

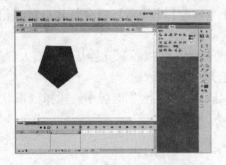

图 8-12　绘制蓝色五边形

图 8-13　"库"面板预览窗口

8.2.3　将动画转换为影片剪辑元件

将动画转换为影片剪辑元件的操作步骤如下：

【步骤 1】创建一个新文档，执行菜单栏中的【文件】|【打开】命令，打开要转换成影片剪辑元件的动画文件。

【步骤 2】选中图层中的所有帧，单击鼠标右键，在弹出的快捷菜单中执行【复制帧】命令。

【步骤 3】执行菜单栏中的【插入】|【新建元件】命令，在打开的"创建新元件"对话框中输入影片剪辑的名字，选择"影片剪辑"类型。

【步骤 4】单击"确定"按钮，进入元件编辑状态，在"图层 1"的第 1 帧处单击鼠标右键，在弹出的快捷菜单中执行【粘贴帧】命令，创建影片剪辑完毕。

8.2.4　课堂任务 2：利用 GIF 图片创建影片剪辑元件

【步骤 1】执行菜单栏中的【文件】|【新建】命令，创建一个新文档，默认各选项。

【步骤 2】执行【插入】|【新建元件】命令，在打开的"创建新元件"对话框中输入元件名称"猴子"，"类型"选择"影片剪辑"，如图 8-14 所示。单击"确定"按钮，进入元件编辑状态。

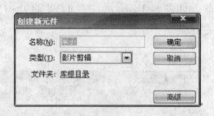

【步骤 3】执行【文件】|【导入】|【导入到舞台】命令，从素材库中导入名为"猴子"的 GIF 图片，并使其相对舞台居中对齐，如图 8-15 所示。

图 8-14　"创建新元件"对话框

【步骤 4】执行【插入】|【新建元件】命令，创建一个名为"猴子跑步"的影片剪辑元件，单击"确定"按钮，进入编辑状态。

【步骤 5】将猴子影片剪辑元件拖入舞台，放到适当位置，在第 30 帧处按 < F6 > 键插入关键帧，将猴子移动到左边适当距离，如图 8-16 所示。

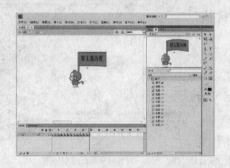

图 8-15　导入 GIF 图

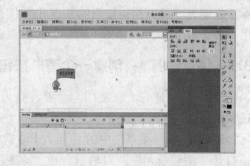

图 8-16　插入关键帧

【步骤 6】返回第 1 帧，创建传统补间动画。按 < Ctrl + E > 组合键返回主场景，从库中将"猴子跑步"元件拖到舞台，调整其大小。

【步骤 7】保存文件，按 < Ctrl + Enter > 组合键测试影片效果。

8.3　按钮元件

8.3.1　按钮元件的概念

按钮元件主要用于创建响应鼠标事件的交互式按钮，其中鼠标事件包括鼠标触及与鼠标单击两种。将绘制的图形转换为按钮元件，在播放影片时，当鼠标靠近图形时，指针就会变成小手状态。为按钮元件添加脚本语言，即可实现影片的控制。

8.3.2　按钮元件的创建方法

创建按钮元件的操作步骤如下：

【步骤 1】创建一个新文档，执行菜单栏中的【插入】|【新建元件】命令，打开"创建

新元件"对话框，在"名称"文本框中输入"play"，"类型"选择"按钮"，如图 8-17 所示。

【**步骤 2**】单击"确定"按钮，进入按钮元件编辑状态，如图 8-18 所示，在时间轴处可定义 4 种状态的按钮关键帧。

图 8-17 "创建新元件"对话框

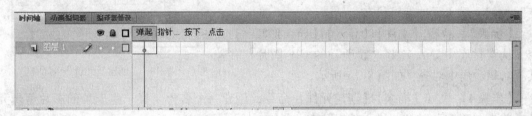

图 8-18 按钮元件时间轴

【**步骤 3**】在舞台中绘制出按钮的行状，如图 8-19 所示。根据需要可以绘制按钮的其他几个状态的关键帧，这里不做详解。

8.3.3 课堂任务 3：创建一个图形按钮元件

【**步骤 1**】创建一个新文档，设置背景为浅蓝色，其他选项默认。

【**步骤 2**】执行菜单栏中的【插入】|【新建元件】命令，打开"创建新元件"对话框，在"名称"文本框中输入"图形按钮"，"类型"选择"按钮"，如图 8-20 所示

【**步骤 3**】单击"确定"按钮，进入按钮元件编辑编辑状态，如图 8-21 所示。

图 8-19 绘制按钮

图 8-20 "创建新元件"对话框

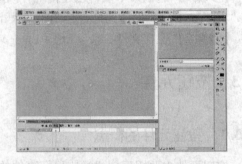

图 8-21 进入按钮编辑状态

【**步骤 4**】执行【文件】|【导入】|【导入到库】命令，从素材库中导入"按钮 1"、"按钮 2"图片。把"按钮 1"拖入舞台，使其相对于舞台居中对齐，如图 8-22 所示。

【**步骤 5**】把鼠标移到"按下"帧，按 < F6 > 插入关键帧，将"按钮 2"拖入舞台，使其相对于舞台居中对齐，如图 8-23 所示。

【**步骤 6**】按 < Ctrl + E > 返回主场景，将按钮元件拖入舞台，调整其大小，如图 8-24 所示。

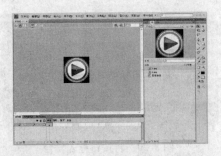

图 8-22　把"按钮 1"拖入舞台

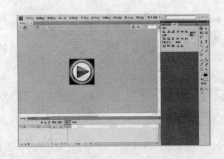

图 8-23　把"按钮 2"拖入舞台

【步骤 7】保存文件并将其命名为"创建一个图形按钮元件 . fla"，按 < Ctrl + Enter > 组合键测试影片效果。

8.3.4　课堂任务 4：创建一个文字按钮元件

【步骤 1】创建一个新文档，设置背景为浅蓝色，其他选项默认。

【步骤 2】执行菜单栏中的【插入】|【新建元件】命令，打开"创建新元件"对话框，在"名称"文本框中输"文字按钮"，"类型"选择"按钮"，如图 8-25 所示。

图 8-24　把按钮元件拖入舞台

【步骤 3】单击"确定"按钮，进入按钮元件编辑状态。选择"文本工具"在舞台中输入文字"开始"，字体颜色为红色，使其相对舞台居中对齐，如图 8-26 所示。

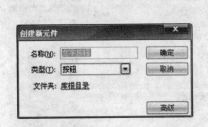

图 8-25　"创建新元件"对话框

图 8-26　输入"开始"

【步骤 4】两次执行【修改】|【分离】命令将文字打散，把鼠标移到时间轴的"指针经过"帧，按 < F6 > 键插入关键帧，并且将文字颜色改为绿色，如图 8-27 所示。

【步骤 5】再把鼠标移到"按下"帧，按 < F6 > 键插入关键帧，并且将文字颜色改为白色，如图 8-28 所示。按 < Ctrl + E > 组合键返回主场景，将按钮元件拖入舞台，调整其大小，如图 8-29 所示。

图 8-27　"指针经过"关键帧

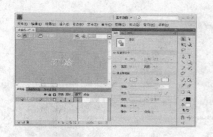

图 8-28　"按下"关键帧

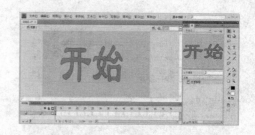

图 8-29　将按钮拖入舞台

【步骤 6】保存文件并命名为"创建一个文字按钮元件 . fla"，按 < Ctrl + Enter > 组合键测试影片效果。

8.3.5　课堂任务 5：创建一个有声音的按钮

【步骤 1】创建一个新文档，设置背景色为浅蓝色，其他选项默认。

【步骤 2】执行菜单栏中的【插入】|【新建元件】命令，打开"创建新元件"对话框，在"名称"文本框中输入"声音按钮"，"类型"选择"按钮"，如图 8-30 所示。

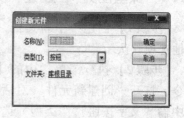

图 8-30　创建"声音按钮"元件

【步骤 3】单击"确定"按钮，进入元件编辑状态。选择"矩形工具"，在舞台中绘制出一个红色矩形，如图 8-31 所示。在"按下"帧处添加关键帧，将矩形颜色改为绿色，如图 8-32 所示。

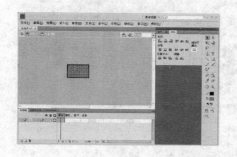

图 8-31　绘制红色矩形

图 8-32　将矩形颜色改为绿色

【步骤 4】执行【文件】|【导入】|【导入到库】命令，把素材库中的"1. wav"声音文件导入到库中。

【步骤 5】选中"按下"帧，切换到声音属性面板，添加刚导入的"1. wav"声音文件，设置如图 8-33 所示。按 < Ctrl + E >组合键返回主场景，将图形按钮元件拖入舞台，调整其大小，如图 8-34 所示。

【步骤 6】保存文件并命名为"创建一个有声音的按钮". fla"，按 < Ctrl + Enter >组合键测试影片效果。

图 8-33　声音设置

8.3.6　课堂任务 6：花与心的转换

【步骤 1】创建一个新文档，设置背景为浅蓝色，其他选项默认。

【步骤 2】执行菜单栏中的【插入】|【新建元件】命令，打开"创建新元件"对话框，在"名称"文本框中输入"花瓣"，"类型"选择"图形"，如图 8-35 所示。

【步骤 3】单击"确定"按钮，进入元件编辑

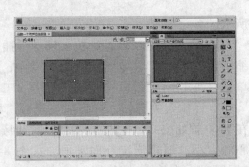

图 8-34　将按钮拖入舞台

状态。在舞台中绘制出一个黄色花瓣的形状，如图 8-36 所示。

图 8-35　创建"花瓣"图形元件

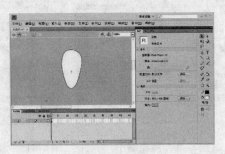

图 8-36　绘制花瓣

【步骤 4】执行【插入】|【新建元件】命令，打开"创建新元件"对话框，在"名称"文本框中输入"花心"，"类型"选择"图形"。单击"确定"按钮进入元件编辑状态，在舞台中绘制一个红心圆。

【步骤 5】再次执行【插入】|【新建元件】命令，打开"创建新元件"对话框，在"名称"文本框中输入"花"，"类型"选择"图形"。单击"确定"按钮进入元件编辑状态，将"花瓣"元件拖入舞台，复制 5 份并改变其角度。将"花心"元件拖入舞台，将其组合成一朵花，在花瓣中心绘制一个红心圆，如图 8-37 所示。

【步骤 6】执行【插入】|【新建元件】命令，打开"创建新元件"对话框，在"名称"文本框中输入"心"，"类型"选择"图形"。单击"确定"按钮进入元件编辑状态，在舞台中绘制出一个红色心形，如图 8-38 所示。

【步骤 7】按 < Ctrl + E > 组合键返回主场景，将花拖入舞台并调整其大小，如图 8-39

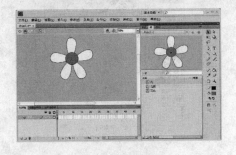

图 8-37　组合成花

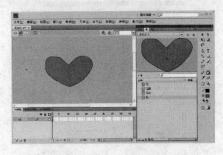

图 8-38　绘制心形

所示。

【步骤 8】 在第 30 帧处按 < F6 > 键插入关键帧，将花缩小到一定程度，并创建传统补间动画，如图 8-40 所示。单击"新建图层"按钮，创建"图层 2"，在第 30 帧处按 < F6 > 键插入关键帧，将心拖入舞台，如图 8-41 所示。在第 60 帧处按 < F6 > 键插入关键帧，回到第 30 帧，调整心的大小，创建传统补间动画，如图 8-42 所示。选中"图层 1"，在第 40 帧处按 < F6 > 键，调整其大小，回到第 30 帧，创建传统补间动画。

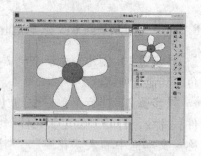

图 8-39 将花拖入舞台

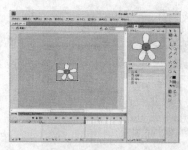

图 8-40 将花缩小

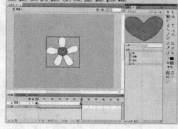

图 8-41 "图层 2"创建补间动画

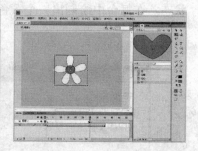

图 8-42 在第 30 帧创建补间动画

【步骤 9】 单击"新建图层"按钮，创建"图层 3"。执行菜单栏中的【窗口】|【公用库】|【按钮】命令，打开"公用库"面板，从库中拖出一个按钮，调整其大小，如图 8-43 所示。

【步骤 10】 选中按钮，单击鼠标右键，在弹出的快捷菜单中执行【动作】命令，打开"按钮动作"面板，如图 8-44 所示，输入以下代码：

```
on (release) {play ();}
```

【步骤 11】 选中"图层 2"的第 60 帧，单击鼠标右键，在弹出的快捷菜单中执行【动作】命令，打开"动作"面板，输入"stop ()"，如图 8-45 所示。

【步骤 12】 保存文件并命名为"花与心的转换.fla"，按 < Ctrl + Enter > 组合键测试影片效果。

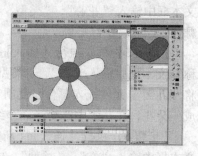

图 8-43 拖入按钮

图 8-44 "按钮动作"面板

图 8-45 "动作"面板

8.4　脚本动画基础

8.4.1　ActionScript 概述

ActionScript 动作脚本是基于 Adobe Flash Player 运行环境的编程语言，具有强大的交互功能，通过在动画中添加相应的语句，使得 Flash 能够实现一些特殊功能。在 Flash CS3 以上的版本中，ActionScript 具有和 JavaScript 相似的功能，以面向编程的思想为基础，采用 Flash 中的事件对程序进行驱动，以动画中的关键帧、影片剪辑和按钮作为对象进行定义和编写，因此，ActionScript 是 Flash 中不可缺少的重要部分。

ActionScript 的最新版本为 3.0，是从 Flash CS3 版本开始引进的，其脚本编写功能超越了早期的版本，旨在方便创建拥有大型数据集和面向对象的可重用代码库的高度复杂应用程序。虽然 ActionScript 3.0 对于在 Adobe Flash Player 9 中运行的内容并不是必需的，但它使用新型的虚拟机 AVM2 实现了性能的改善。ActionScript 3.0 代码的执行速度可以比旧式代码快 10 倍。

尽管有了 3.0 版本，但是用户仍然可以使用 ActionScript 2.0 的语法，特别是制作传统的 Flash 动画时，如果针对旧版本的 Flash Player 创建 SWF 文件时，则必须使用与之相兼容的 ActionScript 2.0 或 ActionScript 1.0。

8.4.2　ActionScript 的语法规则

Flash 中的脚本像其他脚本语言一样，也有变量、函数、操作符和关键字等元素。该脚本语言有自己的一套语法规则，规定了一些字符的含义以及使用规则，在使用时要熟悉其编写的语法规则。

下面列出的是 ActionScript 的一些基本语法规则，对于比较特别的规则，请参阅 ActionS-cript 词典。

1. 点语法

在 ActionScript 中，点（.）被用来指明和某个对象或电影剪辑相关的属性和方法，也用于标识指向电影剪辑或变量的目标路径。点语法表达式由对象或电影剪辑名开始，接着是点符号，最后是要指定的属性、方法或变量。例如，表达式 ballMC.x 是指电影剪辑实例 ballMC 的_X 属性，_X 电影剪辑属性指出编辑区中电影剪辑的 X 轴位置。又如，submit 是在电影剪辑 form 中配置的一个变量，而 form 又是嵌套在电影剪辑 shoppingCart 中的电影剪辑，则表达式 shoppingCart. form. submit = true 的作用是配置实例 form 的 submit 变量的值为 true。

表达一个对象或电影剪辑的方法遵循相同的模式。例如，ballMC 实例的 play 方法用于移动 ballMC 的时间轴播放头，则语句如下：

```
ballMC.play();
```

点语法使用两个特别的别名：_root 和_parent。别名_root 是指主时间轴，用于创建一个绝对路径。例如，下面的语句调用主时间轴中电影剪辑 functions 的 buildGameBoard 函数：

```
_root. functions. buildGameBoard();
```

Flash MX 允许使用别名_parent 来引用嵌套当前电影剪辑的电影剪辑，也能够用_parent

创建一个相对目标路径。例如，假如电影剪辑 dog 被嵌套在电影剪辑 animal 之中，那么，在实例 dog 上的下列语句告诉 animal 电影剪辑停止播放：

```
_parent.stop();
```

2. 斜杠语法

Flash 以前的版本是使用斜杠语法指出电影剪辑或变量的目标路径的。Flash MX 播放器仍然支持这种语法，但不推荐使用。在斜杠语法中，斜杠被用来代替点，用以标明电影剪辑或变量的路径。注意，要指出一个变量，应在变量前加上冒号，如下面的语句所示：

```
myMovieClip/childMovieClip:myVariable
```

也可以用点语法取代斜杠语法来表示上面的目标路径：

```
myMovieClip.childMovieClip.myVariable
```

斜杠语法在 tellTarget 动作中使用最为普遍，但这种动作在 Flash MX 中已不再推荐使用。

3. 大括号

ActionScript 语句用大括号（{}）分块，例如下述语句：

```
on(release){
  myDate = new Date();
  currentMonth = myDate.getMonth();
}
```

4. 分号

ActionScript 语句用分号（;）结束，但省略语句结尾的分号，Flash 仍然能够成功地编译脚本。例如，下面的语句用分号结束：

```
colum = passedDate.getDay(); row = 0;
```

同样的语句也能够省略分号：

```
colum = passdDate.getDay()row = 0
```

5. 圆括号

定义一个函数时，要把参数放在圆括号中，例如下述语句：

```
function myFunction (name, age, reader){    }
```

调用一个函数时，也要把要传递的参数放在圆括号中，例如下述语句：

```
myFunction ("Steve",10,true);
```

圆括号能够用来改变 ActionScript 的运算优先级，或使自己编写的 ActionScript 语句更容易阅读。还可以用圆括号来计算点语法点左边的表达式。例如，在下面的语句中，圆括号使表达式 new color(this) 得到计算，并创建了一个新的颜色对象：

```
onClipEvent(enterFrame){
  (new Color(this)).setRGB(oxffffff);
}
```

在上例中，假如不使用圆括号，就需要在代码中增加一个语句来计算：

```
onClipEvent(enterFrame){
  myColor = new Color(this);
  myColor.setRGB(0xffffff);
}
```

6. 大小写字母

在 ActionScript 中，只有关键字区分大小写。例如，下面的语句是等价的：

```
cat.hilite = true;
CAT.hilite = true;
```

但是，遵守一致的大小写约定是个好习惯。这样，在阅读 ActionScript 代码时更易于区分函数和变量的名字。假如在书写关键字时没有使用正确的大小写，脚本将会出现错误。例如，下面的两个语句：

```
setProperty(ball,_xscale,scale);
setproperty(ball,_xscale,scale);
```

前一句是正确的，后一句中 property 中的 p 没有大写，所以是错误的。在"动作"面板中启用彩色语法功能时，用正确的大小写书写的关键字用蓝色区别显示，因而很容易发现关键字的拼写错误。

7. 注释

需要记住一个动作的作用时，可在"动作"面板中使用 comment（注释）语句给帧或按钮动作添加注释。假如在协作环境中工作或给别人提供范例，添加注释有助于别人对编写的脚本正确理解。

在"动作"面板中选择 comment 动作时，字符"//"被插入到脚本中。假如在创建脚本时加上注释，即使是较复杂的脚本也易于理解，例如：

```
on(release){
    //建立新的日期对象
  myDate = new Date();
  currentMonth = myDate.getMonth();
    //把用数字表示的月份转换为用文字表示的月份
  monthName = calcMoth(currentMonth);
  year = myDate.getFullYear();
  currentDate = myDate.getDat();
}
```

在脚本窗口中，注释内容用粉红色显示。它们的长度不限，也不影响导出文档的大小。

8.4.3　ActionScript 的主要命令

在 Flash CS4 中有两个编码器，一个是 ActionScript 1.0 & ActionScript 2.0 编码器，另一

个是 ActionScript 3.0 编码器。下面介绍在 ActionScript 1.0 & ActionScript 2.0 中主要使用的命令。

1. goto 命令

goto 命令是"无条件跳转"语句，该语句不受任何条件约束，可以跳转到任意场景的任意一帧。

命令格式 1：gotoAndPlay（场景，帧）；

命令格式 2：gotoAndShop（场景，帧）；

作用：将播放头转到场景中指定的帧并从该帧开始播放（停止播放）。如果未指定场景，则播放头将转到当前场景中的指定帧。

例如，当用户单击 gotoAndPlay（）动作所分配到的按钮时，播放头将转到当前场景中的第 16 帧并开始播放，语句如下：

```
on(release){
  gotoAndPlay(16);
}
```

2. nextFrame 和 nextScene 命令

命令格式 1：nextFrame（）

命令格式 2：nextScene（）

作用：跳到下一帧（场景）并停止播放。

例如，单击按钮，跳到下一帧并停止播放，语句如下：

```
on(release){
  nextFrame()
}
```

3. prveFrame 和 prevScene 命令

命令格式 1：prveFrame（）

命令格式 2：prevScene（）

作用：跳到前一帧（场景）并停止播放。

4. play 和 stop 命令

命令格式 1：play（）

命令格式 2：stop（）

作用：使影片从当前帧开始（停止）播放。

如果需要某个影片剪辑在播放完毕后停止而不是循环播放，则可以在影片剪辑的最后一帧添加 stop 命令。

5. stopAllSounds 命令

命令格式：stopAllSounds（）

作用：停止播放当前所有声音，但不停止播放动画。

6. on 命令

命令格式：on（）

作用：按钮脚本命令，即事件处理函数，当特定事件发生时要执行的代码。

例如，"单击鼠标后放开"事件的语句如下：

```
on(release){
}
```

7. startDrag 命令

命令格式：startDrag（）

作用：规定相应事件发生的时候，将指定的影片剪辑跟随鼠标一起移动。

8.4.4　课堂任务 7：利用跳转语句创建动画

【步骤 1】执行菜单栏中的【文件】|【新建】命令，创建一个新文档，默认文档属性。

【步骤 2】执行【文件】|【打开】命令，打开素材文件，如图 8-46 所示。

【步骤 3】单击"新建图层"按钮，添加新图层。执行【窗口】|【公用库】|【按钮】命令，打开"公用库"面板，从库中将两个按钮拖进舞台，调整其大小，放置在合适的位置，如图 8-47 所示。

【步骤 4】选择黄色按钮，打开"动作"面板，输入以下代码（如图 8-48 所示）：

图 8-46　打开素材

```
on(release){gotoAndPlay(20);}
```

图 8-47　拖入按钮

图 8-48　黄色按钮的"动作"面板

【步骤 5】选择绿色按钮，打开动作面板，输入以下代码（如图 8-49 所示）：

```
on(release){gotoAndStop(20);}
```

【步骤 6】如果要使动画跳转到场景 2 的第 1 帧开始播放，语句如下：

```
on(release){gotoAndPlay("场景2",1);}
```

【步骤 7】执行【文件】|【保存】命令，将文件命名为"利用跳转语句创建动画 .fla"并保存，按

图 8-49　绿色按钮的"动作"面板

< Ctrl + Enter > 组合键测试影片效果。

8. 4. 5　课堂任务 8：利用 play 和 stop 语句创建动画

【步骤 1】执行菜单栏中的【文件】|【新建】命令，创建一个新文档，默认文档属性。

【步骤 2】执行【文件】|【打开】命令，打开素材文件。

【步骤 3】单击"新建图层"按钮，添加新图层。执行【窗口】|【公用库】|【按钮】命令，打开"公用库"面板，如图 8-50 所示。从库中将一个按钮拖到舞台，调整大小，放置在合适的位置，如图 8-51 所示。

【步骤 4】选中按钮，打开"动作"面板，输入以下代码（如图 8-52 所示）：

```
on(release){ play();}
```

【步骤 5】选中"图层 2"的第 50 帧，打开"动作"面板，输入"stop（）"命令，如图 8-53 所示。

图 8-50　打开"公用库"面板

图 8-51　拖入按钮

【步骤 6】执行【文件】|【保存】命令，将文件命名为"利用 play 和 stop 语句创建动画 . fla"并保存，按 < Ctrl + Enter > 组合键测试影片效果。

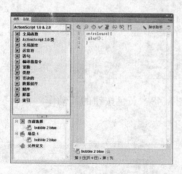

图 8-52　按钮的"动作"面板

图 8-53　第 50 帧的"动作"面板

8. 4. 6　课堂任务 9：利用 stopAllSounds 语句创建有音乐的动画

【步骤 1】执行菜单栏中的【文件】|【新建】命令，创建一个新文档，默认文档属性。

【步骤 2】执行【文件】|【打开】命令，打开相同的素材文件。

【步骤 3】单击"新建图层"按钮，添加新图层。执行【窗口】|【公用库】|【按钮】命令，打开"公用库"面板，从库中将一个按钮拖到舞台，调整大小，放置在合适的位置。

【步骤4】选中按钮，打开"动作"面板，输入以下代码：

```
on(release){stopAllSounds();}
```

【步骤5】执行【文件】|【保存】命令，将文件命名为"利用 stopAllSounds 语句创建有音乐的动画 . fla"并保存，按 < Ctrl + Enter > 组合键测试影片效果。

8.5　多媒体技术的应用

8.5.1　声音的属性设置

在 Flash 中有两种声音类型：事件声音和音频流。事件声音只有完全下载后才能开始播放，而音频流在前几帧下载了足够的数据后就开始播放。

在 Flash CS4 中要给帧添加声音有两种方式。一种是使用库中的声音，执行菜单栏中的【窗口】|【公用库】|【声音】命令，打开声音的"库"面板，如图 8-54 所示，将声音添加到帧中。另一种则是从外部导入声音，执行【文件】|【导入】|【导入到库】命令，把需要添加的声音导入到库中，如图 8-55 所示，这样便可在动画或帧中添加声音。

图 8-54　声音的"库"面板

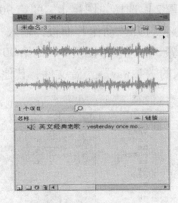

图 8-55　导入声音

引用到时间轴上的声音，往往还需要在声音属性面板中对它进行恰当的属性设置，才能更好地发挥声音的效果。添加了声音的帧的属性面板如图 8-56 所示，分别有名称、效果和同步 3 个选项。

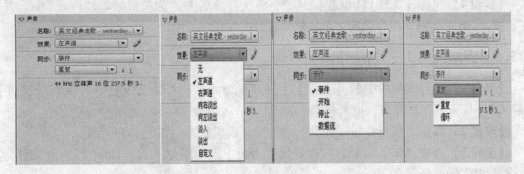

图 8-56　声音属性面板

8.5.2 为动画添加声音

为动画添加声音有很多种方法，这里只介绍其中最常用的一种。首先执行【文件】|【导入】|【导入到库】命令，把声音导入到库中。然后，单击"新建图层"按钮，再将声音拖入图层中，要注意设置好声音与动画的同步，在声音属性面板中的"同步"下拉列表框中选择"停止"项即可。

8.5.3 为关键帧添加声音

为关键帧添加声音的方法如下：首先执行【文件】|【导入】|【导入到库】命令，把声音导入到库中。然后，选中要添加声音的关键帧，在声音属性面板的"名称"项中选择刚添加进来的声音，然后设置需要的"效果"和"同步"即可。

8.5.4 课堂任务 10：为关键帧添加声音

【步骤1】执行菜单栏中的【文件】|【打开】命令，打开素材文件，再执行【文件】|【导入】|【导入到库】命令，把素材库中的"1. wav"声音文件导入到库中。

【步骤2】选择"图层1"的第90帧，单击鼠标右键，在弹出的快捷菜单中执行【动作】命令，打开"动作"面板，输入"stop（）"命令，如图 8-57 所示

【步骤3】选中"图层2"的第90帧，打开声音属性面板，在"名称"下拉列表框中选择刚导入的"1. wav"声音文件，其他设置如图 8-58 所示。

图 8-57　第 90 帧的"动作"面板

图 8-58　声音属性面板

【步骤4】执行【文件】|【保存】命令，将文件命名为"为关键帧添加声音. fla"并保存，按 < Ctrl + Enter > 组合键测试影片效果。

8.5.5 课堂任务 11：为按钮添加声音

【步骤1】执行菜单栏中的【文件】|【打开】命令，打开素材文件。再执行【文件】|【导入】|【导入到库】命令，把素材库中的"1. wav"声音文件导入到库中。

【步骤2】双击"图形按钮"元件，进入元件编辑状态，如图 8-59 所示。

【步骤3】选中"按下"帧，在声音属性面板中添加刚导入的"1. wav"声音文件，其他设置如图 8-60 所示。

【步骤4】执行【文件】|【保存】命令，将文件命名为"为按钮添加声音. fla"并保存，

按 < Ctrl + Enter >组合键测试影片效果。

图 8-59　进入元件编辑状态

图 8-60　声音属性设置

本 章 小 结

本章主要介绍 Flash CS4 中元件的创建、修改与使用方法，ActionScript 的基本语法规则以及 ActionScript 脚本的应用方法。通过本章的学习，应当熟练掌握这些操作方法，为制作较难的 Flash 动画作准备。

思 考 与 练 习

8-1　简要叙述 Flash 中图形元件的概念。

8-2　说明将图形转换为元件的操作步骤。

8-3　简述 ActionScript 的主要命令。

8-4　简述 ActionScript 的语法规则。

8-5　在 Flash 中，如何为动画添加声音?

实训任务 1

1. 实训目的

利用控件、脚本建立简单的 Flash 动画，并进行编辑区的设置。

2. 实训内容及步骤

（1）内容　用 Flash 制作出雪花缤纷飞舞的效果，当鼠标滑过"天空"时，就在所经过的轨迹上产生片片雪花，并纷纷飘落，效果如图 8-61 所示。

（2）操作步骤

【步骤1】新建一个动画文件，按 < Ctrl + M >组合键打开其属性对话框，设置场景属性，如图 8-62 所示。

【步骤2】执行菜单栏中的【插入】|【新建元件】命令，或按 < Ctrl + F8 >组合键，创建一个名为"雪花"的图形元件，如图 8-63 所示。

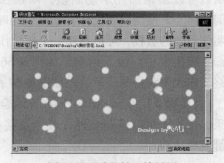

图 8-61　雪花纷飞效果图

图 8-62　设置场景属性

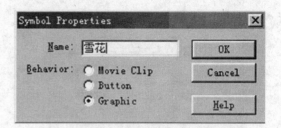

图 8-63　创建"雪花"图形元件

【步骤 3】使用形状补间动画，制作一个不断变换形状、颜色的雪花，如图 8-64 所示。

【步骤 4】新建一个按钮元件，作为触发影片剪辑元件的隐形按钮。该按钮只需制作其关键帧，和步骤 2 制作的雪花相同大小即可，如图 8-65 所示。

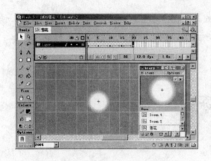

图 8-64　制作变化的雪花

图 8-65　制作隐形按钮

【步骤 5】接下来实现雪花飘落的动画效果。新建一个影片剪辑元件，将"隐形按钮"拖入到工作区中，并打开其"动作"面板。在鼠标事件中选择 Roll Over 项，表示当鼠标滑到按钮上时触发动作，然后再添加语句"gotoAndPlay（2）"，指定事件的动作为跳转至第 2 帧并播放。

【步骤 6】选中第 1 帧，设置该帧动作为"stop（）"，即播放至该帧时停止。配合按钮动作，则当符合"鼠标滑过"这一事件时，继续播放后续内容。

【步骤 7】在第 2 帧中插入空白关键帧，将"雪花"元件导入工作区，制作雪花飘落的动画效果。注意，雪花飘落的主要特点是轻柔，所以可以多增加几个动画帧，以延长飘落的时间。为了方便用户和设计者联系，同时也为了注明该动画的版权，可以制作一个包含作者名的 E-mail 链接事件，输入语句，如图 8-66 所示。最终工作区中获得的显示效果如图 8-67 所示。

【步骤 8】按 < Ctrl + Enter > 组合键预览效果，修改满意后保存文件，或者直接按 <F12 > 键发布动画。

图 8-66　设置 E-mail 链接

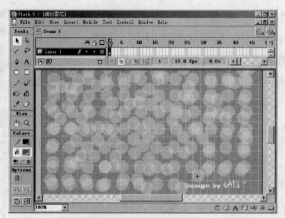

图 8-67　最终效果

实训任务 2

1. 实训目的

通过对本实例的操作，学习"选择题动画"的制作方法，锻炼使用组件和 ActionScript 语句的能力。

2. 实训内容及步骤

（1）内容　制作"环保知识测试题"单项选择题的动画效果，如图 8-68 所示。

图 8-68　动画效果

（2）操作步骤

【**步骤 1**】打开 Flash CS4，新建一个 ActionScript 2.0 类型的文件，在属性窗口设置舞台的宽度为 600，高度为 400，命名为"环保知识测试题. fla"并保存。

【**步骤 2**】执行菜单栏中的【文件】|【导入】|【导入到库】命令，导入素材库中的"背景. jpg"图片。

【**步骤 3**】把图层 1 的名称改成"背景"。打开"库"面板，选择"背景. jpg"图片，把它从库中拖曳到舞台上，调整图片的大小同舞台一样，并在第 14 帧插入帧。锁定该图层，再新建一个新图层，名称为"按钮"。

【步骤4】在"按钮"图层的第1帧，使用"文字工具" T 输入文字"环保知识测试题"，在属性面板中设置文本类型为静态文本，字体为"楷体_GB2312"，大小为40，颜色为黑色。再次输入文字"开始测试"，文本类型为静态文本，字体为"宋体"，大小为25，颜色为黑色，调整字体的位置。

【步骤5】执行【窗口】|【公用库】|【按钮】命令，打开公用按钮库面板，选择"classic buttons"文件夹内的红色按钮（red），如图8-69所示，并拖曳到舞台上。

【步骤6】在"按钮"图层的第2帧插入空白关键帧，选择"文字工具" T ，输入"下一题"和"返回"两组文字，文本类型为静态文本，字体为"宋体"，大小为20，颜色为黑色。

图 8-69 步骤 5

【步骤7】再使用"绘图工具"绘制圆形和箭头，调整大小并对齐，把圆形和箭头一起选择并转换成按钮元件，名称为"圆"。调整位置和大小，如图8-70所示。

【步骤8】在第3帧上插入关键帧，把文字"返回"改成"上一题"。锁定该图层。

【步骤9】重新建立一个名称为"题目"的图层，在第2帧处插入关键帧，输入"1、引起气温上升的气体是哪一个?"、"答案"和"确定"3组文字，文本类型为静态文本，字体为"宋体"，大小为25，颜色为黑色。

【步骤10】为判断答案是否正确，把文字"确定"转换成按钮元件，名称为"确定"。进入按钮编辑层级，改变按钮不同状态下文字的颜色，并在单击状态绘制一个覆盖文字的矩形。

【步骤11】执行【窗口】|【组件】命令，打开"组件"面板，选择"User Interface"下面的"CheckBox"组件，如图8-71所示，并拖曳到舞台上。

图 8-70 步骤 7

图 8-71 步骤 11

注意：CheckBox 是多项选择组件，Radio Button 是单项选择组件，做单选题两者都可使用。

【步骤12】复制4个"CheckBox"组件，执行【窗口】|【组件检查器】命令，打开"组件检查器"窗口，分别选择4个组件，修改其"label"项的值为"氢气"、"二氧化碳"、

"一氧化碳"、"氮气"，效果如图 8-72 所示。

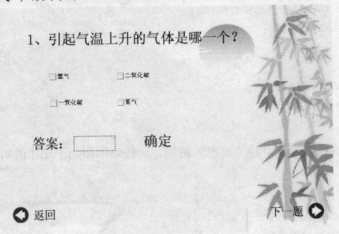

图 8-72　步骤 12

【**步骤 13**】选择名称为"氢气"的组件，在属性面板中将"实例名称"改成"D1"。再依次将"二氧化碳"组件的"实例名称"改成"D2"，"一氧化碳"组件的"实例名称"改成"D3"，"氮气"组件的"实例名称"改成"D4"。

【**步骤 14**】在文字"答案"后面拉出一个文本框，在属性面板中设置字体为"宋体"，文本类型为动态文本，大小为 25，颜色为黑色。在"变量"后面输入"DA1"

【**步骤 15**】在第 3 帧插入关键帧，修改题目名称为"2、下面哪种垃圾是不可以回收的?"答案选项分别是"玻璃"、"报纸"、"菜叶"和"桌布"，并把动态文本的变量名称改成"DA2"。在第 4 帧插入关键帧，修改题目名称为"3、下列选项中属于可再生自然资源的是?"答案选项分别是"农作物"、"土地"、"石油"和"焦炭"，并把动态文本的变量名称改成"DA3"。

注意：本题仅做 3 个示例性问题，如果增加题目，按照步骤 15 依次添加关键帧，修改题目名称、答案选项和动态文本的变量名称编号即可。

【**步骤 16**】锁定"题目"图层，再新建一个名称为"CS"的图层，每一帧上都插入关键帧。分别选择每一个关键帧，为帧添加停止动作。

【**步骤 17**】解锁"题目"图层，选择第 2 帧中的"确定"按钮，为按钮添加如下动作语句：

```
on(press){
    if(_root.D1.selected = = false &&_root.D2.selected = = true &&_root.D3.selected
= = false &&_root.D4.selected = = false) {
    _ root.DA1 = "正确";
    }
    else {
    _root.DA1 = "错误";
    }
}
```

【**步骤 18**】选择第 3 帧中的"确定"按钮，为按钮添加如下动作语句：

```
on(press){
```

```
    if(_root.D1.selected = = false &&_root.D2.selected = = false &&_root.D3.selected
= = true &&_root.D4.selected = = false) {
        _root.DA2 = "正确";
    }
    else {
        _root.DA2 = "错误";
    }
}
```

【步骤19】选择第4帧中的"确定"按钮，为按钮添加如下动作语句：

```
on (press){
    if(_root.D1.selected = = true &&_root.D2.selected = = false &&_root.D3.selected
= = false &&_root.D4.selected = = false) {
        _root.DA3 = "正确";
    }
    else {
        _root.DA3 = "错误";
    }
}
```

【步骤20】锁定"题目"图层，解锁"按钮"图层，选择第1帧中的红色按钮，为按钮添加如下动作语句：

```
on(release){
    gotoAndStop(2);
}
```

【步骤21】选择第2帧中的"返回"旁边的按钮，为按钮添加如下动作语句：

```
on(release){
    prevFrame();
}
```

【步骤22】选择第2帧中的"下一题"旁边的按钮，为按钮添加如下动作语句：

```
on(release){
    nextFrame();
}
```

【步骤23】选择第3帧中的"上一题"旁边的按钮，为按钮添加如下动作语句：

```
on(release){
    prevFrame();
}
```

【步骤24】执行【文件】|【保存】命令保存文档，按 < Ctrl + Enter > 组合键测试动画效果。

第 9 章

Photoshop CS4图层的应用

9.1 图层的编辑

9.1.1 图层概述

1. 认识图层

究竟什么是图层，它又有什么意义和作用呢？比如在纸上画一个人脸，先画脸庞，再画眼睛和鼻子，最后画嘴巴。画完以后，如果发现眼睛的位置歪了一些，那么只能把眼睛擦掉重新画，并且还要对脸庞作一些相应的修补。这当然很不方便。在设计的过程中也是如此，很少有一次完成的作品，常常是经历若干次修改以后才得到比较满意的效果。

那么设想一下，如果不是直接画在纸上，而是先在纸上铺一层透明的塑料薄膜，把脸庞画在这张透明薄膜上。画完后再铺一层薄膜，画上眼睛；再铺一张，画鼻子，即将脸庞、鼻子、眼睛分为 3 个透明薄膜层，最后组成一幅完整的画。这样完成之后的成品，和先前那幅在视觉效果上是一致的，如图 9-1 所示。

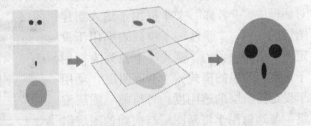

虽然视觉效果一致，但分层绘制的作品具有很强的可修改性。如果觉得眼

图 9-1　图像分层制作

睛的位置不对，可以单独移动眼睛所在的那层薄膜以达到修改的效果，甚至可以把这张薄膜丢弃重新再画眼睛，而其余的脸庞、鼻子等部分不受影响，因为它们被画在不同层的薄膜上。使用这种方式，极大地提高了后期修改的便利，避免了重复劳动。因此，将图像分层制作具有很高的实用性。

在 Photoshop 中也可以使用类似这样"透明薄膜"的概念来处理图像，即使用图层。在"图层"面板中可以查看和管理各图层。"图层"面板是 Photoshop 中最常使用的面板之一，通常与"通道"面板和"路径"面板合并在一起。一幅图像中至少要有一个图层。

如果新建图像时背景内容选择白色或背景色，那么新图像中就会有一个背景图层存在，并且有一个锁定的标志 🔒，如图 9-2 所示。如果背景内容选择透明，就会出现一个名为"图层 1"的图层，如图 9-3 所示。

图 9-2　背景图层　　　　　　　　　　　　　　图 9-3　图层 1

2.【图层】命令菜单

执行菜单栏中的【图层】命令，可以打开其下拉菜单，如图 9-4 所示，其中各命令介绍如下。

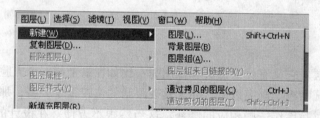

图 9-4　【图层】命令下拉菜单

1）图层：用于新建一个层。执行此命令将打开"新图层"对话框，如图 9-5 所示。在对话框中，"名称"文本框用于输入新建图层的名称；"颜色"下拉列表框用于设定新图层的颜色；"模式"下拉列表框用于设定新图层的模式；"不透明度"项用于设定新图层的透明度；"与前一图层编组"复选框用于将新图层与前面的图层组成一组。

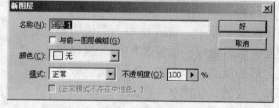

图 9-5　"新图层"对话框

2）背景图层：用于将一个背景图层转变为可编辑的一般图层。

3）图层组：用于有效地管理图层。利用它可以在"图层"面板中增加一个图层文件夹，然后将各图层放置在其中以分类整理。

4）图层组来自链接的：用于新增一个图层文件夹，并自动将"图层"面板中处于链接状态的图层放置其中。

5）通过拷贝的图层：用于将图像当前层中的选定区域复制并粘贴到新建的图层中。

6）通过剪切的图层：用于将图像当前层中的选定区域剪切并粘贴到新建的图层中。

7）复制图层：用于复制图像的当前图层。执行此命令将打开"复制图层"对话框，如

图 9-6 所示。在对话框中，"为"文本框用于为新图层确定名称；"文档"下拉列表框用于确定新图层的位置是在当前文件中还是在其他文件中。

8）新填充图层：用于建立一个带有遮罩的调整图层，可建立纯色、渐变、图案 3 种调整图层，如图 9-7 所示。

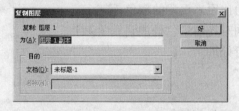

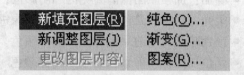

图 9-6　"复制图层"对话框　　　　　　　图 9-7　填充图层的类型

9）新调整图层：用于建立一个直接作用在图像上的调整图层，并通过如图 9-8 所示的下拉菜单中的各项命令来改变图像的颜色和色调。

- 色阶：用于调整图像的亮度、对比度和中间色调。
- 曲线：用于精确调整图像的色调变化。
- 色彩平衡：用于平衡图像的色彩。
- 亮度/对比度：用于调整图像中所有像素的亮度和对比度。
- 色相/饱和度：用于调整图像的色相和饱和度。
- 可选颜色：用于有选择地改变某一种色调的含量。
- 通道混合器：可以通过混合颜色通道来改变一个颜色通道的颜色。
- 渐变映射：可以将图像的色阶映射到一组渐变色的色阶中，即图像的最暗色调和最亮色调分别对应渐变色中的最暗和最亮部分。
- 反相：可以使图像的颜色反转。
- 阈值：可以产生高度反差的图像。
- 色调分离：可以定制图像中每个颜色通道的亮度级别。

3. "图层"面板

打开图像文件后，执行菜单栏中的【窗口】|【图层】命令，将打开"图层"面板，如图 9-9 所示。

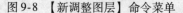

图 9-8　【新调整图层】命令菜单　　　　　　　图 9-9　"图层"面板

其中，"模式"下拉列表框用于设定图层模式，包括以下几项。

- 正常：画图工具使用前景色完全替代原图像的像素颜色。
- 溶解：每个被混合的点被随机地选取底色或填充色。
- 正片叠底：新加入的颜色与原图像颜色合成为比原来的两种颜色更深的第三种颜色。
- 屏幕：新加入的颜色与原图像颜色合成为比原来更浅的颜色。
- 叠加：加强原图像的高亮区和阴影区，同时将前景色叠加到原图像上。
- 柔光：根据前景色的灰度值对原图像进行处理。
- 颜色减淡：用前景色加亮原图像颜色。
- 颜色加深：用前景色变暗原图像颜色。
- 变暗：原图像中比前景色更暗的像素颜色变为前景色。
- 变亮：原图像中比前景色更亮的像素颜色变为前景色。
- 差值：比较前景色与原图像颜色的亮度值，二者差值为该方式应用结果。
- 排除：与差值相似，只是效果会更柔和些。
- 背后：仅作用于透明图层的透明部分，相当于在一张透明纸的背面作图。
- 色相：将前景色用于原图像中而不改变其亮度和饱和度。
- 饱和度：将前景色的饱和度用于原图像中而不改变其亮度和色调。
- 颜色：仅将前景色的饱和度用于原图像而不改变其亮度。
- 亮度：仅将前景色的亮度用于原图像而不改变其色调和饱和度。

"不透明度"文本框用于设定图层的不透明度。

"锁定"项用于锁定当前层不被编辑，功能按钮依次为锁定当前层的透明区域不被处理、锁定当前层不被编辑、锁定当前层不被移动、锁定当前层使之无法被操作。

4. 合并图层

Photoshop 中提供了如下几种合并图层的命令。

合并链接层：可以将所有链接层合并为一层。

合并可见层：可以将所有可见层合并为一层。

合并所有层：可以将所有的层，不管是否可见，都合并为一个层。

合并图层可以按 < Ctrl + E > 组合键，在如下几种情况下的效果也不同。

1）在只选择单个图层的情况下，按 < Ctrl + E > 组合键将与位于其下方的图层合并，合并后的图层名和颜色标志继承自原下方的图层。

2）在选择了多个图层的情况下，按 < Ctrl + E > 组合键将所有选择的图层合并为一层，合并后的图层名继承自原先位于最上方的图层，但颜色标志不能继承。注意需要将多个图层进行链接后才可进行多图层合并，合并后的图层名以合并前处于选择状态的图层为准。

除此之外，还有两个较少用到的合并命令，是针对全部图层的整体操作，不需要事先选择图层。也可以单击"图层"面板的圆三角按钮后选择相应命令。

图层合并可见图层：作用是把目前所有处在显示状态的图层合并，在隐藏状态的图层则不作变动，组合键为 < Ctrl + Shift + E >。

图层拼合图像：将所有的层合并为背景层，如果有图层隐藏，拼合的时候会出现提示框。如果继续执行，原先处在隐藏状态的图层都将被丢弃。

9.1.2　课堂任务 1：给图片添加异型边框

【步骤 1】 在 Photoshop 中打开要处理的照片，并设置合适的大小（本例中为 600 像素宽）。

【步骤 2】 在照片上建立一个新图层，并设为白色，完全遮盖住照片（提示：按 < Ctrl + Delete > 组合键可将图层设为背景色，按 < Alt + Delete > 组合键可设为前景色）。

【步骤 3】 选择"橡皮擦工具"，将"画笔"大小设置为"粗边圆形钢笔"，如图 9-10 所示。注意，像素大小可以根据图片需要自行调节，本例中选为 100 像素。

【步骤 4】 用"橡皮擦工具"在照片上任意涂抹，所到之处，露出照片，这样可以擦出非常自然的异型边框。

【操作提示】 不同的笔刷可以刷出不同效果的边框，选择不同样式的"橡皮擦"多试验几次，可能得到意想不到的效果。为了降低难度，可以先在白色图层中框选一个方形删除，露出背景照片的主体部分，如图 9-11 所示。

再沿着方形边缘擦出相应的边框，如图 9-12 所示。

图 9-10　粗边圆形钢笔　　　　图 9-11　图片主题部分　　　　图 9-12　效果图

当然，不是所有的照片都适合异型边框，所以要因图而异。不同的边框，可以使照片呈现出不同的效果。细线条的边框让画面显得精细；宽大的边框会使画面很突出；黑色边框稳重；白色边框清爽；彩色边框则显得活泼，用得不好又会太花哨。所以，在加边框之前，应该稍加思考，让边框为照片"画龙点睛"，而不是"画蛇添足"。

9.2　图层的特殊效果

9.2.1　使用图层特殊效果的方法

1. 图层效果和样式的使用范围

图层效果和样式只能应用于普通图层。对于不能直接应用效果和样式的背景和锁定图层，可以采取转换为普通图层、解锁的方法。

图层效果作用于图层中的不透明像素，与图层内容链接。这样的好处是如果图层内容发生改变，那么图层效果也相应地做出修改。例如，在背景图层上，黑色的文字处于单独的一层中。用图层样式在投影文字图层添加最基本的阴影效果，则当文字层的内容被改变后，投影也立即改变以符合文字，如图 9-13、图 9-14 所示。

图 9-13　阴影文字层的修改　　　　　　　　　　　图 9-14　修改后的文字

任何类型的图层效果都基于图层的内容，无论图层做出怎样的变化，它们永远都随着图层内容的变化而改变，适应图层内容。

2. 图层样式

所谓样式，就是一种或更多的图层效果或图层混合选项的组合。打开"图层样式"对话框有以下 3 种方法：

1）执行菜单栏中的【图层】|【图层样式】命令，再从样式列表中选择具体的效果命令。

2）单击"图层"面板底部的 <F> 按钮。

3）直接双击要添加样式的图层，可快速打开"图层样式"对话框。

"图层样式"对话框的左侧是不同种类的图层效果，包括投影、发光、斜面、叠加和描边等，中间是各种效果的不同设置选项，右边小窗口中可以预览所设定的效果，如图 9-15 所示。还可以将一种或几种效果的集合保存在一种新样式，应用于图像中。

9. 2. 2　图层的混合模式

除了 10 种默认的图层效果外，"图层样式"对话框中还有两种额外的样式选项。第一个选项显示了所有被储存在样式面板中的样式。单击旁边的三角按钮，在下拉菜单中会出现替换、载入样式等命令，还可以在此改变样式缩览图的大小。在选中某种样式后，可以对它进行重命名或删除操作。这里对样式的操作和"样式"面板中基本相同。在创建并保存了自己的样式后，它们会同时出现在"样式"选项和"样式"面板中，如图 9-16 所示。

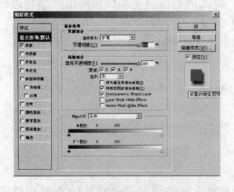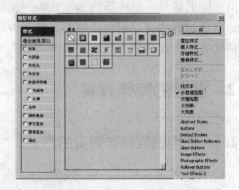

图 9-15　"图层样式"对话框　　　　　　　　　　图 9-16　自定义图层样式

第二个选项是自定混合样式，分为常规混合、高级混合和混合颜色带 3 个部分。其中，"常规混合"包括了混合模式和不透明度两项，这两项是调节图层最常用到的，是最基本的图层选项。它们和"图层"面板中的混合模式和不透明度是一样的，在没有更复杂的图层调整时，通常会在"图层"面板中进行调节。无论在哪里改变图层混合模式和图层的不透明度，"常规混合"选项中和"图层"面板中这两项都会同步改变，如图 9-17 所示。

图 9-17　常规混合样式

在"高级混合"中，可以对图层进行更多的控制，如图 9-18 所示。

"填充不透明度"只影响图层中绘制的像素或形状，对图层样式和混合模式却不起作用。对混合模式、图层样式不透明度和图层内容不透明度同时起作用的是图层总体不透明度。

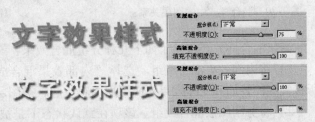

这两种不同的不透明度选项使我们可以将图层内容的不透明度和其图层效果的不透明度分开处理。还以前面的例子而言，当对文字层添加简单的投影效果后，仅降低常规混合中的图层不透明度，保持填充不透明度为 100%，会发现文字和投影的不透明度都降低了；而保持图层的总体不透明度不变，将填充不透明度降低为 0 时，文字变得不可见，而投影效果却没有受到影响。用这种方法，可以在隐藏文字的同时依然显示图层效果，这样就可以创建隐形的投影或透明浮雕效果。

图 9-18　高级混合样式

高级混合样式如图 9-19 所示。它包括了限制混合通道、挖空选项和分组混合效果。限制混合通道的作用，是在混合图层或图层组时，将混合效果限制在指定的通道内，未被选择的通道被排除在混合之外。在默认情况下，混合图层或图层组时包括所有通道，图像类型不同，可供选择的混合通道也不同。用这种分离混合通道的方法可以得到非常有趣和有创意的效果。例如，在将调整图层或多个图像混合在一起的时候，限制混合通道会产生生动的结果，如增强微弱的高光或展示暗调部分细节。

图 9-19　高级混合样式

挖空选项决定了目标图层及其图层效果是如何穿透，以显示下面图层的内容。例如，将前面的图像中文字层的不透明度设为 100%，填充不透明度为 0，在文字图层的下面添加图层 1，用画笔随意涂抹几下，将文字图层和图层 1 按顺序放入名为"序列 1"的图层组中；在背景层上新建图层 2，用白色填充，图层关系如图 9-20 所示。

打开文字图层的混合选项，在默认情况下，挖空选项为"空"，即没有特殊效果，图像正常显示。将挖空模式设置为"浅"，会使挖空到第一个可能的停止点；再将挖空模式设置为"深"，查看各方式对比效果，如图 9-21 所示。

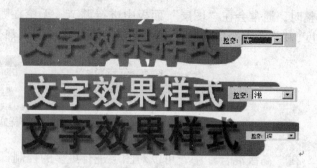

图 9-20　混合样式中的图层关系　　　　　图 9-21　3 种混合样式的效果

高级混合样式还包括了如下几种分组混合效果：

1）将内部效果混合成组。选择"内部效果混合成组"项会使内部图层效果如内发光、所有类型的叠加和光泽效果连同图层内容一起，被图层混合模式所影响。

2）将剪贴图层混合成组。该项在默认状态下是被选择的，如果将它取消，那么剪贴组中基底图层的混合方式只能作用于该图层。这一选项不会直接影响图层效果。

3）透明形状图层、图层蒙版隐藏效果和矢量蒙版隐藏效果。这 3 项都是针对图层效果的。其中，透明形状图层的作用是将图层效果或挖空限制在图层的不透明区域中。在默认情况下，该项是被选择的，如果取消了这一选项，那么图层效果或挖空将对整个透明图层而非只对含有像素的不透明度区域起作用。图层蒙版隐藏效果和矢量蒙版隐藏效果，除了一个针对含有图层蒙版的图层，一个针对含有矢量蒙版的图层外，其作用都是一样的。它们都是把图层效果限制在蒙版所定义的区域。可以用这个选项来控制图层效果是作用于蒙版所定义的范围还是整个图层的不透明区域。

如果说图层混合模式是从"纵向"上控制图层与下面图层的混合方式，那么混合颜色带就是从"横向"上控制图层相互影响的方式。它不但可以控制本图层的像素显示，还可以控制下一图层的显示，这里就不再做详细的介绍了。

9.2.3　课堂任务 2：光亮字体

【步骤 1】新建文档，设置宽 10 厘米，高 5 厘米，分辨率为 300 像素/英寸。

【步骤 2】选择"文本工具"，设置前景色为黑色，字体大小为 70，黑体（笔画粗一点的都可以），输入文字"贝贝网站"。

【步骤 3】在文字层单击鼠标右键，在弹出的快捷菜单中执行【栅格化图层】命令。

【步骤 4】单击"图层"面板中的 < F > 按钮，选择"投影"，设置不透明度为 100，距离为 0，扩展为 19，大小为 13，其他选项默认。

【步骤 5】单击"图层"面板中的 < F > 按钮，选择"阴影"，设置不透明度为 50，距离为 21，阻塞为 0，大小为 25。

【步骤 6】单击"图层"面板中的 < F > 按钮，选择"斜面和浮雕"，设置深度为 100，大小为 17，高度为 70，光泽等高线为环形（第 2 行第 2 项），高光模式为滤色，不透明度为100，暗调模式为颜色加深，不透明度为 26，其他项默认。

【步骤 7】单击"图层"面板中的 < F > 按钮，选择"颜色叠加"，设置颜色为白色。制作完成，效果如图 9-22 所示。

图 9-22　光亮字体效果

9.3　图层蒙版

9.3.1　建立图层蒙版

图层蒙版简称蒙版，其作用是保护图像的某一个区域，使用户的操作只能对该区域之外的图像进行。将选区、蒙版和通道保存起来，即生成了相应的 Alpha 通道，它们之间可以相互转换。

蒙版与快速蒙版有着相似与不同之处。快速蒙版的主要作用是为了建立特殊的选区，所以它是临时的，一旦由快速蒙版模式切换到标准模式，快速蒙版就将转换为选区，而图像中的快速蒙版和"通道"面板中的"快速蒙版通道"也会立即消失。创建快速蒙版时，对图像的图层没有要求。

蒙版一旦创建后会永久保留，同时，在"图层"面板中建立的蒙版图层（进入快速蒙版模式时不会建立蒙版图层）和在"通道"面板中建立的蒙版通道，只要不删除，也会永久保留。在创建蒙版时，不能创建背景图层、填充图层和调整图层的蒙版。

9.3.2　课堂任务 3：森林与工厂

【步骤 1】新建一个宽度为 800 像素、高度为 600 像素、分辨率为 100 像素/英寸、内容为背景色的 RGB 文件，将背景色设为淡绿色。

【步骤 2】打开素材文件"森林 . jpg"。选择"移动工具" ，将图像拖曳到新建的画布中，调整好位置，如图 9-23 所示。

【步骤 3】单击"图层"面板中的"添加蒙版"图标按钮 ，添加一个图层蒙版。选择工具箱中的"渐变工具" ，将前景色设置为黑色，用鼠标在新插入的图片中自右向左画一条渐变线，如图 9-24 所示。

图 9-23　森林 . jpg

图 9-24　添加图层蒙版

【步骤4】打开素材文件"城市.jpg"，选择"移动工具" ▶⊕，将图像拖曳到新建的画布中，调整好位置，如图 9-25 所示。

【步骤5】在此图像上用"椭圆形选框工具" ◯ 拖曳出一个椭圆形选区，对选区进行半径为 20 像素的羽化处理，然后单击"图层"面板中的"添加蒙版"图标按钮 ▣，效果如图 9-26 所示。

【步骤6】用同样的方法，打开素材文件"工厂.jpg"并处理，最终效果如图 9-27 所示。

图 9-25　城市.jpg　　　　　图 9-26　添加蒙版　　　　　图 9-27　最终效果图

9.3.3　使用图层蒙版

蒙版分为"快速蒙版"和"图层蒙版"两种。"快速蒙版"可用来产生各种选区，而"图层蒙版"是覆盖在图层上面，用来控制图层中图像的透明度。利用"图层蒙版"可以制作出图像的融合效果，或遮挡图像上某个部分，也可使图像上某个部分变成透明。下面结合实例详细介绍蒙版的几种使用场合。

（1）利用"快速蒙版"进行抠图操作

在图像处理中，经常会利用"快速蒙版"来产生各种复杂的选区，进行抠图操作。例如，将图 9-28 中的两小孩从浅色的背景中抠出来。因小男孩所穿的白色鞋子与背景色非常相似，如果利用"魔棒工具"选择背景之后再反选，则小男孩的鞋子无法选择到。

此时可选择工具箱中的"快速蒙版"工具，进入快速蒙版编辑模式，原选区以外呈半透明的红色。将前景色改成白色，选择适当大小的"毛笔"对小男孩的鞋子进行涂抹，可将鞋子添加至原选区中。如果不小心将背景也涂了进来，可将前景色改为黑色，再用"橡皮擦工具"仔细地将多余的部分擦除。

图 9-28　快速蒙版

🔍✓【技巧】按 <X> 键可完成前景和背景的快速切换，可换用不同粗细的"毛笔"以适应不同场合，还可以配合使用"放大工具"，将图像放大以便更好、更细致地操作。如此交替多次，也可单击"标准编辑模式"按钮将其变换成选区进行查看，达到满意的效果。

（2）利用"图层蒙版"产生两幅图像的叠加效果

给目标图层加上"图层蒙版"时，不管当前图像是否是彩色模式，蒙版上只能填上黑白的 256 级灰度图像，且蒙版上不同的黑、白、灰色调可控制目标图层上像素的透明度，即蒙版白色部位相当于图层上图像效果为不透明；蒙版黑色部分相当图层上的图像为全透明；蒙版呈不同灰色，图像呈不同程度的透明状态。

例如，要将一幅花的图片嵌入到另一幅旗子的图片中制作成合成图片，如图 9-29 所示。

可以给旗子图层加上"图层蒙版"，然后按住 < Alt > 键并单击蒙版，只在画面中打开图像蒙版层。将"花"图片全部选中，复制到前幅图的蒙版上。

由于蒙版上只能是灰度图，"花"图片在蒙版上自动转换成256 色灰度图像。该灰度图像的深浅就控制了其所覆盖图像的透明程度，所以整幅旗子的图像就按照"花"图片显示出来。

（3）利用"图层蒙版"产生图像的淡入效果

由于"图层蒙版"的特殊作用，使得我们可以在蒙版上通过添加黑白渐变、选区羽化等方法产生两幅图像的自然融合效果及图像的渐隐效果。

图 9-29　效果图

蒙版上选区如果无羽化值，在选区填充黑色后，上下两图层上的图像存在清晰的边界。蒙版上选区如果有羽化值，在选区填充黑色后，上下两图层上的图像呈自然过渡，且羽化方式不同，其效果也不同。如果在蒙版上添加白黑渐变，则该图层呈渐隐效果。

例如，将 3 幅图（天安门城楼、香港高楼及万里长城）融合成如图 9-30 所示的新图像，各图层之间自然过渡，不留下任何痕迹。

可先将前两幅图分别全部选中，复制到第三幅图中生成图层 1 及图层 2，并将图层 1 及图层 2 缩小变换至合适位置。在图层 1 及图层 2 中各添加一个"图层蒙版"，并在两个蒙版上分别添加白黑渐变，让其所覆盖的图层呈渐隐状态。调整好渐变编辑器的白黑比例，可以得到图像淡入及融合效果。

9.3.4　课堂任务 4：拼接照片

【步骤 1】执行菜单栏中的【文件】|【自动】|【Photomerge】命令，打开"Photomerge"对话框。单击"浏览"按钮，将要合并的图像导入，如图 9-31 所示。

图 9-30　效果图

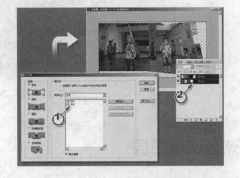

图 9-31　将两张照片融合起来

【步骤 2】单击"确定"按钮，两幅图像就自动进行了变形与拼接，并将接合部分进行了蒙版处理，让它们融合起来。

　　可以看出，这样的融合并不是很理想，因为两张图片中柱子处的小男孩动作不一样，合在一起后有些地方会出现相互穿插、无法融合的情况，因此，对于融合处有较难处理细节的情况，需要使用手动拼接的方法。

　　【步骤3】首先把两个图层对位，将两张图片的颜色进行统一处理。本例中两幅图像色差不大，使用色阶将较暗的图像调亮，使两幅图像结合处颜色一致，如图 9-32 所示。

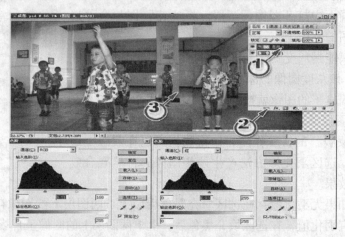

图 9-32　调整两幅图像的色阶

　　【步骤4】两幅图的透视关系不同，造成细节很难融合，如结合处柱子后面的管子、柱子中间站的小孩、地板砖的方向等。按 < Ctrl + T > 组合键切换到"自由变换"工具，按住 < Ctrl > 键拖动角上的控制点，根据图像的情况进行变形，直到两侧的透视关系得到统一为止，如图 9-33 所示。地板砖边缘处的连接可以使用较软的黑色画笔修改，这里不再赘述。

图 9-33　统一视角

9.4　填充与调整图层

9.4.1　新建填充图层

　　新建填充图层有以下两种方法：

1）单击"图层"面板顶部的"新建填充图层"或"新建调整图层"按钮？，然后选择想要创建的填充类型。（面板中列出的前 3 个选项是填充图层，其他是调整图层。）

2）执行菜单栏中的【图层】|【新建填充图层】命令，如图 9-34 所示，可以选择如下 3 种填充类型。

● 纯色：创建一个从拾色器中选择一种纯色填充的图层。

● 渐变：创建一个用渐变填充的图层。可以从【渐变】命令菜单中选择一种预定义的渐变。要在"渐变编辑器"中编辑该渐变，单击该颜色渐变即可。可以在文档窗口中拖动以移动渐变中心，还可以指定渐变的形状（样式）和应用渐变的角度。选择"反向"可翻转其方向，选择"仿色"可减少带宽，而选择"与图层对齐"可使用图层的定界框来计算渐变填充。

● 图案：创建一个用图案填充的图层。单击图案下拉列表框，然后从弹出式面板中选择一种图案。可以缩放该图案，然后单击"贴紧原点"按钮将文档窗口的原点与该图案的原点对齐。要指定该图案在重新定位时与填充图层一起移动，勾选"与图层链接"复选框。选中此项后，当"图案填充"对话框打开时，可以在图像中拖动以定位该图案。要在编辑图案设置后创建新的预设图案，单击"新建预设"按钮 。

9.4.2　新建调整图层

【步骤 1】打开素材图片。执行菜单栏中的【图像】|【新建调整图层】|【色阶】命令，对各通道进行调整，参数设置如图 9-35 所示。

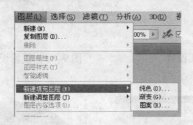

图 9-34　【新建填充图层】命令菜单

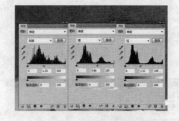

图 9-35　色阶参数设置

【步骤 2】执行【图像】|【新建调整图层】|【曲线】命令，参数设置如图 9-36 所示。

【步骤 3】新建一个图层，按 < Ctrl + Alt + Shift + E > 组合盖印图层。执行【滤镜】|【模糊】|【表面模糊】命令，数值自定，把图层混合模式改为"深色"。调整下整体颜色，完成最终效果，如图 9-37 所示。其他颜色的图片只要稍微修改下前面色阶及曲线的数值即可。

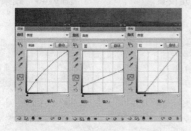

图 9-36　曲线参数设置

图 9-37　完成效果图

9.4.3　课堂任务 5：制作一个新鲜的蔬菜篮

【**步骤1**】打开素材图片，如图 9-38 所示。新建一个图层，选择画笔，如图 9-39 所示。

【**步骤2**】设置画笔颜色为黑色，然后在原图上绘制反光点，如图 9-40 所示。

图 9-38　原图　　　　　　　　　图 9-39　选择画笔　　　　　　　图 9-40　使用黑色画笔绘制

【**步骤3**】双击图层，设置图层样式，参数如图 9-41 ~ 图 9-45 所示。

【**步骤4**】改变图层的不透明度为 60%，得到最终效果，如图 9-46 所示。

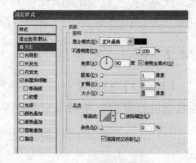

图 9-41　斜面和浮雕设置　　　　图 9-42　混合选项设置　　　　　图 9-43　投影设置

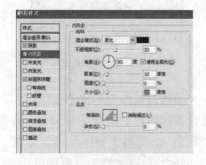
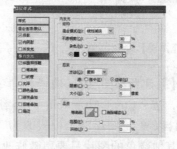

图 9-44　内阴影设置　　　　　　图 9-45　内发光设置　　　　　　图 9-46　效果图

9.5　图层样式的应用

9.5.1　图层样式的操作

1. 建立新样式

单击"图层样式"对话框右边的"新建样式"按钮，打开"新样式"对话框，如图

9-47 所示。在"名称"文本框中输入新样
式的名称，并可以根据需要选择保存的样
式中是否包含图层效果和图层混合选项。
无论是否添加了图层效果，"包含图层效
果"复选框都是默认被选中的，而 Photo-
shop 可以判断出默认的图层混合选项是否
被改变。如果不希望在样式中保存当前图
层中的混合选项，取消"包含图层混合选
项"项即可。

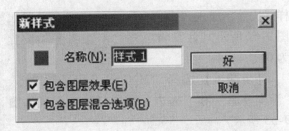

图 9-47　"新样式"对话框

2. 删除样式

如果想取消已经应用的样式，在"图层"面板中把对应的样式效果拖到"删除图层"
按钮上即可。

3. 清除样式

执行菜单栏中的【图层】|【图层】|【清除图层样式】命令，或者选择相应样式，再单击
"图层"面板底部的"清除样式"按钮。

9.5.2　课堂任务 6：制作时间按钮

【步骤 1】建立一新文档，用深灰色填充背景层。在文档的水平居中位置用"椭圆选
框工具"绘制一个圆选区并用白色填充，再将其重命名为"B Circle"，如图 9-48
所示。

【步骤 2】复制该图层并用"自由变换工具"将复制的圆缩小一些。然后按住 < Ctrl >
键并单击该复制层，载入其选区，如图 9-49 所示。选择"B Circle"图层，执行菜单栏中的
【图层】|【图层蒙版】|【隐藏选区】命令，将选区隐藏。

【步骤 3】重复步骤 1、2，用"椭圆选框工具"另外建立 2 个图层，将颜色分别设置成
为绿色和红色，再将这 2 个图层分别命名为"M Circle"和"S Circle"，效果如图 9-50
所示。

　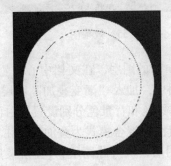　

图 9-48　新建一个圆　　　图 9-49　复制图层并载入其选区　　　图 9-50　染色

【步骤 4】双击"B Circle"图层，加入"渐变叠加"图层样式，如图 9-51 所示，再加
入"斜面与浮雕"图层样式。

【步骤 5】复制"B Circle"图层，将之前附加的"渐变叠加"和"斜面与浮雕"图层

样式去除，加入"内阴影"图层样式，设置如图 9-52 所示（注意将填充"不透明度"设置为 0）。

【步骤 6】选择"M Circle"图层，加入"渐变叠加"和"描边"图层样式，设置如图 9-53 所示。

【步骤 7】选择"S Circle"图层，加入"颜色叠加"和"描边"图层样式，设置如图 9-54 所示。

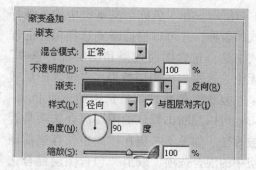

图 9-51　渐变叠加

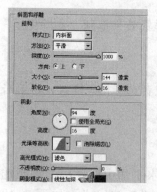

图 9-52　内阴影

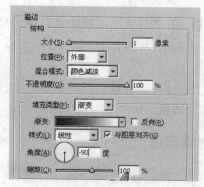

图 9-53　描边

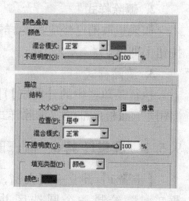

图 9-54　颜色叠加

【步骤 8】新建一个名为"Metals"的图层组文件夹，将以上 4 个图层放置于该图层组中，其效果如图 9-55 所示。

图 9-55　效果图

【步骤 9】新建一个名为"Screen"的图层，在文档中心位置用"椭圆选框工具"建立一个圆选区并用白色填充。双击该图层，加入"渐变叠加"图层样式，如图 9-56 所示。

【步骤 10】新建一个图层，将前景色和背景色分别设置为白色和黑色。执行菜单栏中的【滤镜】|【渲染】|【云彩】命令，设置图层混合模式为叠加。按住 < Ctrl > 键，单击"Screen"图层载入其选区，再回到"云彩"图层，执行【图层】|【图层蒙版】|【显示选区】命令，效果如图 9-57 所示。

【步骤 11】复制"云彩"图层，并将复制层命名为"Twirl"，将图层混合模式设置为"颜色减淡"。执行【图层】|【图层蒙版】|【应用】命令。按住 < Ctrl > 键并单击"Screen"图层载入其选区，然后执行【滤镜】|【扭曲】|【旋转扭曲】命令，效果如图 9-58 所示。

【步骤 12】再执行【滤镜】|【液化】命令，选择"褶皱工具"，进一步加大扭曲度，如

图 9-59 所示。

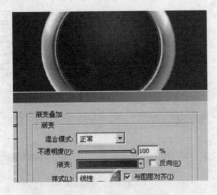

图 9-56　填充内圆

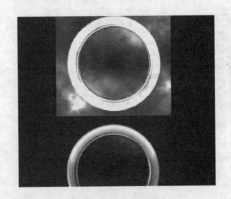

图 9-57　渲染

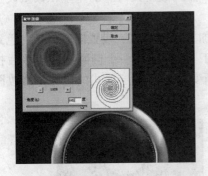

图 9-58　旋转扭曲

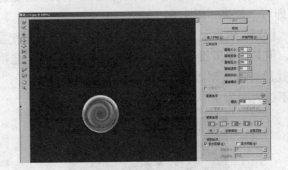

图 9-59　进一步扭曲

【**步骤 13**】用"橡皮擦工具"将载入"Twirl"图层中的一些标注出来的位置擦去。

【**步骤 14**】新建一个图层并命名为"S Stars"，用黑色填充后设置图层混合模式为"颜色减淡"，再执行【滤镜】|【像素化】|【铜板雕刻】命令，如图 9-60 所示。

【**步骤 15**】执行【滤镜】|【模糊】|【径向模糊】命令，设置如图 9-61 所示。按住＜Ctrl＞键并单击"Screen"图层载入其选区，然后回到"云彩"图层，执行【图层】|【图层蒙版】|【显示选区】命令。

图 9-60　铜板雕刻

图 9-61　径向模糊

【**步骤 16**】下面制作一些星星。新建一个图层并用黑色填充，重命名为"B Stars"。设置图层混合模式为"颜色减淡"。选择"画笔工具"，按图 9-62、图 9-63 所示设置并填充星星。

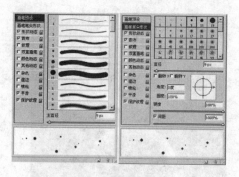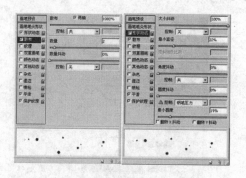

图 9-62　设置星星　　　　　　　　　　　图 9-63　填充星星

【步骤 17】利用步骤 15 的方法，用"缩放模糊"样式做出大一些的星星，数量设置为 50 即可，效果如图 9-64 所示。

【步骤 18】复制"Screen"图层，选择"渐变叠加"图层样式，设置渐变色为白色到白色，但是透明度设置为 0～100% 。选择"椭圆选框工具"，建立一个椭圆选区，然后执行【图层】|【图层蒙版】|【显示选区】命令，调整好"渐变叠加"图层样式的位置并修改图层的不透明度为 40% ，如图 9-65 所示。

图 9-64　缩放模糊的星星　　　　　　　　图 9-65　渐变叠加

【步骤 19】重复步骤 1、2，在边框上绘制出一些小圆，并加入"颜色叠加"和"描边"图层样式，如图 9-66 所示，"描边"样式设置如图 9-67 所示。

【步骤 20】把做好的小圆复制几个，按比例放置于按钮上的合适位置，最终效果如图 9-68 所示。

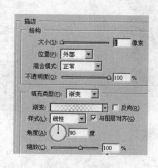

图 9-66　给小圆添加样式　　　　图 9-67　描边　　　　图 9-68　完成效果图

本 章 小 结

　　图层是 Photoshop 的核心内容。利用图层，可以更加方便、快捷地制作各种图像效果。本章主要介绍了图层的概念及应用方法，重点介绍了各种图层样式的使用，读者应该牢牢掌握这些技巧。

思考与练习

9-1　要同时移动多个图层，需先对它们进行（　　）操作。

　　A. 图层链接　B. 图层格式化　C. 图层属性设置　D. 图层锁定

9-2　下列参数中不属于在"图层"面板中可以调节的是（　　）。

　　A. 透明度　B. 编辑锁定　C. 显示隐藏当前图层　D. 图层的大小

9-3　简述 Photoshop 中常用的图层样式有哪几种。

9-4　简述色阶、曲线和色彩平衡之间的相同和不同处。

9-5　制作蒙版有哪些常用方法？

实训任务 1

1. 实训目的

通过图层、路径和"画笔工具"的综合应用，掌握图层的使用方法。

2. 实训内容及步骤

（1）内容　根据学习的图层知识，建立一个多图层的泡泡效果图，如图 9-69 所示。

（2）操作步骤

【步骤 1】新建文档，设置参数如图 9-70 所示。

【步骤 2】新建一个图层，按住 < Alt + Shift > 组合键在页面中心绘制一个圆，如图 9-71 所示。

图 9-69　效果图

图 9-70　新建文件

图 9-71　绘制一个圆

　　【操作提示】要在页面中间画圆，可以先定一个中心点，方法是单击工具箱中的"选择工具"按钮，勾选"显示变换控件"复选框，然后按 < Ctrl + A > 组合键全选图形，可以看到在页面中间出现中心点，拖出参考线即可。

【步骤3】设置前景色为"#336f9b"，按＜Alt＋Delete＞组合键进行填充，如图9-72所示。

【步骤4】新建一个图层（图层2），设置前景色为"#b8d0e1"，按＜Alt＋Delete＞组合键进行填充，再按＜Ctrl＋T＞组合键进行自由变换，调整大小并放在如图9-73所示位置。

【步骤5】选择"图层1"，调整不透明度为55%，如图9-74所示。

图9-72 填充前景色　　　　图9-73 填充"图层2"　　　　图9-74 调整不透明度

【步骤6】下面给泡泡加边框。按＜Ctrl＞键并单击"图层1"，载入选区，执行菜单栏中的【选择】|【修改】|【扩展4像素】命令，效果如图9-75所示。

【步骤7】再新建一个图层（图层3），设置前景色为"#336f9b"，按＜Alt＋Delete＞组合键进行填充，如图9-76所示。

【步骤8】保持选区，执行【选择】|【修改】|【收缩4像素】命令，再按＜Delete＞键删除，并把"图层3"拖到"图层1"下面，效果如图9-77所示。

图9-75 给泡泡加边框　　　　图9-76 填充"图层3"　　　　图9-77 收缩4像素

【步骤9】下面给泡泡加上高光。新建一个图层，选择"钢笔工具"，勾出如图9-78所示形状。

【步骤10】按＜Ctrl＋Enter＞组合键，把路径转为选区，填充白色，设置不透明度为58%，至此泡泡就制作完成了，如图9-79所示。

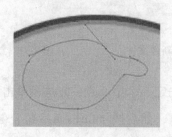 

图9-78 给泡泡加上高光　　　　图9-79 给泡泡加上高光

【步骤 11】复制泡泡并调整大小，做出最终的效果。

实训任务 2

1. 实训目的

通过对本实例的操作，进一步练习在 Flash 中制作文字动画，理解动画效果的实现方式。

2. 实训内容及步骤

（1）内容　制作"波浪文字"动画，效果如图 9-80 所示。

图 9-80　动画效果

（2）操作步骤

【步骤 1】打开 Flash CS4，新建一个 ActionScript 2.0 类型的 Flash 文件，在属性窗口设置舞台的宽度为 800、高度为 210，舞台颜色为红色，命名为"波浪文字 . fla"并保存。

【步骤 2】把素材库中的"背景 . jpg"图片导入 Flash 舞台中，按 < Ctrl + B > 组合键分离背景图片，选择图片下部并删除。在属性面板中，改变剩余图片的尺寸同舞台大小一样并对齐舞台，然后锁定该图层。

【步骤 3】新建"图层 2"，选择"文本工具" T ，输入"欢迎学习动画制作"，在属性面板中设置字体为"方正隶二简体"，大小为 96，加粗，颜色为绿色，调整字间距为 − 2。按两次 < Alt > 键，向上拖动再复制一组文字。

【步骤 4】选择下面一组文字，把文字转换成影片剪辑，双击进入影片剪辑的编辑层级。新建"图层 3"，绘制一个高度为 90、宽度为 1800 的矩形，再把矩形的上边线调整成波浪形状，并转换成图形元件，如图 9-81 所示。

图 9-81　步骤 4

【步骤 5】把"图层 3"拖曳到"图层 2"下面，在第 70 帧的地方插入关键帧，在第 1 帧和第 70 帧之间创建传统补间动画。把第 70 帧中的元件水平向右移动到如图 9-82 所示的位置。

图 9-82　步骤 5

【步骤 6】在"图层 2"的第 70 帧处插入帧，把"图层 2"改为遮罩层。

【步骤 7】返回场景 1，选择另一组文字，按两次 < Ctrl + B > 组合键把文字分离成图形。使用"墨水瓶工具" ![icon] 为图形字添加白色边框，边框线宽为 3，删除图形文字的填充颜色留下边框，再把边框文字全选转换成元件。

【步骤 8】在"图层 3"上，把边框文字和影片剪辑对齐。如果看不清楚影片剪辑的文字，在影片剪辑的编辑层级把文字遮罩层的锁定取消，再返回场景 1 就好对齐文字了。

【步骤 9】保存文档，按 < Ctrl + Enter > 组合键测试动画效果。

第10章

Flash CS4动画制作综合案例

学习目标

1）掌握动画制作的步骤。

2）学习动画综合制作的操作。

10.1 逐帧动画

10.1.1 课堂任务1：小球

【步骤1】新建一个 Flash 文档，属性默认。

【步骤2】单击第1帧，利用"椭圆工具"在舞台的左侧画一个红颜色无边框的圆。

【步骤3】在时间轴上按 <F6> 键，连续在时间轴上插入10个关键帧，如图10-1所示。

【步骤4】单击第2帧，使用鼠标或者键盘上的方向键调整舞台中的红色圆的位置，使之向右侧移动一小段距离。

【步骤5】重复步骤4，分别设置其余9帧里面的圆形位置，如图10-2所示。

【步骤6】保存文件，测试效果。

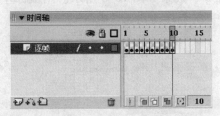

图10-1 连续插入关键帧

图10-2 设置各帧的图形位置

10.1.2 课堂任务2：黑色矩形

【步骤1】新建一个 Flash 文档，利用"矩形工具"绘制一个无边框的黑色矩形，并放置在舞台的上端。

【步骤2】在时间轴上按 <F6> 键，插入9个关键帧，如图10-3所示。

【步骤3】单击第2帧，使用"选择工具"，适当拉伸黑色的图形。

【步骤4】重复步骤3，依次拉伸其余9帧中的图形，效果如图10-4所示。

【步骤5】保存文件，测试效果。

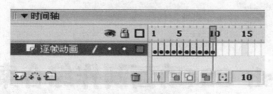

图 10-3　插入关键帧　　　　　　　　　　　图 10-4　拉伸效果

10.1.3　课堂任务3：奔跑的豹子

【步骤1】新建一个影片文档，设置文件大小为 400×260 像素，背景色为白色，如图 10-5 所示。

【步骤2】选择第 1 帧，将素材库中的"雪景.bmp"图片导入到场景中，如图 10-6 所示。在第 8 帧中按 <F5> 键，添加过渡帧，使帧内容延续。

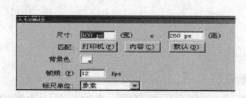

图 10-5　参数设置　　　　　　　　　　　图 10-6　导入图片

【步骤3】新建图层，选择第 1 帧，将素材库中"奔跑的豹子"系列图片导入。把"雪景"图层锁定，然后单击时间轴下方的"绘图纸显示多帧"按钮，再单击"修改绘图纸标记"按钮，在弹出的菜单中选择"显示全部"项，如图 10-7 所示

【步骤4】执行菜单栏中的【编辑】|【全选】命令，效果如图 10-8 所示。用鼠标左键按住场景左上方的豹子拖动，就可以把 8 帧中的图片一次全移动到场景中。

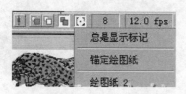

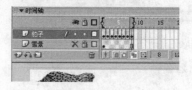

图 10-7　显示全部　　　　　　　　　　图 10-8　全选

【步骤5】在场景中新建一个图层，单击工具面板中的"文字工具"按钮，设置属性面板中的文本参数如图 10-9 所示。在文本框中输入"奔跑的豹子"5 个字，居中放置。

【步骤6】保存文件，测试效果。

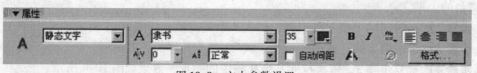

图 10-9　文本参数设置

10.1.4　课堂任务 4：水滴

【**步骤 1**】新建 Flash 文档。新建 4 个图层，分别命名为"水滴"、"水滴声音"、"溅起水"和"海水"，如图 10-10 所示。

【**步骤 2**】选择"水滴"图层的第 1 帧，绘制水滴及水滴落下的画面，如图 10-11 所示。

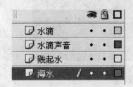

图 10-10　新建 4 个图层

图 10-11　绘制水滴

【**步骤 3**】选择"海水"图层的第 1 帧，在舞台上绘制一个蓝色长方体无边框，设置大小并把它转换成图形元件，设置透明度，使海水不破坏水滴下来的效果。为了让海水有流动效果，稍微往右拉一些，如图 10-12 所示。

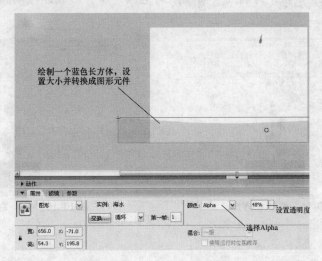

图 10-12　"海水"图形元件

【**步骤 4**】设置好"海水"元件的位置后，在合适的帧处插入关键帧，并在中间创建形状补间动画，如图 10-13 所示。

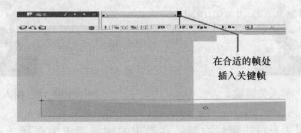

图 10-13　创建形状补间动画

【**步骤5**】选择"溅起水"图层，在第10帧处插入空白关键帧，绘制溅起水的动画，如图 10-14 所示。

【**步骤6**】保存文件，测试效果。

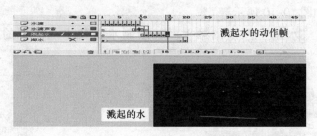

图 10-14　绘制溅起水效果

10.1.5　课堂任务5：变色的花盆

【**步骤1**】新建一个 Flash 文档，导入花盆素材文件。

【**步骤2**】新建图层2，绘制一个长方形，只要能遮住花盆即可，如图 10-15 所示。

【**步骤3**】插入关键帧，每插入一帧就用画笔画一步，形成逐帧动画，如图 10-16～图 10-18 所示。

图 10-15　绘制长方形

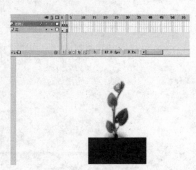

图 10-16　插入关键帧 1

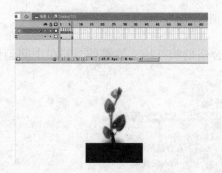

图 10-17　插入关键帧 2

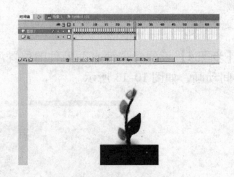

图 10-18　插入关键帧 3

【**步骤4**】在图层 2 上单击鼠标右键，在弹出的快捷菜单中选择［遮罩层］命令，如图 10-19 所示。

【步骤 5】保存文件，测试效果。

图 10-19　遮罩

10.2　形状补间动画

10.2.1　课堂任务 6：变化的文字

【步骤 1】新建 Flash 文档，设置宽 300 像素、高 100 像素的粉红色舞台。

【步骤 2】单击第 1 帧，选择"文字工具"，设置字体为"隶书"，大小为 70，字体颜色为蓝色，输入"学动画" 3 个字，居中对齐。

【步骤 3】在第 5 帧中插入关键帧。选中文本，按两次 < Ctrl + B > 组合键，把文字打散。

【步骤 4】在第 20 帧处插入空白关键帧，选择"文字工具"，设置字体大小同前，颜色为红色，输入"乐无穷" 3 个字，居中对齐。用同样的方法把这 3 个字打散。

【步骤 5】选中第 5 帧，单击属性面板中的"形状"按钮。

【步骤 6】在第 25 帧处插入一个普通帧。

【步骤 7】保存文件，测试效果。

10.2.2　课堂任务 7：会变的小球

【步骤 1】新建一个 Flash 文档，属性默认。

【步骤 2】利用"椭圆工具"绘制一个红色的圆，如图 10-20 所示。

【步骤 3】在时间轴第 20 帧处插入关键帧，再绘制一个黑色的圆，如图 10-21 所示。

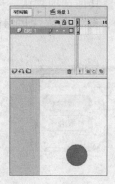

图 10-20　绘制红色圆

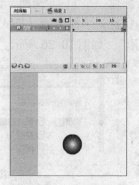

图 10-21　绘制黑色圆

【步骤4】打开属性面板，设置形状补间动画，如图 10-22 所示。

【步骤5】保存文件，测试效果。

10.2.3 课堂任务8：变形的水滴

【步骤1】新建文档，利用"椭圆工具"在第 1 帧中绘制 5 个大小相同的圆，位置如图 10-23 所示。

图 10-22 设置形状补间动画   图 10-23 绘制 5 个圆

【步骤2】在第 30 帧处插入关键帧，把原来的 5 个圆删掉，再绘制一个大圆，如图 10-24 所示。

【步骤3】打开属性面板，创建补间形状，设置如图 10-25 所示。

【步骤4】保存文件，测试效果。

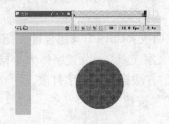

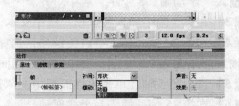

图 10-24 绘制大圆   图 10-25 创建补间形状

10.3 运动补间动画

10.3.1 课堂任务9：旋转的风筝

【步骤1】新建一个 Flash 文档，设置背景色为非白色，其他选项默认。

【步骤2】执行菜单栏中的【插入】|【新建元件】命令，输入名称"风筝图"，并选择元件类型为"图形"，如图 10-26 所示。

图 10-26 创建新元件

【**步骤 3**】 在舞台中绘制一个如图 10-27 所示的风叶图形轮廓。

【**步骤 4**】 设置颜色为 "#FFFFFF"，Alpha 值为 50%，然后用 "颜料桶工具" 填充图形的左下部，再把 Alpha 值设为 30%，填充图形的右上部，效果如图 10-28 所示。

图 10-27　风叶图形轮廓　　　　　　　　图 10-28　填充颜色

【**步骤 5**】 选择 "图层 1" 的第 1 帧，然后把编辑中心移到图形的右下角。

【**步骤 6**】 执行菜单栏中的【窗口】|【变形】命令，在打开的 "变形" 面板中，勾选 "约束" 复选框，设置旋转 90 度，然后单击右下角的 "旋转并应用变形" 按钮 3 次，如图 10-29 所示。

【**步骤 7**】 双击风筝的轮廓线，将笔触删除。选择 "图层 1" 的第 1 帧，执行【修改】|【组合】命令，设置宽为 200，高为 200，横坐标 X 为 0，纵坐标 Y 为 0，如图 10-30 所示。

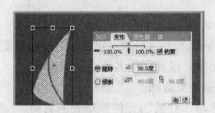

图 10-29　旋转变形　　　　　　　　　图 10-30　参数设置

【**步骤 8**】 新建元件 "旋转的风筝 1"，并选择 "影片剪辑" 行为。

【**步骤 9**】 把图形元件 "风筝图" 导入场景，然后利用 "对齐" 面板设置为居中对齐。

【**步骤 10**】 分别在第 30、60 帧处插入关键帧。选中第 30 帧处的 "风筝图" 元件，打开 "变形" 面板，勾选 "约束" 复选框，并在 "宽度" 和 "高度" 文本框中输入 "60%"，如图 10-31 所示。

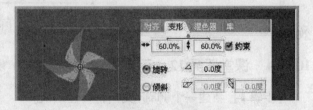

图 10-31　约束设置

【**步骤 11**】 选择 "图层 1"，创建动画补间，在 "旋转" 项中选择顺时针旋转 1 次。创建好动作补间动画的时间轴如图 10-32 所示。

【**步骤 12**】 保存文件，测试效果。

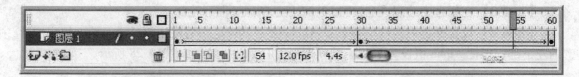

图 10-32　时间轴

10.3.2　课堂任务 10：欢迎光临

【步骤 1】新建一个 Flash 文档，属性默认。

【步骤 2】新建 4 个图形元件，分别输入"欢"、"迎"、"光"、"临"。

【步骤 3】回到影片编辑窗口，在第 1 帧中创建"欢"元件的一个实例，分别在第 10、20 帧处插入关键帧。在第 10 帧中执行【修改】|【变形】|【缩放与旋转】命令，改变实例"欢"的大小。选中第 1~20 帧，创建动作补间动画。

【步骤 4】新建一个图层，在第 22~30 帧中重复步骤 3，创建元件"迎"的实例动画。

【步骤 5】再新建两个图层，分别创建"光"和"临"元件的实例动画。

【步骤 6】分别选择这 4 个图层的第 60 帧，插入关键帧。

【步骤 7】保存文件，测试效果。

10.3.3　课堂任务 11：光斑的效果

【步骤 1】新建一个 Flash 文档，属性默认。

【步骤 2】选择工具面板中的"椭圆工具"，按住 < Shift > 键绘制一个红色的圆。

【步骤 3】单击此圆，将其转换为图形元件，设置元件名称为"红圆"。

【步骤 4】选择时间轴的第 30 帧，插入一个关键帧。

【步骤 5】利用鼠标拖动或者按方向键移动"红圆"元件到场景的右边。

【步骤 6】在第 1 帧和第 30 帧之间的任意一帧处单击鼠标右键，在弹出的快捷菜单中执行【创建补间动画】命令，如图 10-33 所示。

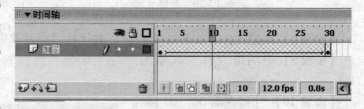

图 10-33　创建补间动画

【步骤 7】保存文件，测试效果。

10.3.4　课堂任务 12：正方形

【步骤 1】新建一个 Flash 文档，属性默认。

【步骤 2】新建一个名称为"正方形"的影片剪辑元件，如图 10-34 所示。

【步骤 3】选择工具面板中的"矩形工具"，按住 < Shift > 键绘制一个不带边框的红色正方形。

【步骤 4】打开"对齐"面板，选择"垂直中齐"、"水平居中分布"和"相对于舞台"，使正方形处于舞台中央位置。

【步骤 5】单击时间轴上面的"场景 1"按钮，返回到场景 1 的编辑区，如图 10-35 所示。

【步骤 6】按住 < F11 > 键，将"正方形"影片剪辑元件从"库"面板拖动到舞台中的合适位置。

【步骤 7】单击舞台中的"正方形"影片剪辑元件，选择工具面板中的"自由变形工具"把变形点移动到影片剪辑的外部，如图 10-36 所示。

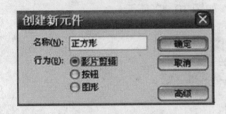

图 10-34　新建元件

图 10-35　返回场景 1　　　　　图 10-36　更改后的变形点

【步骤 8】制作影片剪辑元件的旋转效果，在时间轴上的第 30 帧处插入关键帧。

【步骤 9】在第 1 帧和第 30 帧之间任意一帧单击鼠标右键，在弹出的快捷菜单中执行【创建补间动画】命令。

【步骤 10】单击第 1 帧，在属性面板中设置旋转的方向以及旋转参数，如图 10-37 所示。

【步骤 11】保存文件，测试效果。

图 10-37　创建补间动画

10.4　遮罩动画

10.4.1　课堂任务 13：图形的遮罩

【步骤 1】新建一个 Flash 文档，属性默认。

【步骤 2】新建"图层 1"，在第 1 帧处插入图片，如图 10-38 所示。

【步骤 3】新建"图层 2"，在第 1 帧绘制一个和插入的图片一样大的正方形。

【步骤 4】在两个图层的第 15 帧处分别插入关键帧，如图 10-39 所示。

【步骤 5】选中"图层 2"的第 1～15 帧，创建补间动画，如图 10-40 所示。

图 10-38　插入图片

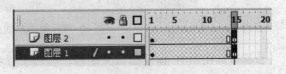

图 10-39　插入关键帧

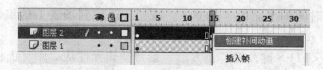

图 10-40　创建补间动画

【**步骤 6**】选中"图层 2"的第 1 帧，使用"任意变形工具"，调整正方形的宽度。再创建一个动画补间，如图 10-41 所示。调整正方形的大小，如图 10-42 所示。

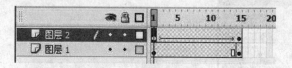

图 10-41　创建动画补间

【**步骤 7**】在"图层 2"上单击鼠标右键，在弹出的快捷菜单中选择"遮罩层"，如图 10-43 所示。

【**步骤 8**】保存文件，测试效果。

图 10-42　调整正方形的大小

图 10-43　遮罩层

10.4.2　课堂任务 14：瀑布

【**步骤 1**】新建 Flash 文档，设置画布大小为 550×400 像素，并导入 4 张素材图片。

【**步骤 2**】将一张图片拖曳到舞台，设置图片大小为 1100×400 像素，相对于舞台右对齐，如图 10-44 所示。

图 10-44　将图片拖曳到舞台

【**步骤 3**】在第 50 帧处插入关键帧，相对于舞台左对齐，建立补间动画。

【**步骤 4**】新建图层 2，选择工具面板中的"矩形工具"，绘制一个大小为 550×400 像素的红色矩形，居中对齐，如图 10-45 所示。在第 50 帧处插入关键帧，右击该图层，设置为遮罩层。

【步骤 5】新建图层 3，将同一图片从库中拖曳到舞台，设置宽、高匹配并居中对齐，如图 10-46 所示。在第 50 帧处插入关键帧。

图 10-45 绘制矩形

【步骤 6】新建图层 4，使用"矩形工具"绘制一个大小为 550×400 像素的矩形并居中对齐。用"变形工具"将变形点移到右边中间。在第 50 帧处插入关键帧。回到第 1 帧，将矩形宽度缩小到 5 像素。建立补间动画并将该图层设为遮罩层，如图 10-47 所示。

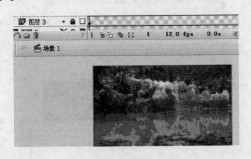

图 10-46 新建图层 3

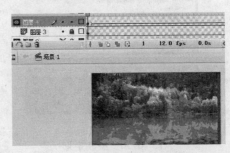

图 10-47 将图层 4 设为遮罩层

【步骤 7】在图层 1 的第 51 帧处插入空白关键帧，将第 2 张图片拖入舞台，设置宽度为 550 像素，高度为 800 像素。在第 100 帧处插入关键帧。第 1 帧相对舞台上对齐，第 100 帧下对齐，并建立补间动画。

【步骤 8】在图层 2 的第 100 帧处插入空白关键帧。

【步骤 9】在图层 3 的第 51 帧处插入空白关键帧，将相同图片拖入舞台，设置宽、高匹配并居中对齐。

【步骤 10】在图层 4 的第 51 帧处插入空白关键帧，绘制一个 550×400 像素大小的矩形，居中对齐，用"变形工具"将变形点移到上边中间。在第 50 帧处插入关键帧。回到第 1 帧，将矩形高度缩小到 5 像素。建立补间动画并将该图层设为遮罩层。

【步骤 11】在第 101 帧处导入第 3 张图片，重复上述步骤，注意图层 1 中图片的运动方向跟图层 4 的遮罩运动方向刚好相反。

【步骤 12】保存文件，测试效果，如图 10-48 所示。

图 10-48 效果图

10.4.3 课堂任务 15：MTV 字幕

【步骤 1】新建 Flash 文件，设置宽 400 像素，高 100 像素，其他属性默认。

【步骤 2】使用"文字工具"输入文字，如图 10-49 所示。

【步骤3】新建图层2。复制图层1的文字到图层2并与原文字对齐，更改颜色为红色。

【步骤4】新建图层3，设置为遮罩层。选择"矩形工具"，绘制一个无边线的、和图层2中单个字大小相同的蓝色矩形，如图10-50所示。

【步骤5】在图层1、图层2的第30帧处分别插入关键帧。

【步骤6】在图层3的第15帧处插入关键帧，将矩形变形为覆盖"宁静的夏天"5个字的矩形条，如图10-51所示。

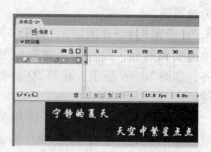

图 10-49　输入文字

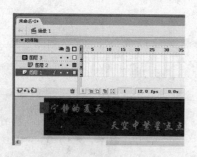

图 10-50　绘制矩形

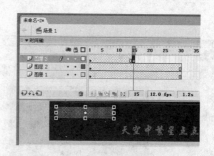

图 10-51　矩形覆盖文字

【步骤7】单击图层3的第1帧，在属性面板中设置补间动画为形状动画。

【步骤8】在图层3的第20帧处插入关键帧，绘制一个矩形覆盖"天"字，如图10-52所示。

【步骤9】在图层3的第20帧处插入关键帧，将覆盖"天"字的矩形变形为覆盖"天空中繁星点点"的矩形条，如图10-53所示。

【步骤10】保存文件，测试效果。

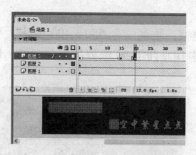

图 10-52　矩形位置

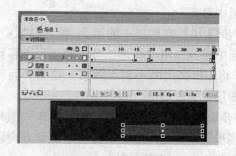

图 10-53　覆盖文字

10.4.4　课堂任务16：百叶窗效果

【步骤1】新建一个 Flash 文档，设置大小为 300×300 像素，背景色为白色，将两幅素材图片导入到库中，如图10-54所示。

【步骤2】新建一个图形元件"meng"。在第1帧处插入关键帧，选择"矩形工具"，设置填充色为黑色，绘制一个矩形。

【**步骤 3**】将图形元件"meng"拖曳到舞台中。在第 15 帧处插入关键帧，在第 1 帧处创建补间动画。选中第 15 帧，将实例调整为一条线，如图 10-55 所示。

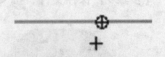

图 10-54　导入的素材图片　　　　　　　　图 10-55　调整为直线

【**步骤 4**】分别在第 25、40 帧处插入关键帧，并在第 25 和 40 帧之间创建相反的运动动画，即由一条线放大，时间轴如图 10-56 所示。

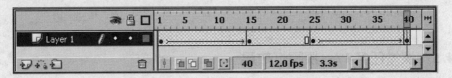

图 10-56　插入关键帧的时间轴

【**步骤 5**】返回主场景，将图层更名为"pic1"，再新建一个图层"pic2"，分别将导入的两幅图片拖放到舞台中，并进行如下处理：

1）将不同图层中的图片使用【分离】命令进行分离操作。

2）选择"椭圆工具"，设置填充为透明，按住 <Shift> 键分别在各图层中绘制一个圆。

3）分别选中圆的轮廓线条及圆形外边的图片，将其删除，如图 10-57 所示。

4）分别在这两个图层的第 42 帧处插入关键帧。

【**步骤 6**】选中图层"pic2"，在其上插入一个遮罩层"mask pic2"。在第 1 帧处插入关键帧，将图形元件"meng"拖放到舞台中，并在第 42 帧处插入关键帧，调整位置如图 10-58所示。

图 10-57　图片效果　　　　　　　　　　图 10-58　元件位置

【**步骤 7**】新增 8 个图层，按住 <Shift> 键，选中图层"pic2"和"mask pic2"，鼠标右键单击被选中的任意一帧，从弹出的快捷菜单中选择【拷贝帧】命令。鼠标右键单击"图层 4"的第 1 帧，从弹出的菜单中选择【粘贴帧】命令，这时"图层 4"将变成复制后的

"pic2"和"mask pic2"蒙版层。单击复制后的蒙版层，按键盘上的向上方向键，将实例向上移动，调整到适当位置，如图 10-59 所示。

【步骤 8】用同样的方法，依次在"图层 5"至"图层 11"中分别复制"pic2"和"mask pic2"图层，将各个蒙版图层中的实例向上移动，并顺次向上连接，如图 10-60 所示。

【步骤 9】保存文件，按 < Ctrl + Enter > 组合键预览效果。

图 10-59　调整位置

图 10-60　移动实例

10.4.5　课堂任务 17：探照灯效果

【步骤 1】新建一个 Flash 文档，设置属性如图 10-61 所示。

【步骤 2】将图层重命名为"文字层"。选择"文字工具"，设置文字属性如图 10-62 所示，输入文字"FLASH 动画世界"。

图 10-61　文档属性

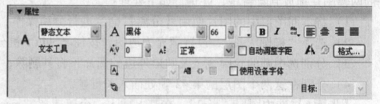

图 10-62　文字属性

【步骤 3】新建一个图层，用"椭圆工具"绘制一个不带边线的圆作为遮罩，颜色任选。设置图层为遮罩层，并重命名为"遮罩层"。

【步骤 4】将圆拖到文字的左面，如图 10-63 所示。

【步骤 5】在"文字层"的第 25 帧处插入关键帧，如图 10-64 所示。

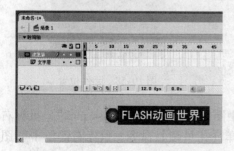

图 10-63　实例位置

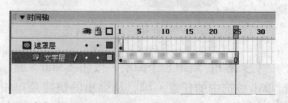

图 10-64　插入关键帧

【步骤6】在"遮罩层"的第25帧处插入关键帧，将圆拖至文字的右端。

【步骤7】在"遮罩层"设置补间动画，如图10-65所示。

【步骤8】保存文件，测试效果。

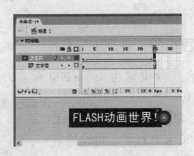

图10-65　在"遮罩层"创建补间动画

10.5　引导动画

10.5.1　课堂任务18：爱心图案

【步骤1】新建一个 Flash 文件，属性默认。

【步骤2】新建一个名为"心"的图形元件，绘制一个心形。

【步骤3】新建一个名为"心动1"的影片剪辑元件，把刚画好的"心"元件拖入图层1中，然后添加引导层，在引导层中绘制一个半心形的引导线。绘制好引导线后，选择图层1的第1帧，把心放在引导线的一端，如图10-66所示

【步骤4】在引导层的第55帧处插入帧。在图层1的第55帧处插入关键帧，把"心"元件放到引导线的另一端。在第1帧上单击鼠标右键，创建补间动画，如图10-67所示

图10-66　绘制引导层

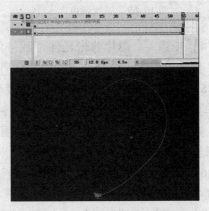

图10-67　创建补间动画

【步骤5】新建名为"心动2"的影片剪辑元件，从库中把刚做好的"心动1"影片剪辑拖曳到场影中。复制该元件，在第5帧处插入关键帧，并将元件粘贴到原处。再在第10帧处插入关键帧，将元件粘贴到原处。以此类推，每隔5帧插入一个关键帧，直到第55帧。

新建一个图层 2，在第 55 帧插入关键帧。打开"动作"面板，输入"stop（）；"。

【步骤 6】回到主场景，从库中把"心动 2"影片剪辑元件拖曳到场景中，然后执行菜单栏中的【修改】|【变形】|【水平翻转】命令，并将翻转后的心和原来心位置重叠。

【步骤 7】保存文件，测试效果。

10.5.2 课堂任务 19：冒泡

【步骤 1】新建文档，舞台尺寸设置为 450×300 像素，背景色设置为深蓝色，如图 10-68 所示。

【步骤 2】新建图形元件"单个水泡"。画一个无边线的圆，颜色任意，大小为 30×30 像素。再设置混色器面板的参数，4 个调节手柄全为白色，Alpha 值从左向右依次为 100%、40%、10%、100%，如图 10-69 所示。

图 10-68　文档属性

【步骤 3】新建影片剪辑元件"一个水泡及引导线"。添加一个引导层，用"铅笔工具"从场景的中心向上画一条曲线并在第 60 帧处插入普通帧。在其下的被引导层的第 1 帧中，拖入库中的名为"单个水泡"的元件，放在引导线的下端，在第 60 帧处插入关键帧，把"单个水泡"元件移到引导线的上端并设置 Alpha 值为 50%，如图 10-70 所示。

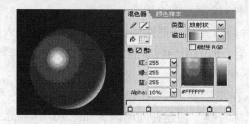

图 10-69　设置颜色

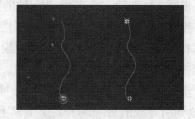

图 10-70　设置引导线

【步骤 4】新建一个影片剪辑元件"成堆的水泡"。从库中拖入数个"一个水泡及引导线"元件，任意改变大小位置。

【步骤 5】新建一个影片剪辑元件"鱼及引导线"。新建引导层，用"铅笔工具"绘制一条曲线作为鱼游动时的路径。在被引导层，将名为"鱼"的元件导入到场景中，在第 1 帧及第 100 帧中分别置于引导线的两端，如图 10-71 所示。在第 1 帧中建立补间运动动画，勾选属性面板上的"路径调整"、"同步"、"对齐"复选框。

【步骤 6】新建一个图形元件"海底"。选择第 1 帧，将名为"海底.bmp"的素材图片导入到场景中。

【步骤 7】新建一个图形元件"遮罩矩形"。在场景中绘制一个 500×4 像素大小的无边矩形。复制并依次向下移动粘贴，创建出一个 500×540 像素的矩形，如图 10-72 所示。

【步骤 8】新建一个影片剪辑元件"水波效果"。先把最下面图层作为当前编辑图层，从库里拖入名为"海底"的图形元件，在属性面板中设置元件的 X 值为 0，Y 值为 0。在第 1 帧处单击鼠标右键，在弹出的快捷菜单中选择【复制帧】命令，并在第 100 帧处插入普通帧。

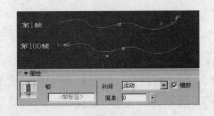

图 10-71　创建动画

图 10-72　绘制矩形

【步骤 9】新建一个图层，在第 1 帧处单击鼠标右键，在弹出的快捷菜单中选择【粘贴帧】命令。在属性面板中设置此元件的 X 值为 0，Y 值为 1，如图 10-73 所示。设置Alpha 值为 80%，并在第 100 帧插入普通帧。

【步骤 10】新建一个图层，在第 1 帧中拖入库中名为"遮罩矩形"的元件，下面的边缘对着"海底图片"的下边缘。在第 100 帧中插入关键帧，拖动"遮罩矩形"元件，使其上边缘对着"海底图片"的上边缘，如图 10-74 所示。在第 1 帧中创建补间动作动画。

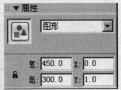

图 10-73　图形位置参数

图 10-74　元件位置

【步骤 11】从库中把名为"水波效果"的元件拖到场景中，在第 134 帧处插入普通帧，将改图层命名为"背景"。

【步骤 12】新建名为"水泡"的图层，在第 30 帧处从库里把名为"成堆的水泡"的元件拖到场景中，数目、大小、位置任意，在第 134 帧处插入普通帧。

【步骤 13】新建名为"鱼"的图层，从库里把名为"鱼及引导线"的元件拖放到场景的左侧，数目、大小、位置任意，在第 134 帧加普通帧。

【步骤 14】在场景中绘制一个无边矩形，大小为 450×300 像素，盖住全部场景。将此层设置为遮罩层，此时下面的"声音"层自动缩进为被遮罩层。用鼠标分别单击下面的各层并向上略微移动，则各层就自动缩进为被遮罩层，如图 10-75 所示。

【步骤 15】保存文件，测试效果，如图 10-76 所示。

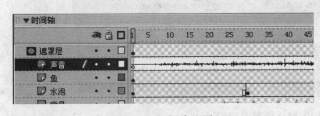

图 10-75　创建遮罩　　　　　　　　　　图 10-76　效果图

10.5.3　课堂任务 20：飘落的雪花

【步骤 1】新建文档，设置背景为黑色，其他属性默认。

【步骤 2】新建一个影片剪辑元件，命名为"雪花"。在它的正中用"铅笔工具"绘制一个不规则的多边形，填上白色，如图 10-77 所示。

【步骤 3】再新建一个影片剪辑元件，命名为"前层"。将"雪花"元件拖入舞台，用"选择工具"中的"比例"功能把它缩小。在第 80 帧中插入关键帧，在"图层 1"上单击鼠标右键，在弹出的快捷菜单中选择【添加引导线】命令，如图 10-78 所示。

图 10-77　绘制多边形

图 10-78　添加引导线

【步骤 4】在新增加的"引导线：图层 1"的第 1 帧中，从"雪花"开始，画一条弯曲的曲线。将第 80 帧中的"雪花"沿曲线从头拖到曲线的末尾，然后在"图层 1"的第 1 帧中单击鼠标右键，在弹出的快捷菜单中选择【创建动画动作】命令，如图 10-79 所示。

【步骤 5】新建图层，重复步骤 4，插入多片雪花。

【步骤 6】两次重复步骤 3～5，将组件分别命名为"中层"和"后层"，注意"雪花"的大小和"引导线"的路径要有区别，如图 10-80 所示。

图 10-79　创建动画动作

图 10-80　雪花路径

【步骤 7】回到场景 1，插入 8 个图层，分别命名为"后层 1"、"后层 2"、"中层 1"、"中层 2"、"中层 3"、"中层 4"、"前层 1"、"前层 2"。在对应的层上拖入对应的组件，并适当地调整时间轴，让雪花飘得连贯，如图 10-81 所示。

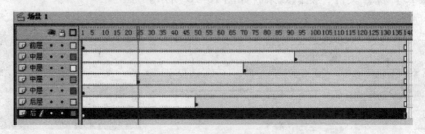

图 10-81　调整时间轴

【步骤8】保存文件，按 < Ctrl + Enter > 组合键测试效果。

10.5.4　课堂任务21：滚动的小球

【步骤1】新建 Flash 文档，绘制"太阳"图形元件。

【步骤2】添加引导层，绘制引导线。在预期结束处插入关键帧，使引导线保留在舞台上。

【步骤3】拖动"太阳"元件到引导线的初始位置，使中心圆点与引导线端点对齐，如图 10-82 所示。选择"太阳"图层，在预期结束处插入关键帧，拖动"太阳"元件到引导层的终点，使中心圆点与导引线端点对齐。

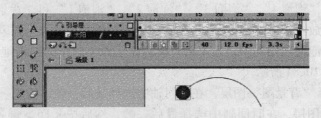

图 10-82　中心圆点与引导线端点对齐

【步骤4】在"太阳"图层的两个关键帧之间单击鼠标右键，在弹出的快捷菜单中选择【创建补间动画】命令，如图 10-83 所示。

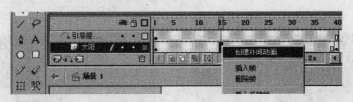

图 10-83　创建补间动画

【步骤5】保存文件，测试动画效果。

本 章 小 结

本章从实用角度出发，通过21个 Flash 动画实例，对 Flash CS4 应用技巧进行介绍。通过对本章的学习，读者应对 Flash CS4 的操作有进一步的理解和提升。

思 考 与 练 习

10-1　如何把动画输出成动态的 GIF 文件？

10-2　如何找到放在窗口外边的面板？

10-3　做"沿轨迹运动"的动画时，元件为什么总是沿直线运动？

10-4　如何在 Flash 中把背景设为想要的颜色？

实训任务1

1. 实训目的

通过引导层的应用，掌握曲线动画的设置方法。

2. 实训内容及步骤

（1）内容　根据学习的图层知识，建立一个多图层的泡泡效果图。

（2）操作步骤

【步骤1】新建一个 Flash 文件，命名为"ch10 实训 . fla"并保存。在主场景中新建5个图层，依次命名为"泡泡4"、"泡泡3"、"泡泡2"、"泡泡1"和"背景图"。（注意，"背景图"图层一定要放在最下面）。然后，在"背景图"图层中导入一张风景图，设置好合适的像素；在4个"泡泡"图层中，导入第9章实训任务1制作的"泡泡图"图片作为动画移动的对象，如图10-84 所示。

【步骤2】选择"背景图"图层，在时间轴中选择最后一帧，插入一个关键帧。再分别选择4个"泡泡"图层，在时间轴中选择最后一帧，然后按 < F6 > 键各插入一个关键帧，再在工作区中选择被编辑的"泡泡"，然后将它们移动到所需要的位置，如图10-85 所示。

图 10-84　图片导入　　　　　　　　　　　图 10-85　编辑帧

【步骤3】选择各"泡泡"图层，选择中间的任意一帧，然后在属性面板中将"补间"选项设置为"动画"，如图10-86 所示。

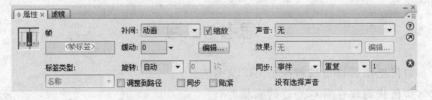

图 10-86　设置补间动画

【步骤4】设置完毕，可以发现时间轴中各层的起点关键帧到终点关键帧之间被一条带有箭头的线贯穿，如图 10-87 所示。

图 10-87　带有箭头的线贯穿时间轴

【**步骤 5**】在时间轴上单击"添加引导线"按钮 ⬤，在 4 个"泡泡"图层上逐层增加一个引导层。选择工具面板中的"铅笔工具" ✎，线条模式设置为平滑，然后在工作区中分别为 4 个泡泡绘制一条运动轨迹曲线，如图 10-88 所示。

【**步骤 6**】选中时间轴的第一帧，选择工具面板中的"选择工具" ▶，拖动泡泡到引导线的起点。在移动到引导线附近后，中心位置会出现一个圆圈，当圆圈与引导线接近一定距离就会被吸附上去，如图 10-89 所示。

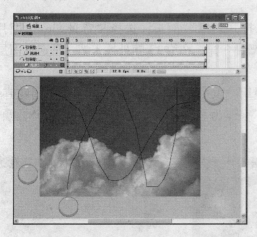

图 10-88　描绘运动轨迹

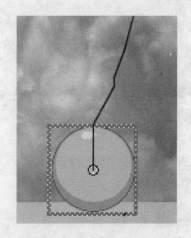

图 10-89　中心圆圈吸附到引导线

【**步骤 7**】将第 1 帧中的泡泡位置设置好后，再选择各"泡泡"图层中的最后 1 帧，把泡泡吸附在引导线的末端，如图 10-90 所示。

【**步骤 8**】最后，制作泡泡沿着引导线移动的动画。执行菜单栏中的【控制】|【测试影片】命令查看效果，如图 10-91 所示。

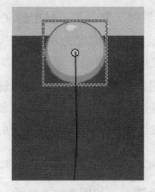

图 10-90　设置泡泡吸附到引导线末端

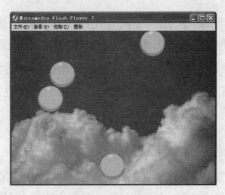

图 10-91　效果图

实训任务 2

1. 实训目的

通过对本实例的操作，学习课件的制作方法，锻炼综合应用操作软件的能力。

2. 实训内容及步骤

（1）内容　制作"中国花卉介绍"课件动画效果，如图 10-92 所示。

（2）操作步骤

【步骤 1】打开 Flash CS4，新建一个 ActionScript 2.0 类型的 Flash 文件，在属性窗口中设置舞台的宽度为 600，高度为 450，命名为"中国花卉介绍 . fla"并保存。

【步骤 2】执行菜单栏中的【文件】|【导入】|【导入到库】命令，将素材库中的"背景 . jpg"、"牡丹 . jpg"、"梅花 . jpg"、"菊花 . jpg"和"兰花 . jpg"等 5 张图片导入，如图 10-93 所示。

【步骤 3】把图层 1 的名称改成"背景"。打开"库"面板，选择"背景 . jpg"图片，把它从库中拖曳到舞台上，调整图片的大小同舞台一样，在第 13 帧处插入帧。锁定该图层，再新建一个新图层，名称为"标题"。

【步骤 4】在"标题"图层的第 1 帧处，使用"文字工具" **T** 输入文字"中国花卉介绍"，在属性面板中设置文本类型为静态文本，字体为"方正隶二简体"，大小为 65，颜色为红色，如图 10-94 所示。

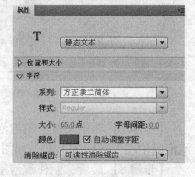

图 10-92　动画效果　　　　图 10-93　步骤 2　　　　图 10-94　步骤 4

【步骤 5】在"标题"图层的第 2 帧处插入空白关键帧。复制第 1 帧中的文字，粘贴到第 2 帧中，字体大小改为 28。使用"矩形工具" 绘制一个宽度为 450、高度为 30 的没有边框的矩形，填充颜色为白色到透明色过渡并组合成组。再使用"椭圆工具" 绘制一个没有边框的椭圆，填充颜色为白色到红色过渡。使用"任意变形工具" 调整旋转点，在"变形"面板中设置旋转角度为 60 度，单击"重置选区和变形"按钮，复制两个椭圆。选择 3 个椭圆并组合成组。调整文字、矩形和椭圆组的排列方式，如图 10-95 所示，放置在舞台的左上角稍下一点的位置。

【步骤 6】锁定"标题"图层。重新建立一个名为"按钮"的图层，使用"文本工具" **T** 在舞台中输入"开始"，再在文字后面绘制一个红色箭头，如图 10-96 所示。

中国花卉介绍

图 10-95　步骤 5

【步骤 7】选择箭头，把箭头转换成影片剪辑元件，命名为"箭头"，双击进入其编辑层级。在第 5、9 帧处分别插入关键帧，在 3 个关键帧之间创建补间形状动画。选择第 5 帧中的箭头，使用"任意变形工具"将其适当压扁，如图 10-97 所示。

图 10-96　步骤 6 　　　　　　　　　　　　图 10-97　步骤 7

【步骤 8】返回场景 1，把文字和箭头全选并转换成按钮元件，命名为"开始"。双击进入其编辑层级，在"指针经过"状态插入关键帧，按 < Ctrl + B > 组合键把该帧中的文字和箭头分离成图形，颜色改为"#CC6600"；在"按下"状态插入关键帧，颜色改为"#FF0000"；在"点击"状态插入关键帧，绘制一个正好覆盖文字和箭头的矩形。

【步骤 9】打开"库"面板，选择名称为"开始"的按钮，单击鼠标右键，在弹出的快捷菜单中选择【直接复制】命令复制按钮，名称改为"返回"。双击"返回"按钮进入编辑层级，把每个帧上的"开始"文字改成"返回"。

【步骤 10】返回场景 1，在"按钮"图层的第 2 帧处插入空白关键帧。把"返回"按钮从库中拖到舞台上，再水平翻转，放置在舞台右下部。在舞台中间，再输入文字"牡丹"、"梅花"、"菊花"、"兰花"，字体为"方正隶二简体"，大小为 65，颜色为红色，如图10-98所示。

【步骤 11】选择文字"牡丹"转换成按钮元件，元件名称为"牡丹"，双击进入其编辑层级。在"指针经过"状态插入关键帧，把文字颜色改为"#003300"；在"按下"状态插入关键帧，颜色改为"#000099"；在"点击"状态插入关键帧，绘制一个正好覆盖文字的矩形。

【步骤 12】重复步骤 11，分别把文字"梅花"、"菊花"、"兰花"转换成按钮。

【步骤 13】在场景 1 的编辑状态下，在"按钮"图层的第 3 帧处插入关键帧，删除"牡丹"、"梅花"、"菊花"、"兰花"4 个按钮，并锁定该图层。

【步骤 14】新建一个名称为"介绍"的图层。在第 13 帧处插入关键帧，从库中把名称为"兰花"的图片拖曳到舞台上，调整大小为 120 像素的正方形，并输入文字"兰花"，字体为"方正隶二简体"，大小为 35，颜色为红色。再输入花卉的注解文字，字体为"楷体_GB2312"，大小为 22，颜色为红色，如图 10-99 所示。

【步骤 15】重复步骤 14，依次在第 10、11、12 帧中插入关于其他花卉的图片和文字介绍。

图 10-98　步骤 10　　　　　　　　　　　　图 10-99　步骤 14

【步骤 16】锁定"介绍"图层，新建一个名为"CS"的图层，选择第 1 帧，打开"动作"面板，在帧中添加"stop（ ）;"命令。

【步骤 17】解锁"按钮"图层，选择第一帧上的按钮，添加如下代码：

on（release）{gotoAndStop（2）;}

选择第 2 帧上的"返回"按钮，添加如下代码：

on（release）{gotoAndStop（1）;}

选择第 2 帧上的"牡丹"按钮，添加如下代码：

on（release）{gotoAndStop（10）;}

选择第 2 帧上的"梅花"按钮，添加如下代码：

on（release）{gotoAndStop（11）;}

选择第 2 帧上的"菊花"按钮，添加如下代码：

on（release）{gotoAndStop（12）;}

选择第 2 帧上的"兰花"按钮，添加如下代码：

on（release）{gotoAndStop（13）;}

选择第 3 帧上的"返回"按钮，添加如下代码：

on（release）{gotoAndStop（2）;}

【步骤 18】执行【文件】|【保存】命令保存文档，按 < Ctrl + Enter > 组合键测试动画效果。

第11章

Photoshop CS4滤镜的效果

1）了解 Photoshop CS4 滤镜的基础知识。
2）掌握滤镜的操作与使用方法。

11.1 滤镜的基础知识

滤镜可以理解为一个加工"图像"的机器，经常用来制作一些材质、特殊效果等，能够创建各种各样精彩绝伦的图像，有的仿制现实中的事物，可以以假乱真；有的可以做出虚幻的景象。使用滤镜的组合更是能方便、快捷地制作出千变万化的图像效果。

滤镜主要用来处理图像的各种效果，它使用起来非常简单，但要应用的恰到好处却并非易事。这除了要求用户具备扎实的美术功底外，还要对滤镜具有很强的操控能力。

11.1.1 滤镜的使用原则

要使用滤镜，从【滤镜】菜单中选择相应的子菜单命令。使用滤镜，需要注意以下原则。

1）滤镜应用于现用的可见图层或选区。
2）不能将滤镜应用与位图模式或索引颜色的图像。
3）有些滤镜只对 RGB 图像起作用。
4）可以将所有滤镜应用于 8 位图像。
5）可以将下列滤镜应用于 16 位图像：液化、消失点、平均模糊、模糊、进一步模糊、方框模糊、高斯模糊、镜头模糊、动感模糊、径向模糊、表面模糊、形状模糊、镜头校正、添加杂色、去斑、蒙尘与划痕、中间值、减少杂色、纤维、云彩、分层云彩、镜头光晕、锐化、锐化边缘、进一步锐化、智能锐化、USM 锐化、浮雕效果、查找边缘、曝光过度、逐行、NTSC 颜色、自定、高反差保留、最大值、最小值以及位移；
6）可以将下列滤镜应用于 32 位图像：平均模糊、方框模糊、高斯模糊、动感模糊、径向模糊、表面模糊、形状模糊、添加杂色、云彩、镜头光晕、智能锐化、USM 锐化、逐行、浮雕效果、NTSC 颜色、高反差保留、最大值、最小值以及位移。

11.1.2 滤镜的使用技巧

使用滤镜时，应注意以下技巧的应用：

1）对局部图像进行滤境效果处理时，可以对选区设定羽化值，使要处理的区域能自然地与原图像融合，减少突兀感。

2）按＜Ctrl＋Z＞组合键进行切换，可对比执行滤镜前后的效果。

3）在使用滤镜处理图像时，要注意图层和通道的使用。可以单独地对图层和通道进行滤镜处理，完成后再把这些图层和通道进行合成。

4）按＜Ctrl＋F＞组合键可重复执行前次的滤镜操作，此时不会调整滤镜参数。如要打开前次使用的滤镜的设置对话框，可按＜Shift＋Ctrl＋F＞组合键。

11.2　滤镜的效果

Photoshop CS4 的滤镜效果多种多样，有着很强的艺术性和实用价值。由于滤镜的种类众多，本书只从每一系列中选择部分最有特点的进行介绍。其他滤镜的使用请参考相关工具书籍。

11.2.1　滤镜库概述

"滤镜库"面板如图 11-1 所示，其中提供了大部分滤镜特殊效果的预览，并可以对图像进行应用多个滤镜、打开或关闭滤镜效果、设置滤镜选项、更改滤镜顺序等操作。注意，滤镜库中并没有提供菜单中的所有滤镜。

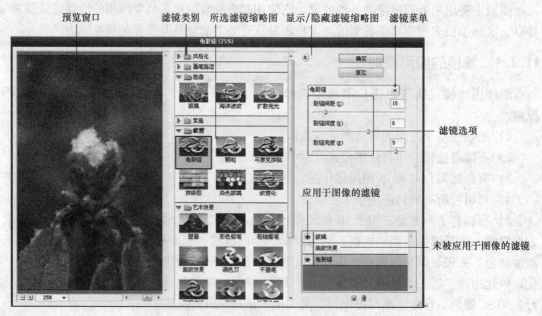

图 11-1　滤镜库

11.2.2　"液化"滤镜

使用"液化"滤镜，可以制作出各种类似"液化"的图像变形效果。"液化"滤镜可用于推、拉、旋转、反射、折叠和膨胀图像的任意区域。创建的扭曲可以是细微的或剧烈的，这就使"液化"滤镜成为修饰图像和创建艺术效果的强大工具。

　　★课堂任务1：制作油状效果的文字。

　　【步骤1】按＜Ctrl＋N＞组合键，新建一个文件。设置宽度为13厘米，高度为8厘米，分辨率为200像素/英寸，颜色模式为RGB，背景内容为白色。

　　【步骤2】按＜Ctrl＋O＞组合键，打开素材图片。选择"移动工具"，将文字图片拖曳到图像窗口中，并调整其位置，图如11-2所示。

　　【步骤3】按＜Shift＋Ctrl＋X＞组合键，打开"液化"对话框，如图11-3所示。选择"向前变形"工具，拖曳鼠标，制作出文字变形效果。单击"确定"按钮，油状效果文字制作完成，如图11-4所示。

图11-2　原图　　　　　图11-3　"液化"对话框　　　　　图11-4　效果图

11.2.3　"消失点"滤镜

　　使用"消失点"滤镜可以制作建筑物或任何矩形对象的透视效果。"消失点"可以简化在包含透视平面（如建筑物的侧面、墙壁、地面或任何矩形对象）的图像中进行的透视校正编辑的过程。利用"消失点"滤镜，可以在图像中指定平面，然后应用绘画、仿制、复制或粘贴以及变换等编辑操作。

　　★课堂任务2：去除图片中的人像。

　　【步骤1】按＜Ctrl＋O＞组合键，打开素材图片，如图11-5所示。

　　【步骤2】新建一个图层1，执行菜单栏中的【滤镜】|【消失点】命令，打开"消失点"对话框。选择"创建平面"工具，框选要进行透视和消除的区域，如图11-6所示。

图11-5　原图　　　　　　　图11-6　创建透视区域

　　【步骤3】选择"仿制图章工具"，对石柱进行取样，如图11-7所示。

　　【步骤4】调整后的效果如图11-8所示。

图 11-7　取样　　　　　　　　　　　　　图 11-8　最终效果图

11.2.4　"风格化"滤镜

"风格化"滤镜通过置换像素并且查找和增加图像中的对比度，在选区上产生一种绘画式或印象派艺术效果，是一种完全模拟真实艺术手法进行创作的方法，效果如图 11-9 所示。

图 11-9　"风格化"滤镜效果图
a）"查找边缘"滤镜　b）"等高线"滤镜　c）"风"滤镜　d）"浮雕效果"滤镜
e）"扩散"滤镜　f）"拼贴"滤镜

1. 风

"风"滤镜就是在图像中放置细小的水平线条来获得风吹的效果，方法包括"风"、"大风"（用于获得更生动的风效果）和"飓风"（使图像中的线条发生偏移），还可以选择风向（向左或向右），如图 11-10、图 11-11 所示。

2. 查找边缘

"查找边缘"滤镜用来搜索颜色对比度变化强烈的边界，将高反差区变为亮色，低反差区变为暗色，其他介于二者之间，硬边变为线条，柔边变粗，以此标识图像中有明显过渡的区域并强调边缘。

图 11-10　原图　　　　　　　　　图 11-11　效果图

3. 浮雕效果

"浮雕效果"滤镜将选区的填充颜色转换为灰色，并用原填充色勾画边缘，使选区显得突出或下陷，可设置的选项包括浮雕角度、高度以及选区内颜色数量。

★**课堂任务 3：制作浮雕效果图像。**

【步骤 1】按 < Ctrl + O > 组合键，打开素材图片，如图 11-12 所示。

【步骤 2】执行菜单栏中的【滤镜】|【风格化】|【浮雕效果】命令，打开"浮雕效果"对话框，如图 11-13 所示。

图 11-12　原图　　　　　　　　　图 11-13　"浮雕效果"对话框

【步骤 3】设置"角度"为 90 度，"高度"为 7 像素，"数量"为 100%，通过预览窗口观察效果。单击"确定"按钮，最终效果如图 11-14 所示。

★**课堂任务 4：制作油画效果图像。**

【步骤 1】按 < Ctrl + O > 组合键打开素材图片，如图 11-15 所示。执行菜单栏中的【图像】|【调整】|【色相/饱和度】命令，在打开的"色相/饱和度"对话框进行设置。

【步骤 2】新创建一图层，命名为"黑色透明"。将前景色设为黑色，按 < Alt + Delete > 组合键，用前景色填充图层。将图层"黑色透明"的"不透明度"设为 80%，效果如图 11-16 所示。

图 11-14　最终效果图　　　　图 11-15　素材图　　　　图 11-16　"黑色透明"图层

【步骤3】新创建图层，命名为"画笔涂抹"。在工具箱中选择"历史记录艺术画笔工具"，在其选项栏中单击"画笔"右侧下拉按钮，在打开的面板中单击右上方按钮，在弹出的菜单中选择【干介质画笔】命令，在提示框中单击"追加"按钮，将画刷设为"不平表面炭精铅笔"，"画笔主直径"为23像素，在选项栏中设置"模式"为"正常"，"不透明度"为85%，"样式"为"绷紧长"，"区域"为50像素，"容差"为18%，在"画笔涂抹"图层上拖动鼠标绘制图像，效果如图11-17所示。

【步骤4】按住<Alt>键的同时，单击"画笔涂抹"图层左侧的"眼睛"图标，将"黑色透明"和"背景"图层隐藏，观察绘制情况。继续绘制，直到画刷铺满图片窗口，如图11-18所示。执行【图像】|【调整】|【色相/饱和度】命令，打开"色相/饱和度"对话框进行设置，如图11-19所示。

图11-17　涂抹

图11-18　铺满图

图11-19　"色相/饱和度"对话框

【步骤5】将"画笔涂抹"图层拖到控制面板下方，复制生成新的图层，命名为"浮雕效果"。执行【图像】|【调整】|【去色】命令，对图像进行去色操作，将混合模式设为"叠加"。执行【滤镜】|【风格化】|【浮雕效果】命令，打开"浮雕效果"对话框进行设置，如图11-20所示。单击"确定"按钮，完成油画效果，如图11-21所示。

图11-20　"浮雕效果"对话框

图11-21　油画效果

11.2.5 "画笔描边"滤镜

"画笔描边"滤镜使用不同的画笔和油墨笔触效果产生绘画式或精美的艺术外观，包括为图像增加颗粒、杂色、边缘细节或纹理等。可以通过"滤镜库"应用所有"画笔描边"滤镜。注意，"画笔描边"滤镜对CMYK和Lab颜色模式的图像都不起作用。图11-22～图11-24分别是"画笔描边"滤镜中"成角的线条"、"墨水轮廓"、"喷溅"滤镜的效果。

图 11-22 成角的线条　　　　图 11-23 墨水轮廓　　　　图 11-24 喷溅

★**课堂任务 5：制作麻布效果图像。**

【**步骤 1**】按 < Ctrl + O > 组合键打开素材图片，如图 11-25 所示。解除图层锁定。

【**步骤 2**】执行菜单栏中的【滤镜】|【纹理】|【纹理化】命令，打开"纹理化"对话框进行设置，如图 11-26 所示。

图 11-25　原图　　　　　　　　　　　　图 11-26　纹理化设置

【**步骤 3**】按 < Ctrl + J > 组合键复制图层。选择副本图层，执行【滤镜】|【画笔描边】|【阴影线】命令，打开"阴影线"对话框进行设置，如图 11-27 所示。

【**步骤 4**】设置完成后，将副本图层的"图层模式"改为"叠加"，"不透明度"改为60%，如图 11-28 所示。

【**步骤 5**】最后合并图层，得到最终效果，如图 11-29 所示。

图 11-27　阴影线设置　　　　　　　　　　图 11-28　修改图层模式

图 11-29　最终效果图

11.2.6　"模糊"滤镜

　　"模糊"滤镜通过将图像中所定义线条和阴影区域的硬边的邻近像素平均而产生平滑的过渡效果，使图像中过于清晰或对比度过于强烈的区域变得模糊，对修饰图像非常有用。"模糊"滤镜包括表面模糊、动感模糊、方框模糊、高斯模糊、进一步模糊、径向模糊和镜头模糊等效果，如图 11-30 所示。

图 11-30　"模糊"滤镜效果
a）表面模糊　b）动感模糊　c）方框模糊　d）高斯模糊　e）进一步模糊
f）径向模糊　g）镜头模糊

　　★课堂任务 6：制作素描图像效果。
　　【步骤 1】按 < Ctrl + O > 组合键打开素材文件，如图 11-31 所示。
　　【步骤 2】执行菜单栏中的【滤镜】|【模糊】|【特殊模糊】命令，打开"特殊模糊"对话框进行设置，如图 11-32 所示。单击"确定"按钮，如 11-33 所示。
　　【步骤 3】按 < Ctrl + I > 组合键，对图像进行反相操作，制作完的效果如图 11-34 所示。

图 11-31　原图　　　　　图 11-32　特殊模糊设置　　　　图 11-33　效果图

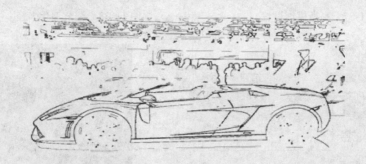

图 11-34　完成图

★课堂任务 7：处理相片景深效果。

【步骤 1】按 < Ctrl + O > 组合键打开素材文件，如图 11-35 所示。

【步骤 2】连续按 < Ctrl + J > 组合键两次，在"图层"面板中复制两个背景图层的副本，如图 11-36 所示。

图 11-35　原图　　　　　　　　　图 11-36　复制两个背景图层

【步骤 3】单击"图层"面板最上面图层左边的"眼睛"图标，隐藏该图层。选择中间图层，执行菜单栏中的【滤镜】|【模糊】|【高斯模糊】命令，打开"高斯模糊"对话框，调节半径到合适值并确定，如图 11-37 所示。

【步骤 4】在"图层"面板中激活最上面的图层，从工具箱中选择"椭圆工具"，在需要焦点清晰的区域画出一个椭圆，并调节羽化半径为 40 像素，如图 11-38 所示。

【步骤 5】单击"图层"面板底部的图层蒙版，激活模糊效果，如图 11-39 所示。如果觉得椭圆区内有的地方仍太清晰，可选择"橡皮擦工具"再逐步修改，最终效果如图 11-40 所示。

图 11-37　高斯模糊设置

图 11-38　调节羽化半径

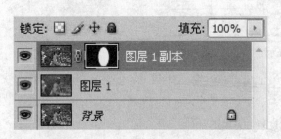

图 11-39　图层蒙版

图 11-40　最终效果

11.2.7　"扭曲"滤镜

使用"扭曲"滤镜可以对图像进行几何变形、创建三维或其他变形操作，如拉伸、扭曲、模拟水波、模拟火光等，效果如图 11-43 所示。

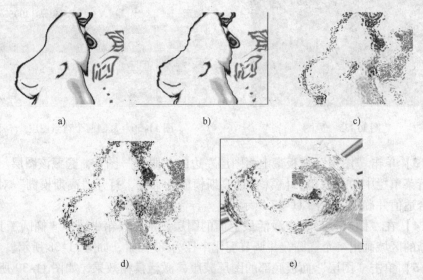

图 11-41　"扭曲"滤镜效果

a)"波浪"滤镜　b)"波纹"滤镜　c)"玻璃"滤镜　d)"海洋波纹"滤镜　e)"极坐标"滤镜

★**课堂任务 8：制作水底标志。**

【步骤 1】按 < Ctrl + O > 组合键打开素材文件，如图 11-42 所示。

【步骤 2】选择"自定形状工具"，单击其选项栏中的"形状"项，打开"形状"面板，单击右上方的按钮，在弹出的菜单中选择【装饰】命令，在弹出的提示框中单击"追加"按钮，如图 11-43 所示。在"形状"面板中选中图形"花形饰件 4"，如图 11-44 所示。

图 11-42　原图

图 11-43　提示框

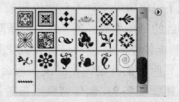

图 11-44　"形状"面板

【步骤 3】单击"自定形状工具"选项栏中的"形状图层"按钮，将"颜色"项设为黑色。按住 < Shift > 键，拖动鼠标在文档窗口中绘制图形，如图 11-45 所示。在"图层"面板中生成新的图层"形状 1"，如图 11-46 所示。

【步骤 4】在"形状 1"图层上单击鼠标右键，在弹出的菜单中选择【栅格化图层】命令，将"形状 1"图层转换为普通图层。执行【编辑】|【变换】|【扭曲】命令，图形的周围出现控制手柄，可用来改变图形的形状，如图 11-47 所示。

图 11-45　绘制图形

图 11-46　"图层"面板

图 11-47　扭曲图形

【步骤 5】执行【滤镜】|【扭曲】|【波纹】命令，打开"波纹"对话框进行设置，如图 11-48 所示。单击"确定"按钮，在"图层"面板的上方，将"形状 1"图层的混合模式设为"柔光"，如图 11-49 柔光所示，制作完成的效果如图 11-50 所示。

图 11-48　波纹设置

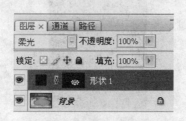

图 11-49　设置混合模式

图 11-50　完成图

11.2.8　"锐化"滤镜

"锐化"滤镜可以通过生成更大的对比度来使图像清晰化，并增强处理图像的轮廓。此组滤镜可减少图像修改后产生的模糊效果。

"锐化"和"进一步锐化"滤镜聚焦选区并提高其清晰度，"进一步锐化"比"锐化"滤镜应用更强的锐化效果。

"锐化边缘"和"USM 锐化"滤镜将查找图像中颜色发生显著变化的区域，然后将其锐化。"锐化边缘"滤镜只锐化图像的边缘，同时保留总体的平滑度。使用此滤镜在不指定数量的情况下锐化边缘。对于专业色彩校正，可使用"USM 锐化"滤镜调整边缘细节的对比度，并在边缘的每侧生成一条亮线和一条暗线。此过程将使边缘突出，造成图像更加锐化的错觉。

"智能锐化"滤镜通过设置锐化算法或控制阴影和高光中的锐化量来锐化图像。如果尚未确定要应用的特定锐化滤镜，那么推荐使用该锐化方法。

★**课堂任务 9：制作特殊线条效果。**

【步骤1】新建一个 400×300 像素大小、背景为黑色的新文件，如图 11-51 所示。

【步骤2】执行菜单栏中的【滤镜】|【渲染】|【分层云彩】命令，按 < Ctrl + F > 组合键重复操作三次，效果如图 11-52 所示。

【步骤3】执行【滤镜】|【风格化】|【风】命令，效果如图 11-53 所示。

图 11-51　新建图像文件　　　　图 11-52　"分层云彩"效果　　　图 11-53　"风"滤镜处理

【步骤4】执行【滤镜】|【锐化】|【智能】命令，设置"数量"为 500%，"半径"为"2.0 像素"，效果如图 11-54 所示。

【步骤5】执行【图像】|【图像旋转】|【90 度（逆时针）】命令，效果如图 11-55 所示。

【步骤6】执行【图像】|【调整】|【色彩平衡】命令，进行适当的调整，最终效果如图 11-56 所示。

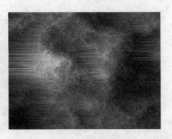

图 11-54　"智能"滤镜处理　　　　图11-55　旋转画布　　　　图 11-56　最终效果

11.2.9 "素描"滤镜

"素描"滤镜是用于模仿各种素描效果的滤镜组，可模拟铅笔画、碳笔画等不同的绘画风格，只对 RGB 或灰度模式的图像起作用，如图 11-57 所示。

图 11-57 "素描"滤镜效果

a）绘图笔效果　b）碳精笔效果　c）影印效果

★**课堂任务 10**：制作水效果图片。

【**步骤 1**】新建一个 400×300 像素大小、背景为黑色的图像文件，如图 11-58 所示。

图 11-58 新建图像文件

【**步骤 2**】执行菜单栏中的【滤镜】|【渲染】|【分层云彩】命令，效果如图 11-59 所示。

【**步骤 3**】执行【滤镜】|【模糊】|【高斯模糊】命令，打开"高斯模糊"对话框，设置如图 11-60 所示。

图 11-59 "分层云彩"效果

图 11-60 "高斯模糊"对话框

【**步骤 4**】执行【滤镜】|【模糊】|【径向模糊】命令，打开"径向模糊"对话框，设置如图 11-61 所示。

【步骤 5】 执行【滤镜】|【素描】|【基底凸现】命令，效果如图 11-62 所示。

【步骤 6】 执行【滤镜】|【素描】|【铬黄渐变】命令，效果如图 11-63 所示。

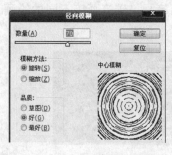  

图 11-61 "径向模糊"对话框　　图 11-62 "基底凸现"效果　　图 11-63 "铬黄渐变"效果

【步骤 7】 执行【图像】|【调整】|【色相/饱和度】命令，打开"色相/饱和度"对话框，调节颜色如图 11-64 所示。

【步骤 8】 单击"确定"按钮，最终效果如图 11-65 所示。

图 11-64 "色相/饱和度"对话框　　　　图 11-65 最终效果图

11.2.10 "纹理"滤镜

"纹理"滤镜可以使图像中各颜色之间产生过渡变形的效果，为图像制造深度感或材质感，增加组织结构的外观，如图 11-66 所示。

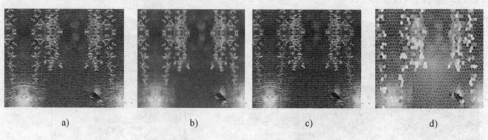

图 11-66 "纹理"滤镜效果

a) "龟裂缝"滤镜　b) "颗粒"滤镜　c) "拼缀图"滤镜　d) "染色玻璃"滤镜

★**课堂任务 11：制作拼缀图效果图片。**

【步骤 1】 按 < Ctrl + O > 组合键打开素材图片，如图 11-67 所示。

【步骤 2】 执行菜单栏中的【滤镜】|【纹理】|【纹理化】命令，在打开的"纹理化"对

话框中单击"确定"按钮，载入纹理，如图 11-68 所示。

【**步骤 3**】选择"缩放工具"，单击鼠标左键扩大图片的尺寸。再选择"磁性套索工具"，勾画出一块拼贴轮廓，如图 11-69 所示。

图 11-67　原图

图 11-68　载入纹理

图 11-69　拼贴轮廓

【**步骤 4**】选择"抓手工具"，恢复最初的尺寸。执行【选择】|【存储选区】命令，设置存储参数。选择"矩形选框工具"，单击鼠标右键，在弹出的快捷菜单中选择【通过拷贝的图层】命令，复制生成新的图层，命名为"拼图"。选择"移动工具"，将"拼图"图层中的图像拖到窗口任意一方，按 < Ctrl + T > 组合键调整适当角度，效果如图 11-70 所示。

图 11-70　拼缀图效果

11.2.11　"像素化"滤镜

"像素化"滤镜可以将图像以其他形状的元素重新再现出来。它并不是真正地改变图像像素点的形状，只是在图像中表现出某种基础形状的特征，形成一些类似像素化的形状变化，如图 11-71 所示。

a)

b)

c)

图 11-71　"像素化"滤镜效果
a)"彩块化"滤镜　b)"彩色半调"滤镜　c)"点状化"滤镜

★**课堂任务 12：制作色彩绚丽的格子图片。**

【**步骤 1**】新建一个 400 × 300 像素大小、背景为黑色的图像文件，如图 11-72 所示。

【**步骤 2**】执行菜单栏中的【滤镜】|【渲染】|【云彩】命令，重复按几次 < Ctrl + F > 组合键加强效果，如图 11-73 所示。

图 11-72 新建图像文件　　　　　　　　　图 11-73 "云彩"效果

【步骤3】执行【滤镜】|【像素】|【点状化】命令，打开"点状化"对话框，设置如图 11-74 所示，效果如图 11-75 所示。

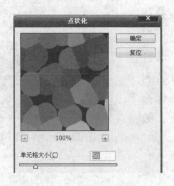

图 11-74 "点状化"对话框　　　　　　　图 11-75 "点状化"效果

【步骤4】按＜Ctrl＋I＞组合键反相图像，让色调更艳丽，效果如图 11-76 所示。

【步骤5】执行【滤镜】|【像素】|【马赛克】命令，打开"马赛克"对话框，设置如图 11-77 所示。

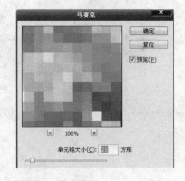

图 11-76 反相后效果　　　　　　　　　图 11-77 "马赛克"对话框

【步骤6】按＜Ctrl＋J＞组合键复制背景图层，执行【滤镜】|【风格化】|【查找边缘】命令，效果如图 11-78 所示。

【步骤7】按＜Ctrl＋I＞组合键反相图像，把图层混合模式改为"叠加"，如图 11-79 所示。

【步骤8】适当调整曲线，得到最终效果，如图 11-80 所示。

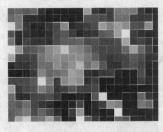

图 11-78 "查找边缘"效果   图 11-79 叠加   图 11-80 最终效果

11.2.12 "渲染"滤镜

使用"渲染"滤镜可以在图片中创建云彩图案、光晕图案和模拟灯光效果，还可以在三维空间中创建三维对象（立方体、球体和圆柱），或从灰度文件创建纹理填充以制作类似三维的光照效果，如图 11-81 所示。

a)   b)   c)   d)   e)

图 11-81 "渲染"滤镜

a)"分层云彩"滤镜 b)"光照效果"滤镜 c)"镜头光晕"滤镜 d)"纤维"滤镜 e)"云彩"滤镜

★课堂任务 13：制作光晕效果图片。

【步骤 1】新建一个 400×300 像素大小、背景为黑色的图像文件，如图 11-82 所示。

【步骤 2】执行菜单栏中的【滤镜】|【渲染】|【分层云彩】命令，重复按 <Ctrl+F> 组合键几次以加强效果，如图 11-83 所示。

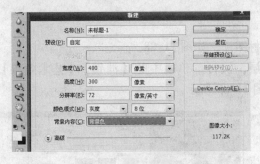

图 11-82 新建图像文件   图 11-83 "分层云彩"效果

【步骤 3】执行【滤镜】|【渲染】|【镜头光晕】命令，打开"镜头光晕"对话框，设置如图 11-84 所示。

【步骤 4】执行【滤镜】|【渲染】|【光照效果】命令，打开"光照效果"对话框，设置如图 11-85 所示。

【步骤 5】 按 < Ctrl + J > 组合键复制图层，将图层混合模式改为"正片叠底"，最终效果如图 11-86 所示。

 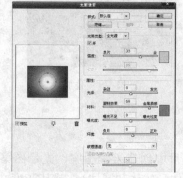 

图 11-84 "镜头光晕"对话框　图 11-85 "光照效果"对话框　　图 11-86 最终效果

11.2.13 "艺术效果"滤镜

"艺术效果"滤镜在 RGB 颜色模式和多通道颜色模式下才可以使用，一般用于为美术或商业项目制作绘画或艺术效果。例如，将"木刻"滤镜用于拼贴或印刷。这些滤镜模仿自然或传统介质，效果如图 11-87 所示。

a)　　　　　　　　b)　　　　　　　　　c)　　　　　　　　　d)

图 11-87 "艺术效果"滤镜效果

a)"壁画"滤镜　b)"彩色铅笔"滤镜　c)"粗糙蜡笔"滤镜　d)"底纹效果"滤镜

★**课堂任务 14：制作漫画效果图片。**

【步骤 1】 按 < Ctrl + O > 组合键打开素材图片，如图 11-88 所示。

【步骤 2】 按 < Ctrl + J > 组合键复制图层，执行菜单栏中的【滤镜】|【艺术效果】|【木刻】命令，打开"木刻"对话框，设置如图 11-89 所示。

图 11-88 原图　　　　　　　　　　　图 11-89 "木刻"对话框

【步骤3】调节图像的"亮度/对比度",如图 11-90 所示,最终效果如图 11-91 所示。

图 11-90　"亮度/对比度"调节　　　　　　　　　图 11-91　最终效果

11.2.14　"杂色"滤镜

使用"杂色"滤镜可以混合干扰,制作出着色像素图案的纹理,如图 11-92 所示。

a)　　　　　　　b)　　　　　　c)　　　　　　d)　　　　　　e)

图 11-92　"杂色"滤镜效果

a) 减少杂色　b) 蒙尘与划痕　c) 去斑　d) 添加杂色　e) 中间值

★课堂任务 15:制作淡彩钢笔画效果图片。

【步骤1】按 < Ctrl + O > 组合键打开素材图片,如图 11-93 所示。将图像拖到"图层"面板下方的"创建新图层"按钮上,生成新的图层"背景副本"。

【步骤2】执行菜单栏中的【图像】|【调整】|【去色】命令,对图像进行去色操作,如图 11-94 所示。执行【滤镜】|【风格化】|【照亮边缘】命令,打开"照亮边缘"对话框,设置如图 11-95 所示。

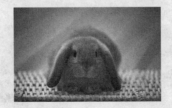
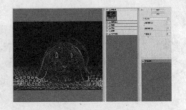

图 11-93　素材图　　　　　　图 11-94　去色　　　　　　图 11-95　"照亮边缘"对话框

【步骤3】按 < Ctrl + I > 组合键对图像进行反相操作,效果如图 11-96 所示。将"背景副本"图层的混合模式设置为"叠加",效果如图 11-97 所示。

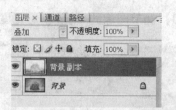

图 11-96　反相效果　　　　　　　　　　　　图 11-97　叠加

【步骤4】将"背景"图层复制成新图层"背景副本2"。执行【滤镜】|【杂色】|【中间值】命令，打开"中间值"对话框，设置如图 11-98 所示。单击"确定"按钮，完成淡彩钢笔制作，效果如图 11-99 所示。

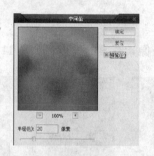

图 11-98　"中间值"对话框　　　　　　　　　图 11-99　淡彩完成图

11.2.15　"其他"滤镜

"其他"滤镜不同于其他分类的滤镜。在此滤镜特效中，用户可以创建自己的特殊效果滤镜，如"高反差保留"滤镜、"位移"滤镜、"自定"滤镜、"最大值"滤镜、"最小值"滤镜等，如图 11-100 所示。

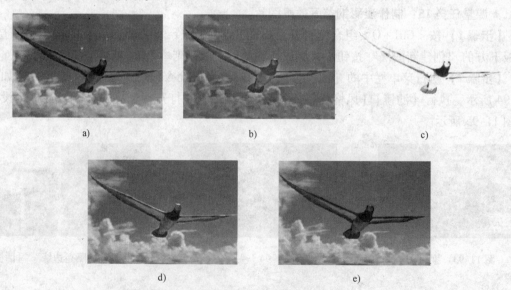

图 11-100　"其他"滤镜效果

a)"高反差保留"滤镜　b)"位移"滤镜　c)"自定"滤镜　d)"最大值"滤镜　e)"最小值"滤镜

本 章 小 结

　　本章有选择性地介绍了滤镜的功能和使用方法。滤镜的功能非常强大，操作也相当繁杂。通过本章的学习，首先应该了解滤镜的基本作用、使用方法、作用范围等，在此基础上，通过实例练习不断摸索，从而熟练地掌握各种滤镜的使用方法。

思考与练习

11-1　"模糊滤镜"有哪些作用？

11-2　"图案生成器"滤镜的作用是什么？

11-3　"滤镜库"有哪些作用？

11-4　"抽出滤镜"有哪些作用？

11-5　"扭曲"滤镜的作用是什么？

实训任务 1

1. 实训目的

通过制作水墨画，掌握各种滤镜的使用方法。

2. 实训内容及步骤

（1）内容　用滤镜的特殊效果将一个普通的彩色图片制作成一个水墨画。

（2）操作步骤

【步骤1】按 < Ctrl + O > 组合键打开素材图片，如图 11-101 所示。

【步骤2】执行菜单栏中的【图像】|【调整】|【亮度/对比度】命令，调整图像的亮度。

【步骤3】执行【滤镜】|【模糊】|【特殊模糊】命令，为图像添加模糊效果。

【步骤4】执行【滤镜】|【杂色】|【中间值】命令，调整图像的中间值。

【步骤5】执行【滤镜】|【画笔描边】|【喷溅】命令，为图像添加喷溅效果。

【步骤6】在工具箱中选择"直排文字工具"，在图像中添加文字，最终完成的水墨画效果如图 11-102 所示。

图 11-101　素材图

图 11-102　水墨画

实训任务 2

1. 实训目的

通过对本实训的操作，进一步提高应用 Flash 综合命令的能力。

2. 实训内容及步骤

（1）内容　制作"飞舞的蝴蝶"动画效果，如图 11-103 所示。

（2）操作步骤

【步骤 1】打开 Flash CS4，新建一个 ActionScript 2.0 类型的 Flash 文件，在属性窗口设置舞台的宽度为 800 像素，高度为 532 像素，舞台颜色为深蓝色，命名为"飞舞的蝴蝶.fla"并保存。

【步骤 2】执行菜单栏中的【文件】|【导入】|【导入到舞台】命令，导入两张素材图片"花.jpg"和"蝴蝶.jpg"。

【步骤 3】选择"花.jpg"图片，把它从舞台中删除。选择"蝴蝶.jpg"图片，执行【修改】|【位图】|【转换位图为矢量图】命令，打开"转换位图为矢量图"对话框，设置参数如图 11-104 所示。单击"确定"按钮，把位图转换成矢量图。

图 11-103　动画效果

图 11-104　步骤 3

【步骤 4】选择蝴蝶身体以外的颜色并删除。选择一个翅膀，并转换成图形元件，命名为"翅膀"。再选择蝴蝶一半身体并拖曳到旁边，如图 11-105 所示。

【步骤 5】选择蝴蝶的触须，按 < Ctrl + G > 组合键将其组合成组。把触须拖曳到一边，再按住 < Alt > 键拖曳，重新复制一个。选择"任意变形工具" 调整旋转点，旋转触须。选择蝴蝶身体部分，按 < Ctrl + G > 组合键组合成组，如图 11-106 所示。

图 11-105　步骤 4

图 11-106　步骤 5

【步骤6】 选择蝴蝶的两个触须，按 <Ctrl + G> 组合键再次组合，并调整位置到身体的头部。把触须和身体全部选中，转换成图形元件并命名为"身体"。删除舞台上的所有内容。

【步骤7】 执行【插入】|【新建元件】命令，打开"创建新元件"对话框，新建一个名称为"蝴蝶飞"的影片剪辑元件，如图 11-107 所示。

【步骤8】 在"蝴蝶飞"影片剪辑的编辑层级，再新建两个图层。依次将 3 个图层从下到上分别命名为"翅膀1"、"身体"、"翅膀2"。从库中拖曳"翅膀"图形元件两次，分别放置到"翅膀1"和"翅膀2"图层中，再将"身体"图形元件拖曳到"身体"图层中。

【步骤9】 使用"任意变形工具" 和"选择工具" ，调整 3 个图层上的元件的形状和位置，如图 11-108 所示。

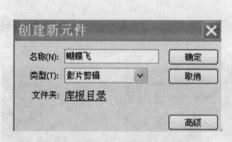

图 11-107　步骤 7

图 11-108　步骤 9

【步骤10】 在 3 个图层的第 3 帧处分别插入关键帧。选择"翅膀1"图层中的"翅膀"图形元件，使用"任意变形工具" 调整旋转点到翅膀的根部。执行【修改】|【变形】|【垂直翻转】命令。再次使用"任意变形工具" ，选择"旋转与倾斜" 项，调整翅膀的形状，如图 11-109 所示。

【步骤11】 选择"身体"图层中的"身体"图形元件，使用键盘上的方向键向上稍微移动一下身体。

【步骤12】 重复步骤10，调整另一个翅膀，效果如图 11-110 所示。

【步骤13】 在 3 个图层的第 4 帧处分别插入关键帧，完成影片剪辑的编辑。

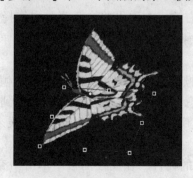

图 11-109　步骤 10

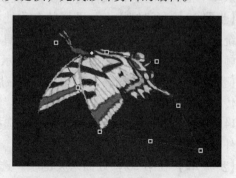

图 11-110　步骤 12

【**步骤 14**】返回场景 1，打开"库"面板，选择"蝴蝶飞"影片剪辑，单击鼠标右键，在弹出的快捷菜单中选择【直接复制】命令，复制一个名称为"蝴蝶 2"的影片剪辑。双击进入"蝴蝶 2"的编辑层级，选择 3 个图层的第 3 帧，删除关键帧。

【**步骤 15**】锁定"身体"和"翅膀 2"两个图层，选择"翅膀 1"图层中的元件，使用"任意变形工具" 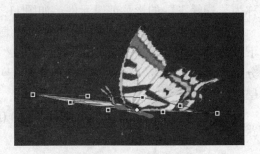 调整旋转点到翅膀的根部，接着在第 5、9 帧处分别插入关键帧，并在 3 个帧之间创建传统补间动画。选择第 5 帧中的元件，使用"任意变形工具" 把翅膀压扁，并选择"旋转与倾斜" 项，调整翅膀的形状，如图 11-111 所示。

图 11-111　步骤 15

【**步骤 16**】锁定"翅膀 1"图层，解锁"身体"图层，在"身体"图层的第 10 帧处插入关键帧。

【**步骤 17**】锁定"身体"图层，解锁"翅膀 2"图层，重复步骤 16，调整"翅膀 2"图层中翅膀的形状，如图 11-112 所示。

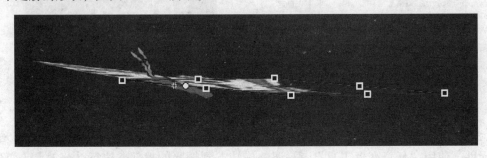

图 11-112　步骤 17

【**步骤 18**】返回场景 1，将"图层 1"重命名为"背景"。从库中把"花 .jpg"图片拖曳到舞台中，并在属性面板中设置图片的宽度为 800 像素，高度为 532 像素，X、Y 坐标都为 0。在第 135 帧处插入关键帧，锁定该图层。

【**步骤 19**】在"背景"图层中新建"图层 2"，命名为"蝴蝶飞"。把"蝴蝶飞"影片剪辑从库中拖到舞台上，执行【修改】|【变形】|【水平翻转】命令。

【**步骤 20**】在"蝴蝶飞"图层的名称处单击鼠标右键，在弹出的快捷菜单中选择【添加传统运动引导层】命令，使用"铅笔工具" 并选择"平滑模式" 项，在引导层的第 1 帧处绘制一条引导线，如图 11-113 所示。

【**步骤 21**】选择"蝴蝶飞"图层，在该层的第 25 帧处插入关键帧，在第 1 到 25 帧之间创建传统补间动画。选择第 1 帧中的元件，使用"任意变形工具"缩小元件，并拖到如图 11-114 所示位置，使元件吸附到线条上。选择第 25 帧中的元件，把元件拖到引导线末端，使元件吸附到线条上。

【**步骤 22**】在第 26 帧处插入关键帧。选择该帧中的元件，在属性面板中单击"交换"按钮，在"交换元件"对话框中选择"蝴蝶飞 2"影片剪辑，单击"确定"按钮。

图 11-113　步骤 20

图 11-114　步骤 21

【步骤 23】选择引导层，在第 50 帧处插入关键帧，删除原来的引导线，重新绘制一条引导线，如图 11-115 所示。

【步骤 24】选择"蝴蝶飞"图层，在第 50 帧处插入关键帧。删除该帧中的元件，从库中把"蝴蝶飞"影片剪辑拖入舞台，并使元件吸附到引导线的上面端点。再在第 85 帧处插入关键帧，并把元件吸附到引导线另一个端点上。

【步骤 25】在第 86 帧处插入关键帧，再选择该帧中的元件，在属性面板中单击"交换"按钮，在"交换元件"对话框中选择"蝴蝶飞 2"影片剪辑，单击"确定"按钮。

【步骤 26】选择引导层，在第 110 帧处插入关键帧，删除该帧上的引导线，重新绘制一条引导线，如图 11-116 所示。

图 11-115　步骤 23

图 11-116　步骤 26

【步骤 27】选择"蝴蝶飞"图层，在第 110 帧处插入关键帧。选择该帧中的元件，在属性面板中单击"交换"按钮，把元件再次交换成"蝴蝶飞"影片剪辑。并把"蝴蝶飞"元件水平翻转，并吸附到引导线上。在第 135 帧处插入关键帧，并将元件缩小并拖到舞台外面，吸附到引导线上，如图 11-117 所示。

【步骤 28】执行【文件】|【保存】命令保存文档，按 < Ctrl + Enter > 组合键测试动画效果。

图 11-117　步骤 27

第12章

色彩应用与版面设计

学习目标

1) 掌握色彩的混合原理。
2) 熟悉色彩的搭配方法。
3) 了解和掌握版面设计的方法。

12.1　色与光的关联

橙色的橘子、碧绿的湖水、蔚蓝的天空……生活中我们能看到的所有色彩均来源于光的反射，而光的颜色则取决于其波长的范围。早在 1666 年，万有引力的发现者牛顿就做过这样一个实验：将三棱镜放置在阳光下使折射的光线投射到白色屏幕上，此时会出现一条光谱，依次为红、橙、黄、绿、青、蓝、紫，如图 12-1 所示。这就是自然光的分解过程，被分解过的这些色光不可能继续被分解成其他色光。

我们平日里所见的彩虹正是可见光分解的一种现象。不同颜色的光具有不同的波长，可见光波长范围见表 12-1。

表 12-1　可见光波长范围

光　色	波长/nm	光　色	波长/nm
红（Red）	780～630	青（Cyan）	500～470
橙（Orange）	630～600	蓝（Blue）	470～420
黄（Yellow）	600～570	紫（Violet）	420～380
绿（Green）	570～500		

褐色的桌子、灰色的墙壁、绿色的 T 恤，之所以我们能够看到这些本身不发光的物体，是因为光线的反射作用，如图 12-2 所示。

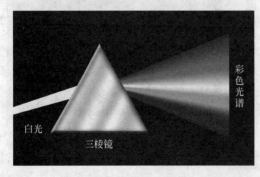

图 12-1　自然光的分解

图 12-2　物体受光的过程

人眼所看到的 T 恤由于吸收了自然光中的其他色光，只反射出大量绿色的光，因此才会说这是件绿色的 T 恤。但是，世界上没有任何一种物体是对色光全吸收或全反射的，比如此件绿色 T 恤同样反射橙色波长的光，只是非常少量而已。根据德国物理化学家奥斯特华德的理论，黑色吸收所有光，白色反射所有光，纯色反射特定波长的光。

总的来说，世间万物的色彩可分为有彩色和无彩色两大类。有彩色是指具有颜色的色彩，如蓝、绿、黄、紫等；无彩色是指黑、白、灰等不具有颜色的色彩，如图 12-3 所示。

12.2　色彩的三属性

1. 色相

色相是指色彩呈现出来的面貌，如橘红、柠檬黄、橄榄绿等。除黑、白、灰以外的颜色，都具有色相。通常，我们采用色相环来表示不同的颜色，该色相环是日本色彩研究所于 1964 年发表的色彩研究配色体系（Practical Color Coordinate System，PCCS），如图 12-4 所示。

图 12-3　有彩色与无彩色

图 12-4　PCCS 色相环

可见，PCCS 色相环将色彩分为 24 个色相，不同的色相之间呈 15 度夹角，24 个色相正好形成一个完整的圆形，产生了一种有规律的色彩变化，这对于研究色彩的其他属性以及色彩的混合、色彩搭配有着非常重要的指导意义。当然，根据相同的原理以及使用的需求，也可以制作出无数种色相环，如 8 色、16 色、48 色色相环等。

2. 饱和度

饱和度是指色彩的鲜艳程度，如图 12-5 所示。最左边的方块是饱和度最高的红色，通过降低其饱和度，该红色方块的色彩便会越来越灰，也就是颜色越来越不鲜艳，当丝毫没有红色时，该方块成为了无彩色——灰色。

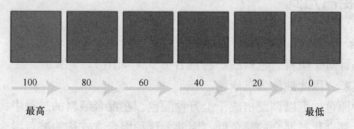

图 12-5　饱和度的变化

提示：当不需要非常鲜艳的色彩时，可以通过调整饱和度来获得所需的效果。

3. 明度

明度是指色彩的明暗程度。同样以上面所提到的红色方块为例，如图 12-6 所示。通过增加明度可以发现该红色方块变得越来越亮，当明度达到最亮时该方块为白色。同理，通过降低明度，该红色方块会变得越来越暗，最终成为一块黑色，如图 12-7 所示。

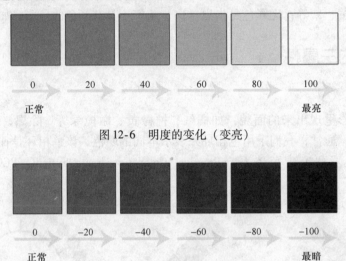

图 12-6　明度的变化（变亮）

图 12-7　明度的变化（变暗）

黑、白、灰虽然没有色相，也不存在饱和度的变化，但是却具有明度的变化。如图12-8所示，根据黑、白颜色所占比例的不同，可以变化出各种灰色。

提示：通过添加不同量的黑色或白色，色相会发生明暗的变化。

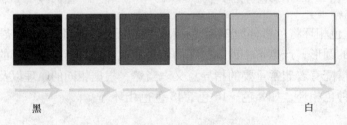

图 12-8　明度的变化（黑、白、灰）

12.3　色彩混合方式

1. 减色混合

减色混合是针对于颜料、色料的一种混合方式。如图 12-9 所示，红、黄、蓝是颜料中无法被调出的色彩，因此被称为三原色。

借由这三种原色，可以调配出成千上万种颜色。在混合颜料的过程中，新产生的颜色在明度、饱和度上都会比被混合的颜色低。因此，这种混合方式称为减色混合。

从图 12-9 中可以清楚地看出色彩是如何进行混合的。例如，蓝色与黄色的混合结果是绿色，红色与蓝色的混合结果是紫色，黄色与红色的混合结果是橙色，这三种颜色正好是某两种原色等量调配的结果，因此绿、紫、橙被称为三间色。

前文所提到的色相环正是通过不同原色与原色、原色与间色、间色与间色相互混合产生不同色彩的方法制作而成的。同时，在图中还可以看到，将红、黄、蓝三种原色等量混合所产生的结果便是黑色。

印刷色彩也是一种减色混合，由 4 种标准色作为混合基础，即青色（Cyan）、品红（Magenta）、黄色（Yellow）和黑色（Black），简称为 CMYK。在印刷的过程中，通过调配不同量的 4 种颜色，可以印刷出丰富多彩的杂志、包装等。

2. 加色混合

加色混合是针对于色光的一种混合方式，与颜料的原色及其混合规律不同，如图 12-10 所示。其三原色是红、绿、蓝，也就是通常所指的 RGB 色彩模式。

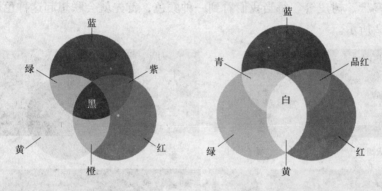

图 12-9　减色混合　　　　图 12-10　加色混合

在加色混合中，色光会相互叠合、色彩相混，所以其混合的结果会使新的色光亮度更亮。因此，绿、蓝混合的结果是很亮的青色，红、蓝混合的结果是很亮的品红色，红、绿混合的结果是很亮的黄色，而红、蓝、绿相互混合的结果是最亮的白色。

通过图 12-11 可以清晰地看出 RGB 加色混合模式的具体混合效果。除了原图，其他均为某两种原色混合的结果。只有当某种原色被混合时，才能呈现出此种色彩，如绿色被混合时帽子才能呈现出绿色。而黄色的铃铛只有在红绿混合的情况下才会出现黄色。原图中白色背景、脸、手等区域只有当红、黄、蓝三色混合时才能呈现出白色，缺少任何一种原色均无法显示白色。

提示：在使用计算机制作图像时，必须要注意 CMYK 与 RGB 模式的区别。

图 12-11　加色混合图例

12.4　色彩象征

色彩对于不同国家、不同民族具有某种特定的含义。例如，在西方文化中，白色具有纯洁与洁净的象征含义，而在中国传统观念中，白色则代表着丧失亲人的悲伤与哀痛；日本将紫色作为高贵、典雅的代表，而罗马的天主教会则认为紫色是苦恼与忧愁的象征……不同的国家、不同的文化直接影响着我们对色彩象征意义的理解。

1. 具体事物的象征

不同颜色都有其具体的象征事物，如红色象征太阳、火焰、玫瑰等；橙色象征橘子、落叶、晚霞等；黄色象征柠檬、龙袍等；绿色象征树叶、草地、绿豆等；蓝色象征湖水、天空等；紫色象征薰衣草、葡萄、茄子等；黑色象征煤炭、乌鸦等；白色象征白鸽、云朵、雪等；灰色象征乌云、树皮等。每当我们看到一种颜色，首先就会联想起这种色彩所象征的事物，如图 12-12 所示。

火焰　　　　　橘子　　　　　龙袍　　　　　树叶　　　　　湖水

薰衣草　　　　　乌鸦　　　　　白鸽　　　　　乌云

图 12-12　不同色彩的象征事物

2. 抽象情感的象征

红色象征热情、喜悦、活力、危险、革命、爱情等。

橙色象征温暖、快活、任性、积极、精力旺盛等。

黄色象征光明、希望、明快、欢喜、冷淡等。

绿色象征和平、安全、安慰、稳健、新鲜等。

蓝色象征平静、悠久、沉着、深远、冷清等。

紫色象征优雅、高贵、温柔、神秘、不安等。

黑色象征严肃、坚实、恐怖、寂寞、沉默等。

白色象征纯洁、神圣、清净、朴素、洁白等。

灰色象征平凡、失意、木讷、死板、高雅等。

提示：在选用色彩时，应当先了解不同国家的文化、风俗习惯对于色彩的喜恶，然后再选用合适的色彩进行设计与制作。

12.5　色彩调和

当不同色相、和度、明度的色彩组合在一起时，如何能使得它们之间形成一种有条理、有秩序、相互和谐、相互衬托的状态，这就是色彩调和所起的作用，也正是色彩调和重要性的体现。

如何使作品获得视觉上的美感，如何达到较为完美的色彩布局，这是对审美要求的高度统一。通过掌握不同色调的使用特性，可以较为快速地把握色彩调和的要领。

1. 冷暖色调

人们对色彩的冷暖感觉基本来源于其色相，比如说深蓝色会使人联想到海底，所以会给人较冷的感觉，而橘黄色会使人联想到烛光，所以给人温暖的感觉。当然，色彩的冷暖归属也不能一概而论，因以具体情况而定。

1）暖色系。暖色系是从橙黄色到紫红色的这一段色彩，如图 12-13 所示。

图 12-13　暖色系

2）冷色系。冷色系是从黄色到蓝色再到紫色的这一段色彩，如图 12-14 所示。

图 12-14　冷色系

暖色调具有亲近感、前进感和扩张感，而冷色调具有疏远感、后退感和收缩感。如图 12-15 所示，左边图片的整个色调为暖色调，给人以柔和、温暖的感觉，而右边图片的整个色调为冷色调，给人以僵硬、寒冷的感觉。所以要表现欢乐、活跃的场面时，适宜使用暖色调来带动人们的情绪，并且达到渲染氛围的作用；而要表现伤感、冷清的场面时，则可以使用冷色调来渲染悲伤的气氛。

图 12-15　冷、暖色调比较

提示：当使用的所有颜色均属于冷色系或暖色系时，画面的整体色彩可以达到和谐统一的效果。

当然，在实际操作时，并不可能只用暖色系或冷色系，很多时候在同一张图片中既会用到暖色又用到冷色。这个时候，冷暖色所占的面积大小就成为了色彩是否和谐统一的关键。

如图 12-16 所示，如果画面中冷色调的面积较大，那么整个画面依然属于冷色调，反之，则为暖色调。

提示：一个画面中冷暖色所占的比例对于画面的冷暖倾向有着关键性的作用。

2. 轻重色调

不同的色彩由于明度的差异，也存在着轻重之分。

浅色调往往具有轻柔感，深色调具有力量感。如图 12-17 所示，虽然两幅图都属于鲜艳的颜色，但是浅黄色给人的感觉非常轻薄，紫色给人的感觉则比较厚重。

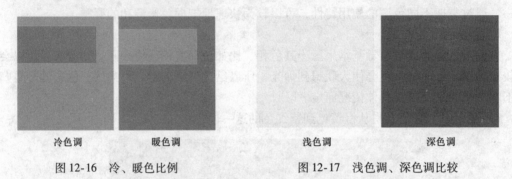

图 12-16　冷、暖色比例　　　　　　　　　图 12-17　浅色调、深色调比较

冷色调具有轻薄感，暖色调具有厚重感。如图 12-18 所示，蓝色比橙色给人的感觉要轻。

饱和度高的颜色给人感觉轻，饱和度低的颜色给人感觉重。如图 12-19 所示，同样是绿色，高饱和度的绿色就比低饱和度的绿色给人感觉要轻得多。

提示：不同色调的轻重决定了画面的平衡感，只有合理布局才能保证整个画面的平衡性与稳定性。

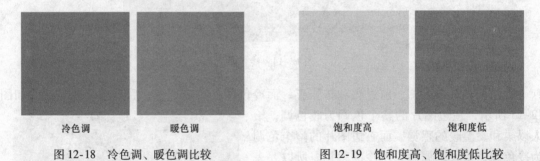

图 12-18　冷色调、暖色调比较　　　　　　　图 12-19　饱和度高、饱和度低比较

3. 黑、白、灰色调

前面介绍过黑、白、灰属于无彩色，因此没有冷暖之分。在所有的色彩中，黑色、白色是永恒的对比色，代表着经典、怀旧、时尚、现代，而灰色介于黑白之间，成为了黑、白的过渡色，也表现出高贵、典雅的风格。如图 12-20 所示，摄影师只是单纯地利用光线产生的黑、白、灰变化就将鹦鹉螺贝壳的美丽表现得淋漓尽致。

提示：黑、白、灰是最容易协调的颜色。

图 12-20　鹦鹉螺贝壳摄影

12.6　配色法

1. 根据色调配色

（1）单色配色法

所谓单色配色法，就是使用同一个颜色，根据不同的明度、饱和度的变化进行颜色搭配，如图 12-21 所示。单色配色法效果非常和谐，给人统一的感觉。

图 12-21　单色配色

（2）类似色配色法

采用色彩较为相似的颜色进行的色彩搭配称为类似色配色法，如图 12-22 所示。类似色搭配法给人温和、亲切的感觉，整体颜色较为融合。

提示：注意取色之间的距离。

（3）对比色配色法

所谓对比色配色法，就是采用色相相差较为明显的颜色进行搭配，如图 12-23 所示。对比色配色法使色彩醒目，视觉冲击力强，给人眼前一亮的感觉。

图 12-22　类似色配色

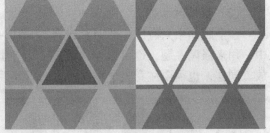

图 12-23　对比色配色

2. 根据饱和度配色

（1）高饱和度配色法

使用高饱和度的色彩进行搭配，如图 12-24 所示。此种配色法使色彩非常明亮、华丽。

（2）低饱和度配色法

使用低饱和度的色彩进行配色，如图 12-25 所示。此种配色法效果淡雅、沉静，给人以柔和的感觉。

图 12-24　高饱和度配色

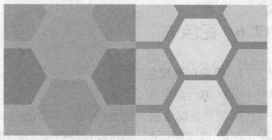
图 12-25　低饱和度配色

12.7　对称设计与不对称设计

1. 对称设计

（1）纯文字版面

整个版面中只有文字的对称设计如图 12-26 所示。当只有标题文字时，可以将标题文字置于版面中间位置，且保持对称的形式，给人以整齐、醒目的感觉。当需要配合标题文字添加相应内容时，内容的文字必须排列整齐，并且要与标题保留适当的空间以突出标题。如果版面的文字均为内容时，则可以进行适当的分栏，如两分栏、三分栏、四分栏等，依然要保持文字的整齐与秩序，但注意适当留白。

纯标题　　　　标题与内容　　　　纯内容

图 12-26　纯文字版面

提示：不要把整个版面全都排满，避免给人眼花缭乱的感觉。

（2）纯图片版面

整个版面中只有图片的对称设计如图 12-27 所示。图片可以作为整版放置于页面的正中，用来强调主题，也可以作为装饰，置于页面两侧，或者按照一定比例大小有规律地排放。同样，也需要注意整个页面留白的重要性。

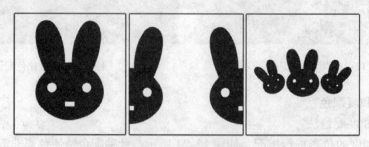

图 12-27　纯图片版面

（3）文字与图片混合版面

整个版面中既有文字也有图片的对称设计如图 12-28 所示。图片与标题同时出现时，注意图片与标题之间应有适当的间隔，并且注意图片与标题的大小比例，可以以图为主，也可以字为主，但尽量避免图片与标题所占的面积一样大。当标题、内容、图片同时出现时，应当合理分布各部分所占的比例，文字可以沿着图形的外形进行排版，但注意适当的留白。

图 12-28　文字与图片混合版面

2. 不对称设计

（1）纯文字版面

整个版面中只有文字的不对称设计如图 12-29 所示。在不对称设计中，版面的均衡感非常重要，应给人稳定、平衡的感觉。

纯标题　　　　　标题与内容　　　　　纯内容

图 12-29　纯文字版面

提示：在布局的过程中依然要给予一定的规律，切忌太过随意。

（2）纯图片版面

整个版面中只有图片的不对称设计如图 12-30 所示。图片通过大小比例的变化、摆放位置与角度的变化，可以产生一种协调的韵律感，增强版面的活力。

（3）文字与图片混合版面

图 12-30　纯图片版面

整个版面中既有文字也有图片的不对称设计如图 12-31 所示。版面的韵律来自于文字、图片的大小、位置、留白的大小等，主体应尽量在整个版面的中间，处于视觉中心的位置。

图 12-31　文字与图片混合版面

12.8　图片的使用

1. 现成图片

在很多情况下，现有的图片往往不完全符合要求，这时就需要对图片进行裁剪、修改，在这一过程中有许多值得注意的地方。

（1）图片的裁剪

通过对原图进行裁剪，可以获得许多不同的效果。如图 12-32 所示，通过剪裁改变了画面的大小，并且去除了画面下方的文字以及右边的人物，使其成为一个新的画面。

提示：在裁剪的过程中不要裁掉不该裁的部分，如上图中人物的头发、松鼠等；同时，也注意不要留下不需要的部分，如右边人物的身体或头发、手等。

（2）图片的修改

在使用图片时，可以利用 Photoshop 等软件对图片进行修改，如调整画面的色彩、根据场景添加光晕等，使图片达到所需要的效果。

2. 自制图片

当没有合适的图片可以使用时，可以通过各种绘图软件自制所需的图片，如一些图表、图像等，如图 12-33 所示。

裁剪前　　　　　　　　裁剪后　　　　　　　　图表　　　　　　　　图像

图 12-32　图片的裁剪　　　　　　　　　　图 12-33　自制图片

12.9　文字的使用

1. 字体的清晰度

版面中字体的清晰度直接影响人们的观看效率。一般标题可选用的字体范围较广，而正文内容或某些注释内容等小字则必须采用较为简洁的字体，便于人们的辨识，如图 12-34 所示。

2. 字体的大小

通常来说，标题、副标题等部分的字体较大，而正文及注释部分的字体较小，并且应当按照内容级别的高低进行字体大小的安排，同一层次内容的字体应当采用相同的大小，以避免造成阅读的混乱，如图 12-35 所示。

廊 廊 廊 廊

不清晰　　　　　　清晰

图 12-34　字体的清晰度对比

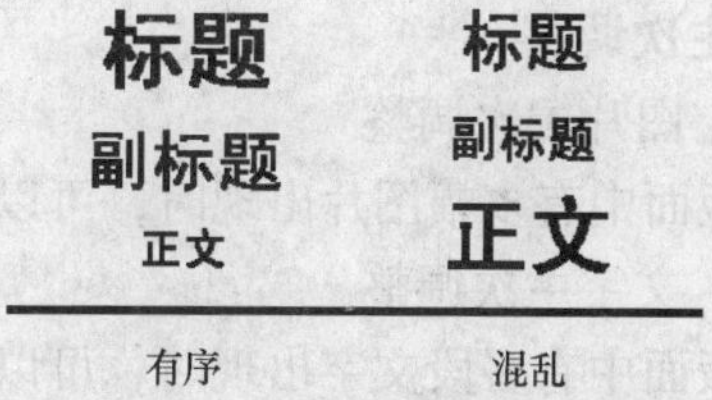

标题
副标题
正文

标题
副标题
正文

有序　　　　　　混乱

图 12-35　字体的大小

3. 字距

字体与字体之间的间距对于阅读也有着很大的影响。太过紧密的字距会增加阅读的难度，使人产生视觉疲劳，而太过松散的字距则会分散人们的注意力，如图 12-36 所示。

当然在实际操作时，有时也需要使用疏密不同的字距来达到所要的效果，但都应保证文字的可阅读性。

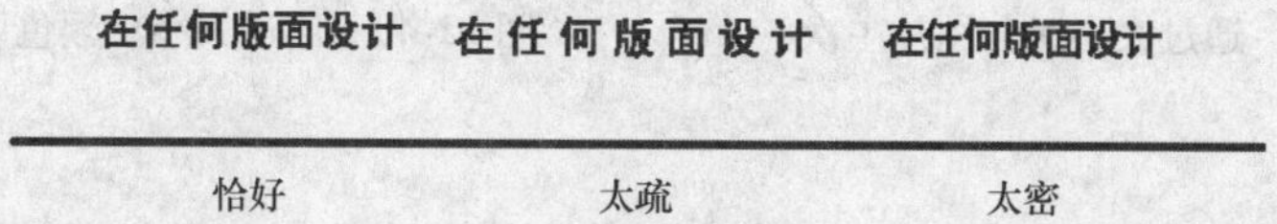

在任何版面设计　　在 任 何 版 面 设 计　　在任何版面设计

恰好　　　　　　太疏　　　　　　太密

图 12-36　字距

4. 行距

文字行与行之间与字距一样，需要合适的距离才能保证文字舒适的视觉效果，如图 12-37所示。

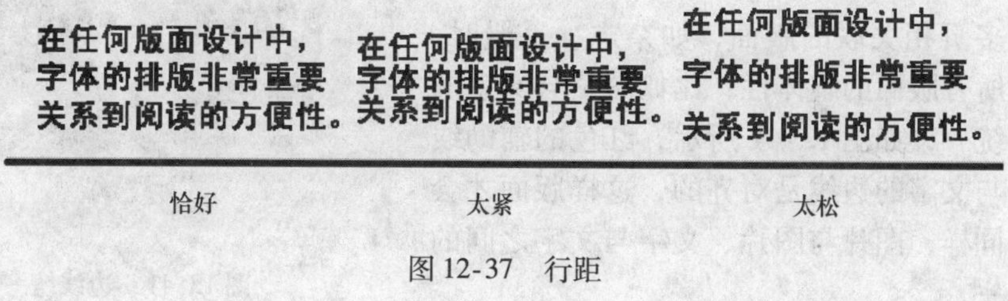

在任何版面设计中，
字体的排版非常重要
关系到阅读的方便性。

在任何版面设计中，
字体的排版非常重要
关系到阅读的方便性。

在任何版面设计中，
字体的排版非常重要
关系到阅读的方便性。

恰好　　　　　　太紧　　　　　　太松

图 12-37　行距

5. 样式

根据内容的不同，可以选择不同样式的字体来更好地传达相关的内容，如图 12-38 所示。

抖 硬 圆 瘦

图 12-38　样式

12.10　页面的调整

1. 主次调整

（1）图片主次调整

当版面中有多幅图片出现时，可以采用不同的大小来区分图片主次，如图 12-39 所示。

（2）文字主次调整

当版面中有多段文字出现时，可以采用不同大小、不同颜色的文字来区分主次关系，如图 12-40 所示。

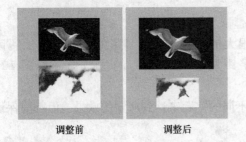

图 12-39　通过大小区分图片主次

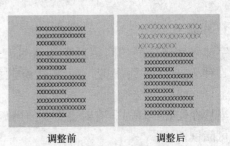

图 12-40　通过大小、颜色区分文字主次

2. 内容分类

在版面内容较多的时候，经常需要将不同类别的图片进行分类，以达到良好的语意传达效果，便于读者的理解。首先，可以根据图片本身的功能及其含义来进行分类，比如肖像类、风景类、运动类等。其次，可以根据图片的色调进行分类，比如暖色调、冷色调、黑白色调等。另外，也可以根据图片的构图形式或是拍摄角度进行分类，如横构图、竖构图、仰视图、俯视图、侧视图等。

3. 统一形式

当制作多页相关联的版面，如杂志、手册时，一定要注意所有版面的整体性，比如图片与文字的边线一定要统一，如图 12-41 所示，红色的辅助线条显示图片与文字的边线是对齐的，这样版面才会有秩序感。同样，图片与图片、文字与文字之间的边线也应统一。

图 12-41　边线统一

　　此外，在每个版面中，图片之间的间隔需要统一、文字之间的间距需要统一、图片与文字的间隔距离需要统一、同样层次的字体要统一，等等。只有具有形式统一的版面，人们在阅读书籍、杂志的时候才不会感觉混乱，获得视觉上的统一协调的效果，从而更好地传达作者的意图。

本 章 小 结

　　色彩应用与版面设计是 Photoshop CS4 中经常涉及的内容，掌握这些技能将大大提升设计效率，并且有利于美化图像处理作品、提升版面设计效果，使作品的审美价值、实用价值结合得更为紧密。本章主要介绍色彩的构成和应用、版面设计方法。

思考与练习

12-1　RGB、CMYK 的含义是什么？
12-2　如何利用颜色来表现欢乐？
12-3　蓝色与绿色属于什么关系？
12-4　页面排版中有哪些注意事项？

实训任务 1

1. 实训目的
通过自行设计标志，将所学的色彩、版面的技能运用到实践中。
2. 实训内容及步骤
利用字母"Apple"进行标志设计，效果如图 12-42 所示（步骤从略）。

图 12-42　利用字母"Apple"进行标志设计

实训任务 2

1. 实训目的
通过对本实训的操作，提升 Flash 综合应用命令的使用能力。
2. 实训内容及步骤
（1）内容　制作"海底世界"动画效果，如图 12-43 所示。

（2）操作步骤

【**步骤 1**】打开 Flash CS4 软件，新建一个 ActionScript 2.0 类型的 Flash 文件，在属性窗口设置舞台的宽度为 580 像素，高度为 610 像素，命名为"海底世界.fla"并保存。

【**步骤 2**】执行菜单栏中的【文件】|【导入】|【导入到库】命令，导入 3 张素材图片"海底世界.jpg"、"气泡.jpg"和"鱼.jpg"。

【**步骤 3**】按 < Ctrl + L > 组合键打开"库"面板，把"海底世界.jpg"文件拖到舞台上，在属性窗口设置图片的宽度为 580 像素，高度为 610 像素，X、Y 坐标都为 0。在"图层"面板中双击图层 1，重命名为"背景"，并锁定该图层。

【**步骤 4**】新建图层 2，重命名为"光线"。使用"矩形工具" ▭ 绘制一个宽度为 450 像素、高度为 25 像素的矩形，删除笔触颜色。

【**步骤 5**】选择矩形，单击"颜色"按钮 ▨，打开"颜色"面板，类型选择"线性"，双击黑色滑块，选择颜色为白色，设置颜色的 Alpha 值为"#FFFFFF"，如图 12-44 所示。

图 12-43　动画效果

图 12-44　步骤 5

【**步骤 6**】从工具面板中选择"渐变变形工具" ▨，单击矩形调整颜色填充位置，按 < Ctrl + G > 组合键组合矩形，如图 12-45 所示。

图 12-45　步骤 6

【**步骤 7**】按住 < Alt > 键拖曳矩形，复制出 7 个矩形，使用"任意变形工具" ▨ 旋转并调整矩形的大小及位置，如图 12-46 所示。

【**步骤 8**】在时间轴上，单击"小锁"图标按钮 🔒，锁定该图层。新建两个图层，分别命名为"鱼 1"、"鱼 2"。

【**步骤 9**】选择"鱼 1"图层，打开"库"面板，把"鱼.jpg"文件拖曳到舞台中，锁定该图层。

【**步骤 10**】选择"鱼 2"图层，参照"鱼 1"图层，使用"钢笔工具" ▨.和"线条工具"绘制鱼的线稿图,如图 12-47 所示。

【步骤 11】 单击"填充颜色"图标按钮 ,选择 3 种颜色,再使用"颜料桶工具" 🪣 填充鱼身上的颜色,如图 12-48 所示。

图 12-46　步骤 7　　　　　　　图 12-47　步骤 10　　　　　　　图 12-48　步骤 11

【步骤 12】 按住 < Shift > 键单击鱼身上黄颜色区域,选择黄颜色,在"颜色"面板选择 "线性渐变"效果,颜色从"#568FE4"过渡到"#FFFFFF",再使用"渐变变形工具" 🔳 调整填充的效果。

【步骤 13】 重复步骤 12,渐变填充鱼身上的绿颜色区域,颜色从"#0C101F"过渡到 "#FFFFFF"。删除白色的笔触颜色,效果如图 12-49 所示。

【步骤 14】 选择绘制的鱼图像,单击鼠标右键,在弹出的快捷菜单中选择【转换成元件】命令,将鱼图像换成图形元件,命名为"鱼"。

【步骤 15】 再把"鱼"图形元件转换成影片剪辑,重命名为"鱼 1"。双击"鱼 1"影片剪辑进入其编辑层级,在第 1 帧处把鱼缩小,位置放在舞台的左边线以外。再在第 100 帧处按 < F6 > 键插入关键帧,并把鱼拉到舞台的右边线以外。在第 1 到 100 帧之间创建传统补间动画。

【步骤 16】 返回场景 1,删除"鱼 1"影片剪辑。

【步骤 17】 打开"库"面板,选择"鱼 1"影片剪辑,单击鼠标右键,在弹出的快捷菜单中选择【直接复制】命令,改元件名为"鱼 2"。双击"鱼 2"影片剪辑进入其编辑层级,把第 100 帧处的关键帧拖到 150 帧处,延长鱼游动的时间。

【步骤 18】 返回场景 1,解锁"鱼 1"图层,删除第 1 帧中的所有内容,从库中将"鱼1"影片剪辑拖到第 1 帧中,调整位置到舞台的左边线以外。

【步骤 19】 在"鱼 2"图层的第 10 帧处插入空白关键帧,把"鱼 2"影片剪辑从库中拖入舞台,执行【修改】|【变形】|【水平翻转】命令。使用"任意变形工具" 🔳 适当把鱼放大,调整位置到舞台的右边线以外。锁定"鱼 1"和"鱼 2"图层。

【步骤 20】 在"鱼 2"图层上新建 3 个图层,分别命名为"气泡 1"、"气泡 2"、"气泡3"。在"气泡 1"图层中绘制一个直径为 13 的圆形和一个直径为 6 的圆形,删除笔触颜色,如图 12-50 所示。

【步骤 21】 选择大圆,设置填充颜色为线性渐变,颜色从"#395EAC"过渡到 "#FFFFFF"。使用"渐变变形工具" 🔳 调整位置,按 < Ctrl + G > 组合键组合大圆。再选择小圆,设置填充颜色为线性渐变,颜色从"#617EBC"过渡到"#FFFFFF"。使用"渐变变形工具"  调整渐变方向和位置，再使用"任意变形工具" 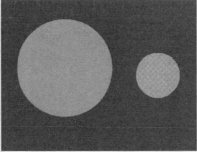 调整小圆的形状。按 < Ctrl + G > 组合键组合小圆，并把小圆放在大圆的上面，如图 12-51 所示。

图 12-49 步骤 13　　　　　图 12-50 步骤 20　　　　　图 12-51 步骤 21

【步骤 22】将绘制的气泡转换为图形元件，再把"气泡"元件转换为影片剪辑，命名为"气泡 1"。

【步骤 23】双击"气泡 1"影片剪辑进入编辑层级，在第 30 帧处插入关键帧。在第 1 到 30 帧之间创建传统补间动画。把第 1 帧中的气泡高度和宽度设为 1 并移动到舞台的底部，把第 30 帧中的气泡高度和宽度设为 30 并移动到舞台的中上部。

【步骤 24】打开"库"面板，选择"气泡 1"影片剪辑，单击鼠标右键，在弹出的快捷菜单中选择【直接复制】命令，复制"气泡 1"影片剪辑，重命名"气泡 2"。双击"气泡 2"影片剪辑进入编辑层级，把第 30 帧的关键帧拖到第 45 帧，延长气泡运动的时间。

【步骤 25】重复步骤 24，复制得到"气泡 3"影片剪辑，把"气泡 3"第 30 帧的关键帧拖到第 25 帧，缩短气泡运行的时间。

【步骤 26】返回场景 1，在"气泡 2"图层的第 15 帧处插入空白关键帧，从库中把"气泡 2"元件拖入舞台两次，调整位置，如图 12-52 所示。

【步骤 27】在"气泡 3"图层的第 7 帧处插入空白关键帧，从库中把"气泡 3"元件拖入舞台 3 次，调整位置，如图 12-53 所示。

【步骤 28】在所有图层的第 150 帧处插入空白帧，延长动画播放时间。

【步骤 29】执行【文件】|【保存】命令保存文档，按 < Ctrl + Enter > 组合键测试动画效果。

图 12-52 步骤 26　　　　　　　　　　图 12-53 步骤 27

第13章
Photoshop CS4与Flash CS4的综合应用

━━━ 学 习 目 标 ━━━

1) 提高 Photoshop CS4 和 Flash CS4 的综合应用能力。
2) 了解 Photoshop CS4 和 Flash CS4 之间的互补关系。
3) 掌握 Photoshop CS4 和 Flash CS4 联合操作的方法。

13.1 课堂任务1: 制作小鸟鸣叫动画

【步骤1】打开 Flash CS4, 按 < Ctrl + O > 组合键, 打开素材图片, 如图 13-1 所示。

【步骤2】复制图层, 用"钢笔工具"圈选出鸟的头部, 如图 13-2 所示。

图 13-1 原图

图 13-2 圈选出鸟的头部

【步骤3】按住 < Ctrl + J > 组合键单击鸟的头部, 复制为图层2, 并隐藏下边的背景层和图层1。

【步骤4】抠出小鸟头部 (单一背景一般使用快速蒙版 + 色彩范围), 选择"吸管工具", 单击鸟头外部背景, 如图 13-3 所示。

【操作提示】退出色彩范围后将会看到鸟头的主体部分也有部分被选中。

【步骤5】按 < Q > 键打开快速蒙版, 设置前景色为白色, 背景色为黑色。

【技巧】可以用"橡皮擦工具"擦去误选部分, 同时也可以转换前景色为黑色、背景色为白色, 并用画笔补充漏选处。

【步骤6】再按 < Q > 键退出快速蒙版, 按 < Delete > 键删除选区。

【步骤7】使用"放大镜工具"将图像放大300%。用"钢笔工具"勾选出鸟的上喙, 如图 13-4 所示。再用同样的方法勾选出下喙, 并分别建立选区图层。

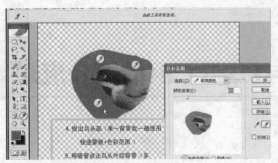
图 13-3　抠出小鸟头部

图 13-4　勾选出上喙

【步骤8】 隐藏上、下喙图层，激活图层2，用"橡皮擦工具"擦除鸟喙，如图 13-5 所示。

【步骤9】 激活上喙图层，使用"自由变换工具"使上喙略向上翘，同时下喙略向下撇，再用"移动工具"调整使鸟喙成张开状。

【步骤10】 将上、下喙图层合并至图层2。执行菜单栏中的【滤镜】|【液化】命令，使鸟头略向前伸，如图 13-6 所示。

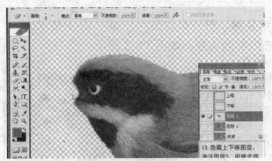
图 13-5　擦除鸟喙

图 13-6　使鸟头略向前伸

【步骤11】 激活图层1，用"图章工具"去掉图层2遮不住的图层1中的外露部分，并向下合并图层。

【步骤12】 使用"钢笔工具"勾选鸟尾巴，如图 13-7 所示。

【步骤13】 按住 < Ctrl + J > 组合键单击鸟尾部，复制为新图层。执行【编辑】|【自由变换】命令，将中心点移到尾巴根部，旋转移动尾巴略下垂。使用"橡皮擦工具"擦掉尾部遮挡的图层1的花朵部分，向下合并图层至图层，如图 13-8 所示。

图 13-7　勾选鸟尾巴图

图 13-8　擦掉选区遮挡部分

【步骤 14】单击时间轴右上角的箭头按钮，在弹出的菜单中选择【从图层建立帧】命令，如图 13-9 所示，设置延迟时间。

【步骤 15】执行【文件】|【将优化结果存储为】命令，将动画存储为 GIF 格式，如图 13-10 所示。按 < Ctrl + Enter > 组合键预览效果。

图 13-9　从图层建立帧　　　　　　　　　　图 13-10　保存文件

13.2　课堂任务 2：制作情人节巧克力

【步骤 1】打开 Photoshop CS4，新建一个文档，用"圆角矩形工具"绘制一个矩形，填充棕色，为图片设定等高线。

【步骤 2】新建图层，按住 < Ctrl > 键单击"巧克力"图层，调出选区，执行【编辑】|【描边】命令，设置颜色为棕色，宽度为 6 像素，效果如图 13-11 所示。

【步骤 3】按住 < Ctrl > 键单击"巧克力"图层，调出选区，按 < Ctrl + Shift + I > 组合键反选，然后按 < Delete > 键删除选区。执行【滤镜】|【模糊】|【高斯模糊】命令，半径设置为 13。

【步骤 4】使用"文字工具"在巧克力上输入文字，并将文字删格化，如图 13-12 所示。

【步骤 5】新建一个图层，用"钢笔工具"在巧克力上面画些线条，如图 13-13 所示。

图 13-11　描边　　　　　图 13-12　文字删格化　　　　图 13-13　巧克力上面画些线条

【步骤 6】执行【编辑】|【描边】命令，设置半径为 3，用"吸管工具"吸取巧克力的颜色。按 < Ctrl > 键将条线载入选区。

【步骤 7】执行菜单栏中的【图层】|【图层样式】命令，选择"斜面和浮雕"，设置参数如图 13-14 所示，最终效果如图 13-15 所示。

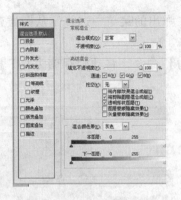

图 13-14 "斜面和浮雕"样式　　　　　图 13-15 最终效果

13.3 课堂任务 3：制作云端舞蹈的天使

【步骤 1】 在 Photoshop CS4 中新建一个文档，按 < Ctrl + O > 组合键，打开素材图片，如图 13-16 所示。

【步骤 2】 使用"多边形套索工具"将女孩图像抠出，如图 13-17 所示，复制到一个新的图层中并删除原图层。执行【图像】|【调整】|【曲线】命令，调整图像亮度。

【步骤 3】 新建一个图层。选择一种喜欢的花纹放到新图层中，并设置透明度为 53%。使用"多边行套索工具"将女孩的衣服抠出，将花纹中被选择的地方剪切下来，放到新图层中，再删除原图层，并将新层类型设置为叠加，效果如图 13-18 所示。

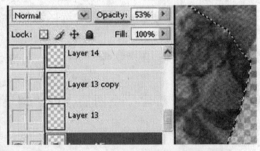

图 13-16 原图　　　　图 13-17 抠出女孩图像　　　　图 13-18 变换衣服的花纹

【步骤 4】 下面制作风景中头发的效果。选择"涂抹工具"，设置笔刷强度为 60%，将头发按垂落的方向进行模糊处理，如图 13-19 所示。

【步骤 5】 新建一个图层，将背景的天空图片粘贴到该层中，并将"背景"图层放到其他图层的下面。执行【编辑】|【自由变换】命令，将背景图片调整到合适的大小。执行【图像】|【调整】|【亮度/对比度】命令，将图像对比度设置强烈一点。

【步骤 6】 选择"笔刷工具"，在图片的右上方绘制一些不同角度的蝴蝶，再执行【编辑】|【自由变换】命令，对蝴蝶进行调整，使其看起来更自然。

【步骤 7】 回到笔刷设置界面，将笔触的硬度设置为 0，执行【滤镜】|【模糊】|【动感模

糊】命令。

【**步骤 8**】制作画面中的花边。新建图层，将"花边"图片插入该层中。执行【图像】|
【调整】|【反相】命令，将花边变成白色。将花边调亮并复制几份，将画面的上部分平铺，
使用"笔刷工具"在蝴蝶的位置涂抹一下。

【**步骤 9**】为了让图片看起来更亮些，执行【滤镜】|【模糊】|【高斯模糊】命令，同时利
用光线效果在女孩脚下添加一朵云彩，使效果更加逼真，如图 13-20 所示。

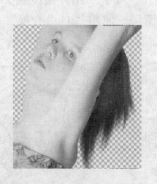 

图 13-19　头发模糊处理　　　　　　　图 13-20　　最终效果

13.4　课堂任务 4：制作童话里秋天的风景画

【**步骤 1**】打开 Photoshop CS4，新建一个文档，大小为 1920 × 1200 像素，命名为"秋"。

【**步骤 2**】为背景添加颜色，将"背景"图层变成普通层。双击该图层，在图层样式表
里选择"渐变叠加"，颜色设置为"#FCEF87"到"#FE9F09"，如图 13-21 所示。

【**步骤 3**】新建一个图层，重命名为"山"。选择"钢笔工具"，绘制一个闭合的山的形
状。单击鼠标右键，在弹出的快捷菜单中选择【填充路径】命令。选择颜色后，双击该图
层，在图层样式表里选择"渐变叠加"，设置颜色为"#B30100"到"#FE9833"。再次选择
路径，单击鼠标右键，在弹出的快捷菜单中选择【删除路径】命令，如图 13-22 所示。

【**步骤 4**】新建一个图层并命名"天空"，设置前景色为"#FCEF87"，背景色为"#DB8500"。

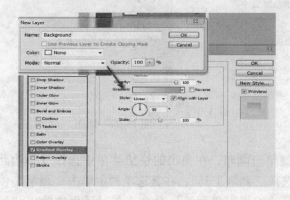 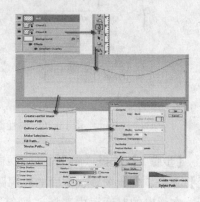

图 13-21　为背景添加一个颜色　　　　　　　图 13-22　　删除路径

选择"矩形选区工具"，在山脚下画一个矩形选区，在工具箱中选择"渐变工具"，在"渐变"选项栏中单击"渐变"下拉按钮，选择刚设置的渐变效果。在选区内拖曳一个从上到下的线性渐变，最后按 < Ctrl + D > 组合键取消矩形选区，如图 13-23 所示。

【步骤 5】为草丛制作倒影。创建一个新的图层并命名为"倒影"，在工具箱中选择"笔刷工具"并设置软边，在草丛的下面绘制一个倒影，然后使用"模糊工具"进一步模糊，如图 13-24 所示。

【步骤 6】新建 2 个图层，把素材库中的"波纹"、"叶子"图片拖曳到文档中，并把这些图层放置到"天空"图层的上面。复制"树叶"图层，使用"自由变换"工具，让叶子看起来更像被风吹走的样子，如图 13-25 所示。

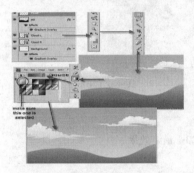
图 13-23　设置渐变

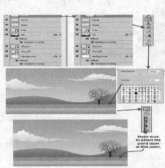
图 13-24　为草丛制作倒影

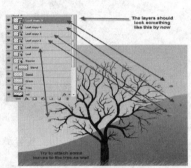
图 13-25　被风吹走的样子

13.5　课堂任务 5：制作飞扬的窗纱效果

【步骤 1】在 Photoshop CS4 中新建文档，设置如图 13-26 所示，为了便于观察可将其填充为黑色。

【步骤 2】按 < Ctrl + O > 组合键，打开素材图片，如图 13-27 所示。

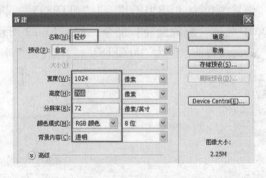
图 13-26　属性设置

图 13-27　原图

【步骤 3】选择"钢笔工具"，鼠标右键单击画布，在弹出的快捷菜单中选择【描边路径】命令，勾出窗纱横截面的轮廓路径。选择"画笔工具"，在其选项栏中单击"画笔"图标，在弹出的对话框中选择"画笔"，执行【编辑定义画笔】命令，在对话框中输入"纱1"。再次执行该操作，定义画笔"纱 2"。绘制出窗纱的轮廓，如图 13-28 所示。

【步骤4】打开"路径"面板，分别新建"路径1"、"路径2"、"路径3"、"路径4"，使用"钢笔工具"勾画不同走向的路径。

【步骤5】回到"图层"面板，分别新建"图层1"、"图层2"、"图层3"、"图层4"。打开"图层1"，选择"路径1"。选择工具箱中的"钢笔工具"，选择"描边路径"，在弹出的对话框中选择"画笔"。对"图层2"、"图层3"、"图层4"重复执行上述操作，可以结合使用"自由变换"工具，调整角度与图层的关系，得到一条新的窗纱，如图13-29所示。

【步骤6】把制作好的窗纱拖到"背景"图层中进行调整，最终得到如图13-30所示的效果。

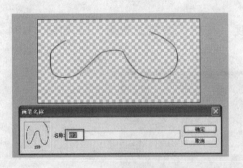  

图13-28　绘制窗纱轮廓　　　　　　图13-29　窗纱　　　　图13-30　效果图

13.6　课堂任务6：制作星光闪烁的动态效果图

【步骤1】打开 Flash CS4，从素材库中导入"人物"图片作为"背景"图层，再导入"星光"图片（默认为"图层1"），如图13-31所示。将"图层1"的混合模式改为"变亮"。

【步骤2】单击"图层"面板中"图层1"前面的"眼睛"图标按钮，将其隐藏。将帧的参数设置为0.1秒，如图13-32所示。

【步骤3】复制一个帧，再单击"图层1"前面的"眼睛"图标按钮，显示该图层。

图13-31　素材图片

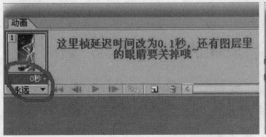 

图13-32　隐藏图层1

【步骤4】再次隐藏"图层1"，复制一个帧，此时可以看到3个帧的动画，如图13-33所示。

图 13-33　生成的 3 帧动画

【步骤5】选择第 2 帧，单击控制栏中的"过渡"按钮，参数设置为 10，如图 13-34 所示。

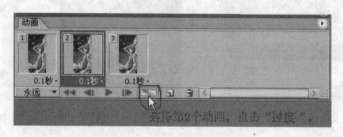

图 13-34　单击"过渡"按钮

【步骤6】选择最后一帧，重复步骤 4，如图 13-35 所示。
【步骤7】保存动画文件，按 < Ctrl + Enter > 组合键预览效果，如图 13-36 所示。

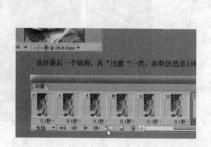

图 13-35　再次执行"过渡"操作

图 13-36　最终效果图

13.7　课堂任务 7：制作一款便携式计算机的广告

【步骤1】打开 Photoshop CS4，新建一个文档，将素材图片拖入文档窗口，如图 13-37 所示。
【步骤2】使用"选择工具"将计算机屏幕抠出，复制选区并调整图像大小。
【步骤3】下面绘制一些透视的辅助线。选择"直线工具"，把屏幕的四个角和原来计算机的四个角连接起来，最后汇聚到一点，如图 13-38 所示。

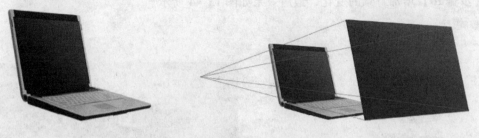

图 13-37　原图　　　　　　　　　　　图 13-38　透视的辅助线

【步骤 4】 再复制几次屏幕选区，执行【编辑】|【自由变换】命令，精确调整屏幕的大小，效果如图 13-39 所示。

【步骤 5】 新建一个图层，重命名为"照片 1"，导入要处理的素材照片。执行【视图】|【显示】|【网格】命令，再使用"自由变换工具"使图片对齐网格线，如图 13-40 所示。

图 13-39　添加几块屏幕　　　　　　　图 13-40　对齐网格线

【步骤 6】 复制"照片 1"图层，选择"单列选区工具"，在图片的垂直方向划分选区。再使用"单行选区工具"，同样在图片的水平方向划分选区。

【步骤 7】 把原始的屏幕隐藏起来，把"照片 1"图层的四个角对准屏幕粘贴。重复上述步骤，把其他屏幕也贴上墙纸，如图 13-41 所示。

【步骤 8】 借助网格线做出 1×1、$1/2 \times 1/2$、$1/4 \times 1/4$ 等各种比例的切好的图片，再贴到屏幕上。隐藏复制的屏幕层，显示图片层，效果如图 13-42 所示。

图 13-41　屏幕贴上墙纸　　　　　　　图 13-42　显示图片层

【步骤 9】 为了增加视觉效果，使用"魔术棒工具"把不必要的格子删除，如图 13-43

所示。

【步骤10】增加背景的变化，最后效果如图 13-44 所示。

图 13-43　删掉不要的格子

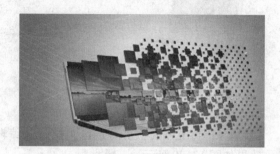

图 13-44　效果图

13.8　课堂任务8：制作"粽情端午节"Flash 动画效果

【步骤1】新建一个 Flash 文件，命名为"粽情端午节.fla"并保存。

【步骤2】执行菜单栏中的【文件】|【导入】|【导入到舞台】命令，导入素材图片"竹林.jpg"。

【步骤3】使用"选择工具" 选择图片，并在属性面板中设置图片的宽度为 550 像素，高度为 400 像素，X、Y 坐标为 0，如图 13-45 所示。

【步骤4】打开时间轴，单击"小锁"图标按钮 锁定图层 1，再单击"新建图层"图标按钮 ，新建图层 2，如图 13-46 所示。

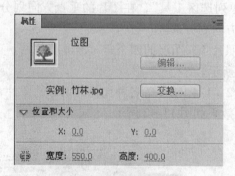

图 13-45　属性设置

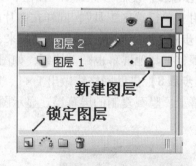

图 13-46　锁定并新建图层

【步骤5】选择"椭圆工具" ，按住 <Shift> 键拖动鼠标，绘制一个圆形。单击圆形的中间部分，按 <Delete> 键删除填充颜色。选择圆形边框，在属性面板中设置笔触颜色为红色，笔触宽度为 3，如图 13-47 所示

【步骤6】按住 <Alt> 键拖动圆框，复制 4 次，再使用"任意变形工具" 分别调整每个圆框的大小，并调整到合适位置，如图 13-48 所示

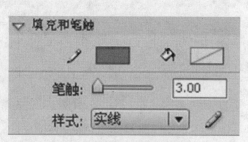

图 13-47　设置笔触

图 13-48　调整圆框

【步骤 7】选择"文本工具" T ，输入"粽情端午节"5 个字，在属性面板中设置字体为"汉仪凌波体繁"，颜色为蓝色。

【步骤 8】选择字体，执行两次【修改】|【分离】命令，将文字分离成图形字。

【步骤 9】单击工具面板中的"笔触颜色"按钮 ，把颜色改为白色，再选择"墨水瓶工具" ，依次为"粽""端"、"午""节"字添加白色边框。再次单击"笔触颜色"按钮，把笔触颜色改为红色，为"情"字添加红色边框。

【步骤 10】单击工具面板中的"填充颜色"按钮 ，把颜色改为红色，选择"颜料桶工具" ，给"粽"图形字填充红色。再单击"填充颜色"按钮，把颜色改为白色，给"情"图形字填充白色。

【步骤 11】使用"选择工具" 选择单个图形字，按 < Ctrl + G > 组合键组合字体，再使用"任意变形工具" 调整字体大小，并放置在不同的圆框内，如图 13-49 所示。

【步骤 12】使用"选择工具" 选择圆框和图形字，执行【修改】|【分离】命令，将图形字分离。

【步骤 13】把圆框和字体全部选择。在字体上单击鼠标右键，在弹出的快捷菜单中选择【转换为元件】命令，打开"转换为元件"对话框，把选择的圆框和字体转换为"元件 1"，如图 13-50 所示。

图 13-49　添加字体

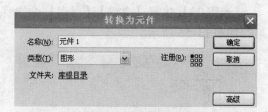

图 13-50　转换为元件

【步骤 14】按 < Ctrl + L > 组合键，打开"库"面板，鼠标右键单击"元件 1"，在弹出的快捷菜单中选择【直接复制】命令，打开"直接复制元件"对话框，如图 13-51 所示，将名称改为"元件 2"，

【步骤 15】双击"元件 2"进入其编辑层级，重复步骤 11、12，改变字体的边框和颜色。选择"粽"字，使用"任意变形工具" 将其顺时针旋转 60 度。选择"端午"两个字，按键盘上的方向键，把字体的位置向上移动一点，效果如图 13-52 所示。

图 13-51　复制元件　　　　　　　　　图 13-52　调整字体

【步骤 16】 在舞台中右键单击"元件 1"，再次转换元件，名称改为"元件 3"，类型改为"影片剪辑"。

【步骤 17】 双击舞台上的文字，进入到"元件 3"的编辑层级。在时间轴中单击"图层 1"的第 10 帧，按 < F5 > 键插入普通帧；在第 6 帧处按 < F6 > 键，插入一个关键帧，如图 13-53 所示。

【步骤 18】 单击第 6 帧，再次单击舞台上的文字，在属性面板中单击"交换"按钮，如图 13-54 所示。打开"交换元件"对话框，选择"元件 2"进行交换。

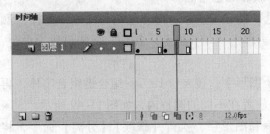

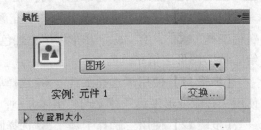

图 13-53　插入一个关键帧　　　　　　　图 13-54　交换元件

【步骤 19】 返回主场景，在"图层 2"的第 25 帧处按 < F6 > 键插入关键帧，再在第 40、60、75 帧处插入关键帧。在"图层 1"的第 75 帧处按 < F5 > 键插入普通帧。

【步骤 21】 在"图层 2"的第 60 到 75 帧之间创建传统补间动画。在属性面板中设置旋转为"逆时针"旋转 1 周，如图 13-55 所示。

【步骤 22】 执行【文件】|【保存】命令保存文档，按 < Ctrl + Enter > 组合键测试动画效果，如图 13-56 所示。

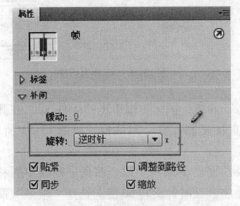

图 13-55　"逆时针"旋转 1 周　　　　　　图 13-56　效果图

本 章 小 结

　　Photoshop 和 Flash 的功能非常强大，操作也相当繁杂。通过本章的学习，可以使学生进一步了解 Photoshop 和 Flash 的综合应用和使用方法。在此基础之上，通过实例练习不断摸索，从而达到熟练地使用 Photoshop 和 Flash 来解决实际问题的最终目的。

思考与练习

13-1　Flash 中的图层与 Photoshop 中的图层有什么区别？

13-2　Flash 中的"钢笔工具"与 Photoshop 中的"钢笔工具"有什么区别？

13-3　如何用 Photoshop 制作 GIF 闪烁动态效果？

实训任务 1

1. 实训目的

通过对本实训的操作，锻炼 Photoshop CS4 的综合应用能力。

2. 实训内容及步骤

（1）内容　制作"2010 新年吉祥虎贺卡"，如图 13-57 所示。

（2）操作步骤

【步骤1】新建一个 600×800 像素的文件，背景设置为白色。新建一个图层，用"钢笔工具"勾出虎头部分的路径。选择"渐变工具"，颜色设置为从"#F33A00"到"#FF6D00"再到"#FFAA00"，效果如图 13-58 所示。

【步骤2】锁定图层之后，背景颜色设置为"#FFBC00"，选择"画笔工具"，不透明度设置为10%，在边缘部分涂上高光，效果如图 13-59 所示。

图 13-57　效果图

图 13-58　颜色渐变

图 13-59　修改边缘

【步骤3】选择"加深工具"，设置曝光度为5%，把选区部分加深一点。新建一个图层，用"钢笔工具"勾画出选区部分，颜色填充为"#FDC702"，在顶部边缘用画笔加上一点红色。新建一个图层，用"钢笔工具"勾出眼睛部分的选区，填充白色，在顶部涂上一点黄色。再新建一个图层，选择"椭圆工具"，拉出眼睛的选区，并使用线性渐变色，按图

13-60、图 13-61 给眼睛制作变化效果。

【步骤 4】用上述方法绘制高光，制作左眼和右眼，如图 13-62 所示。

图 13-60　线性渐变　　　　　　　　图 13-61　拉出眼睛　　　　　　图 13-62　制作左眼和右眼

【步骤 5】新建一个图层，用"钢笔工具"勾出头部的虎纹，并填充为黑色。新建一个图层，用"钢笔工具"勾出胡子部分的选区，用颜色"#F95901"进行填充。保持选区，再新建一个图层，把前景颜色设置为"#FE9B00"，用画笔涂上高光部分，如图 13-63 所示。

【步骤 6】新建图层，用"钢笔工具"勾出嘴巴部分的选区，用颜色"#FFD004"填充，用"减淡工具"涂出嘴部的高光，画出嘴巴部分。再新建一个图层，前景设置为"#FFD004"，用

图 13-63　勾出头部的虎纹

画笔涂出鼻子部分的高光。用"钢笔工具"勾出鼻子部分的选区，填充黑色，点亮黑色的高光，效果如图 13-64 所示。

图 13-64　勾出嘴巴和鼻子

【步骤 7】用上述方法把耳朵、身子、手、脚、尾巴、衣服制作出来。最后可以在贺卡上写上祝福语，也可以添加歌曲或声音来加强效果。

实训任务 2

1. 实训目的

通过对本实训的操作，让学生对 Flash CS4 动画的制作有更深入的认识。

2. 实训内容及步骤

（1）内容　制作"环球旅行"动画效果，如图 13-65 所示。

图 13-65　效果图

（2）操作步骤

【**步骤 1**】打开 Flash CS4，新建一个 ActionScript 2.0 类型的 Flash 文件，设置舞台颜色为 "#003366"，命名为 "环球旅行.fla" 并保存。

【**步骤 2**】执行菜单栏中的【文件】|【导入】|【导入到库】命令，导入素材图片 "飞机.jpg" 和 "地图.jpg"。

【**步骤 3**】按 < Ctrl + L > 组合键打开 "库" 面板，把 "地图.jpg" 文件拖曳到舞台上，打开属性面板，设置图片的位置和大小，如图 13-66 所示。

【**步骤 4**】执行【修改】|【位图】|【转换位图为矢量图】命令，打开 "转换位图为矢量图" 对话框，设置参数如图 13-67 所示，把位图转换成矢量图。

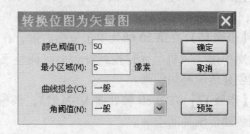

图 13-66　步骤 3　　　　　　　　　　　　　　　　　　图 13-67　步骤 4

【**步骤 5**】选择工具面板中的 "选择工具" ⬚，单击地球以外的白色区域，按 < Delete > 键删除，细小的部分可以使用 "套索工具" ⬚ 选择并删除。

【**步骤 6**】单击工具面板中的 "填充颜色" 按钮 ⬚，设置填充颜色为 "#00CBFF"，使用 "颜料桶工具" ⬚ 填充地图中的海洋部分，如图 13-68 所示。

【**步骤 7**】在时间轴中单击 "小锁" 图标按钮 ⬚，锁定图层 1。新建图层 2，把 "飞机.jpg" 从 "库" 面板中拖到舞台上。

【**步骤 8**】执行【修改】|【位图】|【转换位图为矢量图】命令，打开 "转换位图为矢量图" 对话框，把位图转换成矢量图并删除飞机外面的颜色，如图 13-69 所示。

 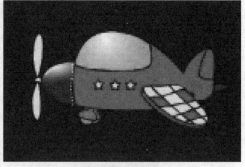

图 13-68　步骤 6　　　　　　　　　　　　　　　　图 13-69　步骤 8

【步骤 9】 选择"飞机"图层，在属性面板中设置飞机的宽度为 50、高度为 25，再在飞机上单击鼠标右键，选择【转换为元件】命令，转换成一个名称为"飞机"的图形元件。

【步骤 10】 单击图层 2 的第 1 帧，再单击绘图区的"飞机"元件，把飞机拖到地图上北京的位置，在图层 2 的时间轴的第 10 帧处按 <F6> 键插入关键帧，在第 1 到 10 帧之间创建传统补间动画。

【步骤 11】 选择第 1 帧中的"飞机"元件，在属性面板中设置飞机的宽度为 1、高度为 1，再次调整飞机的位置。

【步骤 12】 在图层 2 的时间轴的第 30 帧处按 <F6> 键插入关键帧，再在第 10 到 30 帧之间创建传统补间动画。

【步骤 13】 选择第 30 帧中的"飞机"元件，并拖曳到地图上俄罗斯的位置。

【步骤 14】 在第 40 帧处创插入关键帧，在第 30 到 40 帧之间创建传统补间动画。

【步骤 15】 选择第 40 帧中的"飞机"元件，在属性面板中设置飞机的宽度为 1、高度为 1，调整飞机到莫斯科的位置。

【步骤 16】 在第 50 帧处单击鼠标右键，在弹出的菜单中选择【插入空白关键帧】命令，并从库中把"飞机"元件拖到舞台上。调整飞机在地图上俄罗斯的位置，在第 40 到 50 帧之间创建传统补间动画。

【步骤 17】 在第 80 帧处插入关键帧，调整飞机到美国东海岸的位置。在第 50 到 80 帧之间创建传统补间动画。

【步骤 18】 在第 90 帧处插入关键帧，设置飞机的宽度为 1、高度为 1。把飞机移动到华盛顿的位置，在第 80 到 90 帧之间创建传统补间动画。

【步骤 19】 在第 91 帧处插入一个空白关键帧，并从库中把"飞机"元件拖曳到舞台上，并执行【修改】|【变形】|【水平翻转】命令。在第 100 帧处插入关键帧，在第 91 到 100 帧之间创建传统补间动画。

【步骤 20】 选择第 91 帧中的"飞机"元件，设置飞机的宽度为 1、高度为 1，并把飞机移动到华盛顿的位置。

【步骤 21】 在第 140、150 帧处插入关键帧，并在关键帧之间创建传统补间动画。

【步骤 22】 分别选择第 140、150 帧中的"飞机"元件，并把它们拖曳到地图上北京的位置。设置第 150 帧中"飞机"元件的宽度为 1、高度为 1。

【步骤 23】 执行【文件】|【保存】命令保存文档，按 <Ctrl + Enter> 组合键测试动画效果。

参 考 文 献

［1］余强，刘金广. Flash CS4 实用教程［M］. 北京：电子工业出版社，2009.

［2］胡孟杰，常丽霞. Photoshop CS4 平面设计［M］. 北京：电子工业出版社，2009.

［3］汪启荣，丁玲. Flash 动画简明教程［M］. 北京：中国水利水电出版社，2007.

［4］崔英敏，李芳玲. Photoshop CS3 图像处理基础教程［M］. 北京：人民邮电出版社，2010.

［5］杨聪，朱宾华. Flash CS3 动画设计［M］. 北京：北京科海电子出版社，2009.